결과가 증명하는 **20**년 책육아의 기적

결과가 증명하는 20년 책육아의 기적

몸마음머리 독서법

서안정 지음

한국경제신문

20년 책육아로 아이를 키우다

육아가 어려운 것은 모든 사람에게 적용되는 단 하나의 법칙이 존재하지 않기 때문일 것이다. 하지만 마틴 스콜세지(Martin Scorsese) 감독의 "가장 개인적인 것이 가장 창의적인 것이다"라는 말을 빌려 표현해보자면 "가장 개인적인 것이 가장 대중적인 것이다"라고 말하고 싶다. 내가 세 아이를 키웠던 개인적인 과정들은 모든 아이가 다름에도 불구하고 아주 많은 아이들에게 적용할 수 있는 대중적인 방법이며, 또 엄마와 아이 모두가 만족할 수 있는 양육 방식이기 때문이다.

돌이켜보니, 아이를 키운다는 것은 상식과 비상식을 오가는 널뛰기였다. 또한 과학과 예술 사이를 가로지르는 줄타기였고, 이성과 감정, 의식과 무의식, 헌신과 기다림, 현재와 미래(과거와 현재), 나와 타인 사이에서 길을 찾고자 노력했던 만만치 않은 과정이었다.

우리 사회는 급격한 변화를 겪고 있고, 교육도 마찬가지다. 아이들이 학교 수업을 정상적으로 받을 수 없어 대부분의 수업이 인터넷 강의로 대체되었다. 그에 따라 엄마와 아이들은 녹록지 않은 스트레스로 힘든 시간을 보내고 있다. 앞으로는 교실이 없는 시대가 온다고도 한다.

학교 수업 외에도 학습적인 부분을 보충하기 위해 인터넷 강의를 듣는 아이들은 하루 종일 컴퓨터 앞에 앉아 있게 되었다. 그러다 보니 그런 아이를 바라보는 것이 힘들고, 수업을 듣기 싫어하거나 듣다가도 게임이나 유튜브 등으로 빠지는 아이들을 관리하기 어렵다며 하소연하는 부모가 늘고 있다. 더욱이 맞벌이 부모들은 아이가 집에서 어떻게 생활하고 있는지 걱정이라며 큰 한숨을 내쉰다.

교육 불평등 시대, 그 해결법을 찾다

우리는 과연 이러한 새로운 시대, 예기치 못한 혼란 속에서 어떻게 아이를 키워야 할까? 나는 그 답을 '책'에서 찾는다. 세상이 아무리 바뀌어도 쉽게 변하지 않을, 아이의 성장에 아주 큰 도움을 줄 수 있는 최고의 도구는 책이라고 생각하기 때문이다.

'교수를 가르치는 교수'로 이름을 알린 조벽 교수는 약 10여 년 전부터 앞으로의 시대가 요구하는 인재는 '전문성'과 '창의성' 그리고 '인성'을 갖추어야 한다고 주장했다. 나 역시 이 의견에 전적으로 동의한다. 책을 많이 읽은 모든 사람이 전문가가 될 수 없고, 책을 즐겨본 모든 사람이 창의성이 뛰어난 것은 아니며, 책을 좋아하는 모든 사람의 인성이 훌륭한 것은 아니지만 책은 분명 이 세 가지 모두를 이끌어주는 아주 훌륭한 수

단이다. 세 아이를 키우는 동안 읽었던 수많은 육아서(사람을 키우는 모든 책을 '육아서'라고 생각한다)에서 나는 책의 효과를 폄하하거나 '책의 무용론'을 주장하는 경우를 본 적이 없다.

인류는 인쇄술의 발달로 누구나 책을 볼 수 있는 시대를 열면서 급속한 변화를 이루었고 발전해왔다. 책이 결코 모든 문제를 해결하는 만능열쇠는 아니지만 우리가 추구하고 나아가야 할 방향을 제시해주는 아주 유용한 도구라는 사실은 분명하다.

책육아의 모든 것을 담다

이 책은 '독서'를 중심에 둔 육아에 관한 이야기다. 아이들에게 책을 읽어줘야 한다고 주장하지만 책만 읽혀서는 안 된다는 이야기를 곳곳에서 하고 있다. 단언컨대, 이 책에서 제시하는 방법대로 아이를 키운다면 육아는 끝난다.

이 책에는 책을 좋아하는 아이로 키우기 위해 내가 했던 많은 고민과 노력(방법)들이 나열되어 있다. 한편으로는 18년 전부터 '푸름이닷컴'이란 자녀교육 사이트에서 똘똘하다고 입소문이 난 큰아이를 보며 하루에도 몇 번씩 사람들이 내게 물었던 질문들에 대한 답이 들어 있다. 그렇다고 해서 내 아이에만 국한된 내용은 절대 아니다. 본격적으로 작가 및 강사로 활동하면서 강연과 워크숍, 육아 멘토링 등을 통해 만나온 수많은 아이들을 책과 친해지도록 만들어준 '책육아의 모든 것'을 담았다.

세 아이를 키우며 나는 무엇보다 책의 중요성을 인식하고 책을 즐겁게, 많이 읽는 아이들로 키우고자 노력했다. 큰아이는 내 바람대로 책을 아주 좋아했고, 많이 읽었으며, 혀를 내두를 정도로 나이에 비해 독서수준이 높았다. 하지만 무던히도 힘을 기울였건만 둘째와 셋째 아이는 엄마의 기대와 다른 반응을 보이며 성장했다. 책보다 노는 것이 더 좋아서 책 읽을 시간이 없다고 했다.

'책보다 노는 게 더 좋다는 아이를 어떤 방법으로 책과 친해지게 만들 수 있을까' 수없이 고민했다. 절망했으나 포기하고 싶지 않았다. 정답이 없다고 해서 길이 없는 것은 아니니까. 먼저 걸어가 길을 만들어낸 선배의 뒤를 따라서, 때로는 그 길을 벗어나 나와 내 아이만의 길을 만들어가면서 그렇게 걸어가다 보면 결국 내가 찾고 싶었던 그 길 끝에 도착해 있을 것이라고 믿었다.

많은 엄마와 아이들을 만나면서 거듭 확인했던 것은 '불가능한 아이는 없다'는 사실이었다. 지극히 평범한 내 아이는 물론, 게임에 빠져 엄마와 제대로 된 대화를 나누지 않던 아이에서부터 때로는 부족하고 또 때로는 이미 늦은 것이 아닌지 걱정하던 엄마들로부터 아이들의 변화를 이끌어낸 것에 대한 수많은 감사의 말을 들었다. 이러한 과정을 통해 나는 어떤 아이도 결코 늦지 않았고 노력하면 할 수 있다는 것을 깨달았다. 이 책에 이처럼 변화를 가능하게 하는 방법을 담았다. 자녀교육에 대해 고민하는 많은 부모들에게 이 책이 좋은 방향타가 되길 온 마음으로 소망하며, 아이를 잘 키우고 싶은 수많은 양육자들께 같은 마음으로 응원을 보낸다.

PART 1 책육아의 시작

1 엄마도 책으로부터 배우다

2 지식은 경험을 통해 완성된다

PART 2 | 책육아의 방법

3 다양한 영역의 책 읽기

4 언제부터, 어떻게, 얼마나 읽는 것이 좋을까

5 몸마음머리가 자라는 독서 이력

6 책 읽기의 완성은 독후활동이다

7 책 읽기가 즐겁지 않은 아이들

시작하기 전에

왜 독서인가?

'왜 아이에게 책을 주어야 할까?'

'아이의 성장 환경 속에 책이 있다는 것은 얼마나 좋은 것일까?'

많은 학자와 전문가들은 아이가 책을 통해 어휘력, 이해력, 사고력, 비판력, 표현력, 창의력, 통찰력, 몰입력, 문장력, 치유력, 독해력, 추론력 등을 얻는다고 한다. 이 능력들은 장차 아이가 자라 학교 공부를 비롯한 무언가를 배우는 데 있어서 바탕이 되는 중요한 재능이며, 또한 삶을 살아가는 데 있어서도 상당한 도움이 되는 역량이다.

하지만 왠지 이런 나열식의 책 읽기 효용들은 우리에게 와닿지 않는다. 지금 당장 그 결과가 보이는 것도 아니고 구체적인 사례 없이 여기저기서 책의 다양한 효용성을 짜깁기하여 언급하는 피로감만 든다.

그럼에도 불구하고 책 읽기는 최소의 비용으로 최대의 효과를 거둘 수 있는 최고의 도구다. 어떻게 독서가 아이의 학업성취력과 미래 인재의 가장 중요한 요건인 창의력에 도움이 되는지, 책 읽기가 대학수학능력시험에 미치는 영향, 독서와 창의성의 상관관계 등에 대해 구체적으로 알아보자.

책 읽기는 학업성취력의 바탕이다

푸름 아빠로 알려진 최희수 님의 강연 내용 중 아주 오랫동안 내 기억에서 잊히지 않는 것이 하나 있다.

"어린 시절부터 책이 있는 환경 속에서 성장하고, 자연스럽게 책을 좋아하여 책을 많이 읽다 보면 속독이라는 능력이 생기게 된다. 이 속독 능력은 나중에 아이가 자라 대학수학능력시험(수능)을 칠 때 진가를 드러낸다. 해마다 수능 지문이 길어지고 있는데 책을 읽지 않고 자란 아이는 제한된 시간 안에 지문을 다 읽어내기도 벅차지만 책을 많이 읽어 저절로 속독이 되는 아이는 여유가 넘칠 것이다. 속독을 한다고 해서 글을 대충 읽는 것이 아니다. 빨리 읽어도 내용 파악을 정확하게 하기 때문에 책 읽는 능력은 좋은 대학을 가는 데 있어서도 유리하다."

이제 겨우 두세 살 되는 어린아이를 키우고 있던 나는 앞으로 다가올 아이의 수능시험까지의 시간이 정말 까마득하게 느껴졌지만 웬일인지 그 말이 오래도록 머릿속에서 맴돌았다.

그리고 드디어 큰아이가 중학교 2학년 겨울방학을 앞둔 어느 날, 그 말이 사실임을 확인하게 되었다.

중학교 2학년 2학기가 시작되면서 공부를 하지 않겠다고 선언한 큰아이는 정말 중간고사 대비 시험공부를 하지 않고, 기말고사도 그냥 놀기만 하다가 시험을 쳤다. 스스로 특목고를 가고 싶다는 생각은 바꾸지 않으면서 이렇게 공부에서 손을 놓으니 엄마로서 걱정이 되기 시작했다(그때는 특목고에 진학하려면 중학교 3학년 성적이 중요했다). 잔소리를 해봐야 의미가 없을 것 같고 어떻게 하면 아이 스스로 '이대로는 안 된다'는 경각심을 가질 수 있을까 고민했다. 그러다가 그해 출제된 수능 국어 영역 시험지를 아이에게 보여주기로 했다.

"연수야, 얼마 전에 수능이 끝났잖아. 너도 이제 4년이 지나면 대학입시를 치르게 될 텐데, 네가 대학에 갈 때 어떤 종류의 시험을 치는지 궁금하지 않아? 한번 구경해볼래? 아직 4년이나 시간이 남았으니 지금은 문제가 어렵게 느껴질 수도 있을 거야. 많이 틀려도 괜찮으니 그냥 느낌이 어떤지 경험한다 생각하고 풀어보는 거 어때?"

의외로 흔쾌히 알겠다는 아이에게 재빨리 인터넷 검색을 통해 국어 영역 시험지를 출력해주었다. 그런데 프린트를 해주는 동안 잠시 읽어본 수능 지문들이 너무 어려운 것이 아닌가! 같은 문장을 몇 번이나 읽어도 지문 자체가 이해되지 않자 나는 그 옛날 푸름 아빠의 강연 내용이 다시 한번 떠올랐다.

'아, 바로 이거구나. 지문부터 막히는 느낌! 책 읽기가 습관이 되지 않은 아이들에게는 정말 지문을 읽다가 시험이 끝날 수도 있겠구나!'

10 국어 영역(A 형) 홀수형

[27~30] 다음 글을 읽고 물음에 답하시오.

Ⓐ 근대 초기의 합리론은 이성에 의한 확실한 지식만을 중시하여 미적 감수성의 문제를 거의 논외로 하였다. 미적 감수성은 이성과는 달리 어떤 원리도 없는 자의적인 것이어서 '세계의 신비'를 푸는 데 거의 기여하지 못한다고 ㉠여겼기 때문이다. 이러한 근대 초기의 합리론에 맞서 칸트는 미적 감수성을 '미감적 판단력'이라 부르면서, 이 또한 어떤 원리에 의거하며 결코 이성에 못지않은 위상과 가치를 지닌다는 주장을 ㉡펼친다. 이러한 작업에서 핵심 역할을 하는 것이 그의 취미 판단 이론이다.

취미 판단이란, 대상의 미•추를 판정하는, 미감적 판단력의 행위이다. 모든 판단은 'S는 P이다.'라는 명제 형식으로 환원되는데, 그 가운데 이성이 개념을 통해 지식이나 도덕 준칙을 구성하는 '규정적 판단'에서는 술어 P가 보편적 개념에 따라 객관적 성질로서 주어 S에 부여된다. 이와 유사하게 취미 판단에서도 P, 즉 '미' 또는 '추'가 마치 객관적 성질인 것처럼 S에 부여된다. 하지만 실제로

심오한 지혜의 하나로 보는 견해가 ㉤퍼져 있는데, 많은 학자들이 그 이론적 단초를 칸트에게서 찾는 것은 그의 이러한 논변 때문이다.

27. 윗글에 대한 이해로 가장 적절한 것은?

① 칸트는 미감적 판단력과 규정적 판단력이 동일하다고 보았다.
② 칸트는 이성에 의한 지식이 개념의 한계로 인해 객관적 타당성을 결여한다고 보았다.
③ 칸트는 미적 감수성이 비개념적 방식으로 세계에 대한 객관적 지식을 창출한다고 보았다.
④ 칸트는 미감적 판단력을 본격적으로 규명하여 근대 초기의 합리론을 선구적으로 이끌었다.
⑤ 칸트는 미적 감수성의 원리에 대한 설명이 인간의 총체적 자기 이해에 기여한다고 보았다.

▲ 2015학년도 대학수학능력시험 국어 영역의 한 지문.

그래도 아이를 키우면서 나름 꽤 책을 읽었다고 자부했는데 지문의 의미를 이해하는 데만 한참의 시간이 걸렸다. 괜히 아이에게 시험지를 풀어보라고 해서 기만 죽이는 것이 아닌가 염려되기도 했다.

Ⓐ 근대 초기의 합리론은 이성에 의한 확실한 지식만을 중시하여 미적 감수성의 문제를 거의 논외로 하였다. 미적 감수성은 이성과는 달리 어떤 원리도 없는 자의적인 것이어서 '세계의 신비'를 푸는 데 거의 기여하지 못한다고 여겼기 때문이다. 이러한 근대 초기의 합리론에 맞서 칸트는 미적 감수성을 '미감적 판단력'이라 부르면서, 이 또한 어떤 원리에 의거하며 결코 이성에 못지않은 위상과 가치를 지닌다는 주장을 펼친다. 이러한 작업에서 핵심 역할을 하는 것이 그의 취미 판단 이론이다.

취미 판단이란, 대상의 미·추를 판정하는, 미감적 판단력의 행위이다. 모

든 판단은 'S는 P이다.'라는 명제 형식으로 환원되는데, 그 가운데 이성이 개념을 통해 지식이나 도덕 준칙을 구성하는 '규정적 판단'에서는 술어 P가 보편적 개념에 따라 객관적 성질로서 주어 S에 부여된다.

'이게 도통 뭔 말이야?'

하지만 이미 주사위는 던져졌고, '에라 모르겠다'라며 큰아이에게 시험지를 맡기고 설거지를 하고 있는데 잠시 후 큰아이가 "다 풀었어!" 하며 시험지를 건네 왔다. '이렇게 빨리?'라는 생각을 하면서 채점을 해보았는데, 놀랍게도 아이는 내가 프린트해서 준 시험 문제들의 정답을 모두 맞혔다. 비록 내가 45문항을 모두 풀어보라고 준 것은 아니었지만 너무도 어려워 보이는 지문들을 순식간에 읽고 풀어내다니 '이게 도대체 무슨 상황인 거지?' 어안이 벙벙한 상태로 잠시 멍하게 서 있다가 나는 오래전 들었던 푸름 아빠의 강연 내용을 떠올렸다.

"어린 시절부터 다양한 분야에 대한 호기심으로 즐겁게 책을 읽은 아이들은 우리가 상상하기 힘든 수준에 도달하게 된다. 그야말로 '신인류의 탄생'이다!"

큰아이는 중학교 2학년 2학기부터 시작된 사춘기가 고3 직전까지 계속되어 정말 공부에서 손을 놓고 지냈다. 막상 고3이 되니 자기도 좀 걱정이 되었는지 3월 첫 모의고사를 치고 난 후 자신의 현주소를 정확히 깨닫고, 앞으로 어떻게 해야 할지 점검을 받고 싶다는 말을 해왔다. 수소문 끝에 꽤 이름 있는 컨설팅 학원에서 상담을 받았는데, 상담 후 선생님께서 이런 말씀을 하셨다.

"너는 정말 엄마에게 감사해야 해. 네 모의고사 점수를 보면 시험의 난이도와 상관없이 항상 국어 성적이 최고 수준이야. 다 맞거나 한두 문제 정도 틀려왔는데, 책 읽기가 탄탄한 아이들의 특성이지. 드물긴 하지만 이런 아이들이 있더라고. 1년도 안 남았으니까 조금만 더 열심히 해봐."

정말이지 책 읽기는 학습능력의 바탕이 된다. 책을 읽는 이유가 공부를 잘해서 좋은 대학에 가기 위한 것만은 절대 아니지만 또 그것이 전부가 되면 안 되겠지만 이왕이면 즐겁게 책을 읽고 덤으로 공부도 잘하게 된다면 굳이 좋은 대학, 내 미래에 도움이 될 대학을 마다할 필요는 없지 않을까.

너무 길고 어려워진 지문

현재 우리나라 고등학교의 국어 교과서는 약 20여 종이다. 수능시험은 특정 교과서에서 배운 지문이 출제될 경우 교육의 형평성에 위배되기 때문에 출제위원들은 교육과정에서 제시한 학습 목표와 기본 개념을 묻기 위해 가급적 다양한 분야의 지문에서 문제를 낼 수밖에 없다. 즉 시험을 치는 동안 수험생은 생전 처음 본 문장들을 만날 가능성이 크다는 뜻이다. 다음은 2015학년도 대학수학능력시험 국어 영역 시험지의 일부다.

학부모들 역시 수능시험이나 모의고사 문제지를 한번쯤은 풀어본 경험이 있을 것이다. 학교 책상을 꽉 채울 만큼 커다란 시험지와 그 안에 처음 본 내용의 글들이 빼곡하게 적혀 있는 지문들을 상상해보자. 긴장감에 가슴이 두근거리거나 답답한 마음이 들지도 모른다. 그래도 정신

14 국어 영역(A형) 홀수형

[38~42] 다음 글을 읽고 물음에 답하시오.

[앞부분의 줄거리] 화랑도를 숭상하는 '유종'과 당나라를 숭상하는 '금지'는 내심 서로 못마땅해한다. 이런 가운데 '금지'는 아들 '금성'과 '유종'의 딸 '주만'과의 혼사를 진행하려 한다.

설령 금성이가 출중한 재주와 인물을 갖추었다 하더라도 유종은 이 혼인을 거절할밖에 없었으리라. 첫째로 금지는 당학파의 우두머리가 아니냐. 나라를 좀먹게 하는 그들의 소위만 생각해도 뼈가 저리거든 그런 가운데 내 딸을 집어보내다니 될 번이나 한 수작인가. 도대체 '당학'*이 무에 그리 좋은고. 그 나라의 바로 전 임금인 당 명황(唐明皇)만 하더라도 양귀비란 계집에게 미쳐서 정사를 다스리지 않은 탓에 필경 안녹산(安祿山)의 난을 빚어 내어 오랑캐의 말굽 아래 그네들의 자랑하는 장안이 쑥밭을 이루고 천자란 빈 이름뿐, 촉나라란 두메 속에 오록 난을 피하여 있지 않았는가. 금지가 당대 제일 문장이라고 추어올리는 이백이만 하더라도 제 임금이 성색에 빠져 헤어날 줄을 모르는 것을 죽음으로 간하지는 못할지언정 몇 잔 술에 감지덕지해서 그 요망한 계집을 칭찬하는 글을 지어 도리어 임금을 부추겼다 하니 우리네로는 꿈에라도 생각 밖이 아니냐. ㉠그네들의 학문이란 난신적자를 만들어 내기에 꼭 알맞은 것이거늘 이것을 좋아라고 배우며 읊고 퍼뜨리려 드니 참으로 한심한 노릇이 아니냐. 이 당학을 그대로 내버려 두었다가는 우리나라에도 오래지 않아 큰 난이 일어날 것이요, 난이 일어난다면 누가 감당해 낼 자이랴.

"한 나이나 젊었더면!"

유종은 [illegible] 가는 제 팔뚝의 살을 어루만지면서 한탄한다. 몇 해 전만 해도 자기와 뜻을 같이하는 이가 조정에 더러는 있었지만 어느 결엔지 하나씩 둘씩 없어지고 인제는 ㉡[illegible]과 같이 동그랗게 자기 혼자만 남았다. 속으로는 그의 주의에 찬동하는 이가 없지도 않으련만 당학파의 세력에 밀리어 감히 발설을 못 하는지 모르리라. 지금이라도 젊은이 속으로 뛰어 들어가면 동지를 얻어든지 찾아낼는지 모르리라. 아직도 이 나라의 명맥이 끊어지지 않은 다음에야 방방곡곡을 뒤져 찾으면 몇 천 명 몇 만 명의 화랑도를 닦는 이를 모을 수 있으리라. 그러나 아들이 없는 그는 젊은이와 접촉할 기회조차 없었다. 이런 점에도 그는 아들이 없는 것이 한이 되고 한이 되었다. ㉢이 늙은 향도(香徒)에게 남은 오직 하나의 희망은 자기의 주의 주장에 공명하는 사윗감을 구하는 것이었다. 벌써 수년을 두고 ㉣그럴 만한 인물을 내심으로 구해 보았지만 그리 쉽사리 눈에 뜨이지 않았다. 고르면 고를수록 사윗감 구하기란 하늘에 별따기보담 더 어려웠다. 유종은 기대고 있던 서안에서 쭉 미끄러지는 듯이 털요 바닥 위에 누웠다. 금지의 청혼을 그렇게 거절한 다음에는 하루바삐 사윗감을 구해야 된다. 금지로 하여금 다시 입을 벌지 못하도록 ㉤다른 데 정혼을 해 놓아야 한다. 그러면 신라를 두 손으로 떠받들고 나아갈 인물이 누가 될 것인가. 삼한 통일 당년의 늠름하고 씩씩한 기풍(氣風)이 당학에 저지르고 문약(文弱)에 흐르는 이 나라를 바로잡을 인물이 누가 될 것인가.

[중략 부분의 줄거리] '유종'이 사위를 구하는 가운데, '주만'이 부여의 천민 석공 '아사달'을 사모하고 있음이 알려진다. 한편 '아사달'은 자신을 찾아온 아내 '아사녀'가 끝내 자신을 만나지 못하고 그림자못에서 죽은 사실을 알게 되자, 그 못 둑에서 '아사녀'를 그리워하는 마음을 돌에 담아 새겨 내는 작업에 몰입한다.

[illegible]

[A] 그 눈동자는 [illegible] 자기를 [illegible] 보는 것 같았다.
"이 돌에 나를 새겨 주세요. 네, 아사달님, 네, [illegible]"
그 입술은 [illegible] 속삭거리는 것 같다.

[illegible]

[B] [illegible]

[illegible]

- 현진건, 「무영탑」 -

* 당학 : 당나라의 학문.

14/16

이 문제지에 관한 저작권은 한국교육과정평가원에 있습니다.

홀수형 국어 영역(A형) 15

38. 윗글에 대한 설명으로 가장 적절한 것은?
① 인물의 의식이 내적 갈등에 초점을 둔 서술 방식을 통해 드러나고 있다.
② 인물들 간의 대화를 통해 특정 인물의 생각과 행동을 희화화하고 있다.
③ 미래에 대한 낙관적 전망이 신분이 낮은 인물의 발언을 통해 제시되고 있다.
④ 물신주의에 빠진 세태가 탈속적 세계를 지향하는 인물의 비판을 통해 제시되고 있다.
⑤ 권력과 사랑을 동시에 쟁취하여 신분 상승을 도모하는 소외된 개인의 욕망이 구체적인 일화를 통해 드러나고 있다.

39. ㉠~㉤에 대한 이해로 적절하지 않은 것은?
① ㉠은 신라를 '문약'하게 하는 요인으로 '유종'이 인식하고 있는 대상이다.
② ㉡은 '유종'의 외로운 처지를 보여 주는 비유이다.
③ ㉢은 현재의 주류적 '기풍'을 거부하는 '유종'을 지칭하는 표현이다.
④ ㉣은 '유종'이 자신의 이상을 실현하기 위해 원하는 대상이다.
⑤ ㉤은 '유종'이 자신과 대립하는 세력과의 연대를 위한 방도이다.

40. [A], [B]에 대한 분석으로 가장 적절한 것은?
① [A]에는 떠나는 '아사달'에 대한 '주만'의 적정이 나타나 있다.
② [B]에는 '아사달'과 '아사녀'의 이별의 원인이 제시되어 있다.
③ [B]에는 훗날의 만남에 대한 '아사달'과 '아사녀'의 기약이 나타나 있다.
④ [A]와 [B] 모두에서, 이별한 대상인 '주만'과 '아사녀'를 잊고자 하는 '아사달'의 의지가 직접적으로 드러나 있다.
⑤ [A]의 '주만'의 모습과 [B]의 '아사녀'의 모습은 모두 '아사달'이 그들의 환영을 보는 방식으로 제시되어 있다.

41. <보기>를 바탕으로 윗글을 감상한 내용으로 적절하지 않은 것은?

<보 기>

「무영탑」은 작가 현진건의 예술관, 민족주의적 태도, 현실 인식 등을 드러낸 작품이다. 이 작품은 석가탑 조성에 얽힌 인물들의 이야기를 엮어 내면서 숭고한 예술적 성취의 과정을 잘 보여 준다. 이러한 예술적 성취는 석공 아사달이 자신의 고뇌를 극복하며 예술품을 만들어 가는 과정, 특히 사랑과 예술혼이 하나로 융합되어 신앙의 궁극이라는 새로운 경지에 이르는 데에서 잘 드러난다.

① '유종'이 '이백'을 칭송하는 '금지'를 비판하고 화랑도 사윗감을 구하려 하는 장면에서, 작가의 민족주의적 태도를 엿볼 수 있군.
② '아사달'이 '아사녀'의 환영을 돌에 담아내려고 하는 장면에서, 주인공의 사랑과 예술혼을 융합해 내려는 작가의 의도를 엿볼 수 있군.
③ '금지'와 같은 '당학파'를 '나라를 좀먹게 하는' 집단으로 간주하는 장면에서, 외세를 추종하는 현실을 비판하려는 작가의 태도를 엿볼 수 있군.
④ '아사녀'와 '주만'의 환영이 하나로 어우러져 '부처님의 모양'으로 변한 장면에서, 신앙의 세계로 나아갈 수 없어 절망하는 인물의 내면이 나타나 있군.
⑤ '아사달'이 '아사녀'를 '별안 한 광채'로, '주만'을 '비오로는 햇빛'로 떠올리며 갈등하는 장면에서, 새로운 예술적 경지에 이르는 과정에서 빚어진 '아사달'의 고뇌가 드러나 있군.

42. <보기>를 참고하여 윗글을 이해한 내용으로 적절하지 않은 것은? [3점]

<보 기>

아사달과 아사녀의 이야기는 조선 후기의 설화(「사석가탑」)뿐만 아니라, 현진건의 기행문(「고도 순례 경주」, 1929)과 그의 소설(「무영탑」, 1939)에도 나타난다.

[자료 1]
불국사 창건 시 당나라에서 온 석공에게 아사녀라는 여인이 있었다. 아사녀가 갑자기 와서 석공과 만나기를 요구하였으나, 큰 공사가 끝나지 않았고 아사녀가 비루한 몸이라는 이유로 허락되지 않았다. 다음날 아침 아사녀가 남서쪽 십 리쯤에 있는 연못을 내려다보면 석공이 보일 것이라며, 가서 살펴보니 정말 석공의 모습이 비쳤다. 그러나 탑의 그림자는 비치지 않았다. 그래서 무영탑이라 불렀다.

- 「사석가탑」 -

[자료 2]
제 환상에 떠오른 사랑하는 아내의 모양은 다시금 거룩한 부처님의 모양으로 변하였다. 그는 제 예술로 죽은 아내를 살리고 아울러 부처님에게까지 천도(薦度)하려 한 것이다. 이 조각이 완성되면서 자기 역시 못 가운데 몸을 던져 아내의 뒤를 따랐다. 불국사 남서쪽에 영지(影池)란 못이 있으니 여기가 곧 아사녀와 당나라 석공이 빠져 죽은 데다.

- 현진건, 「고도 순례 경주」 -

① 윗글은 [자료 1]과 같은 설화를 차용하여 소설로 변용한 모습을 확인할 수 있는 작품이군.
② 윗글은 [자료 2]처럼 '아내'의 죽음을 종교적 상징으로 승화하고 있는 관점을 이어 간 작품이군.
③ 윗글은 [자료 1]과 [자료 2]의 이야기에 '유종'과 '주만' 등의 서사를 추가하고 있군.
④ 윗글과 [자료 2]의 '못'은 [자료 1]의 '연못'이 부부간의 비극적인 사랑 이야기를 환기하는 공간으로 변용된 것이군.
⑤ 윗글의 '새로운 돌부처' 형상에 석공의 얼굴이 새겨진 것은 윗글이 [자료 1]과 [자료 2]의 서사 모티프를 이어받은 것으로 볼 수 있군.

15/16

이 문제지에 관한 저작권은 한국교육과정평가원에 있습니다.

▲ 2015학년도 대학수학능력시험 국어 영역에 출제된 긴 지문의 문제.

을 가다듬고 지문과 문제를 읽어보면 시험지 지면의 절반 이상을 차지하는 지문을 모두 읽고 나서 풀 수 있는 문제는 겨우 38~42번까지 5문항뿐이다.

더 엄밀히 말하자면 38번, 39번, 40번 문제는 전체 지문을 읽고 바로 풀 수 있지만 41번과 42번 문제는 문제 속에 주어진 또 다른 〈보기〉 지문을 더 읽고 나서야 전체 지문과 연결하여 문제를 풀 수 있다. 말 그대로 지문 폭탄이다. 읽고, 읽고 또 읽어야 한다. 문제 풀이에 주어진 시간이 정말 부족할 수 있겠다는 생각이 든다.

[23~26] 다음 글을 읽고 물음에 답하시오.

[A] B 정부는 공공의 이익을 위해 정책을 기획, 수행하여 유형 또는 무형의 생산물인 공공 서비스를 공급한다. 공공 서비스의 특성은 배제성과 경합성의 개념으로 설명할 수 있다. 배제성은 대가를 지불하여야 사용이 가능한 성질을 말하며, 경합성은 한 사람이 서비스를 사용하면 다른 사람은 사용할 수 없는 성질을 말한다. 이러한 배제성과 경합성의 정도에 따라 공공 서비스의 특성이 결정된다. 예를 들어 국방이나 치안은 사용자가 비용을 직접 지불하지 않고 여러 사람이 한꺼번에 사용할 수 있으므로 배제성과 경합성이 모두 없다. 이에 비해 배제성은 없지만, 많은 사람이 한꺼번에 사용하는 것이 불편하여 경합성이 나타나는 경우도 있다. 무료로 이용하는 공공 도서관에서 이용자가 많아 도서 ⓐ열람이나 대출이 제한될 경우가 이에 해당한다.

로 이루어지지 않을 때에는 오히려 민간 위탁 제도가 공익을 ⓔ저해할 수 있다. 따라서 ㉠민간 위탁 제도의 도입을 결정할 때에는 서비스의 성격과 정부의 관리 능력 등을 면밀히 검토하여 신중하게 결정해야 한다.

23. 윗글에서 언급한 내용이 아닌 것은?

① 공공 서비스의 제공 목적
② 공공 서비스 공급의 주체
③ 공공 서비스 범위의 확대 배경
④ 공공 서비스의 수익 산정 방식
⑤ 공공 서비스의 민간 위탁 방식

24. [A]의 서술 방식에 대한 설명으로 가장 적절한 것은?

▲ 2015학년도 대학수학능력시험 국어 영역에 출제된 비교적 짧은 지문의 문제.

하지만 이렇게 지문이 길 때는 학생 대부분이 그나마 모국어인 한국어를 사용해온 지 19년이나 되었기에 웬만하면 처음 본 문장이라도 읽는 순간 바로 이해가 되는 수준이다. 문제는 지문의 길이가 줄어들면 언어이해의 난이도가 올라간다는 사실이다.

B 정부는 공공의 이익을 위해 정책을 기획, 수행하여 유형 또는 무형의 생산물인 공공 서비스를 공급한다. 공공 서비스의 특성은 배제성과 경합성의 개념으로 설명할 수 있다. 배제성은 대가를 지불하여야 사용이 가능한 성질을 말하며, 경합성은 한 사람이 서비스를 사용하면 다른 사람은 사용할 수 없는 성질을 말한다. 이러한 배제성과 경합성의 정도에 따라 공공 서비스의 특성이 결정된다. 예를 들어 국방이나 치안은 사용자가 비용을 직접 지불하지 않고 여러 사람이 한꺼번에 사용할 수 있으므로 배제성과 경합성이 모두 없다. 이에 비해 배제성은 없지만, 많은 사람이 한꺼번에 사용하는 것이 불편하여 경합성이 나타나는 경우도 있다. 무료로 이용하

는 공공 도서관에서 이용자가 많아 도서 열람이나 대출이 제한될 경우가 이에 해당한다.

어떤가? 문장을 읽자마자 글의 맥락과 의미가 이해되는가? 나는 일곱 문장을 한번에 쭉쭉 읽어 내려가지 못하고 첫 문장만 두 번 읽었다. 또한 겨우 넘어간 두 번째 문장을 읽은 후 다시 처음으로 넘어가 두 번째 문장을 거쳐 세 번째 문장을 읽다가 다시 세 번째 문장을 읽으며 의미를 곱씹어야 했다. 이것이 실제 시험 상황이라고 생각해보니 갑자기 뒷목이 당기고 어깨가 굳어지며 이러다가 시험을 망치는 것이 아닌가 싶은 두려움이 몰려와 기본 실력조차 제대로 발휘하지 못할 것 같은 긴장감과 불안, 공포심이 생겼다.

학업성취력에 도움이 되는 다양한 영역의 책 읽기

2016학년도 대학수학능력시험 국어 영역 문제지는 문·이과 통합 방향에 관한 이야기들이 본격적으로 나오기 시작하면서 전년도에 비해 과학 분야의 지문이 두 배 가까이 많아졌다.

C 애벌랜치 광다이오드는 크게 흡수층, 애벌랜치 영역, 전극으로 구성되어 있다. 흡수층에 충분한 에너지를 가진 광자가 입사되면 전자(-)와 양공(+) 쌍이 생성될 수 있다. 이때 입사되는 광자 수 대비 생성되는 전자-양공 쌍의 개수를 양자 효율이라 부른다. 소자의 특성과 입사광의 파장에

[19~21] 다음 글을 읽고 물음에 답하시오.

광통신은 빛을 이용하기 때문에 정보의 전달은 매우 빠를 수 있지만, 광통신 케이블의 길이가 증가함에 따라 빛의 세기가 감소하기 때문에 원거리 통신의 경우 수신되는 광신호는 매우 약해질 수 있다. 빛은 광자의 흐름이므로 빛의 세기가 약하다는 것은 단위 시간당 수신기에 도달하는 광자의 수가 적다는 뜻이다. 따라서 광통신에서는 적어진 수의 광자를 검출하는 장치가 필수적이며, 약한 광신호를 측정이 가능한 크기의 전기 신호로 변환해 주는 반도체 소자로서 애벌랜치 광다이오드가 널리 사용되고 있다.

C 애벌랜치 광다이오드는 크게 흡수층, ㉠애벌랜치 영역, 전극으로 구성되어 있다. 흡수층에 충분한 에너지를 가진 광자가 입사되면 전자(-)와 양공(+) 쌍이 생성될 수 있다. 이때 입사되는 광자 수 대비 생성되는 전자-양공 쌍의 개수를 양자 효율이라 부른다. 소자의 특성과 입사광의 파장에 따라 결정되는 양자 효율은 애벌랜치 광다이오드의 성능에 영향을 미치는 중요한 요소 중 하나이다.

흡수층에서 생성된 전자와 양공은 각각 양의 전극과 음의 전극으로 이동하며, 이 과정에서 전자는 애벌랜치 영역을 지나게 된다. 이곳에는 소자의 전극에 걸린 역방향 전압으로 인해 강한 전기장이 존재하는데, 이 전기장은 역방향 전압이 클수록 커진다. 이 영역에서 전자는 강한 전기장 때문에 급격히 가속되어 큰 속도를 갖게 된다. 이후 충분한 속도를 얻게 된 전자는 애벌랜치 영역의 반도체 물질을 구성하는 원자들과 충돌하여 속도가 줄어들며 새로운 전자-양공 쌍을 만드는데, 이 현상을 충돌 이온화라 부른다. 새롭게 생성된 전자와 기존의 전자가 같은 원리로 전극에 도달할 때까지 애벌랜치 영역에서 다시 가속되어 충돌 이온화를 반복적으로 일으킨다. 그 결과 전자의 수가 크게 늘어나는 것을 '애벌랜치 증배'라고 부르며 전자의 수가 늘어나는 정도, 즉 애벌랜치 영역으로 유입된 전자당 전극

19. 윗글의 내용과 일치하는 것은?

① 애벌랜치 광다이오드의 흡수층에서 생성된 양공은 애벌랜치 영역을 통과하여 양의 전극으로 이동한다.
② 저마늄을 사용하여 만든 애벌랜치 광다이오드는 100 nm 파장의 빛을 검출할 때 사용 가능하다.
③ 입사된 광자의 수가 크게 늘어나는 과정은 애벌랜치 광다이오드의 작동에 필수적이다.
④ 애벌랜치 광다이오드의 흡수층에서 전자-양공 쌍이 발생하려면 광자가 입사되어야 한다.
⑤ 애벌랜치 광다이오드는 전기 신호를 광신호로 변환해 준다.

20. ㉠에 대한 이해로 적절하지 않은 것은?

① 흡수층에서 ㉠으로 들어오는 전자의 수가 늘어나면 충돌 이온화의 발생 횟수가 증가한다.
② ㉠에서 충돌 이온화가 많이 일어날수록 전극에서 측정되는 전류가 증가한다.
③ ㉠에 유입된 전자가 생성하는 전자-양공 쌍의 수는 양자 효율을 결정한다.
④ ㉠에 형성된 강한 전기장은 충돌 이온화가 일어나는 데 필수적이다.
⑤ ㉠에서 전자는 역방향 전압의 작용으로 속도가 증가한다.

21. 윗글을 바탕으로 <보기>의 '본 실험' 결과를 예측한 것으로 적절하지 않은 것은? [3점]

<보 기>

○ **예비 실험**: 일정한 세기를 가지는 800 nm 파장의 빛을 길이가 1 m인 광통신 케이블의 한쪽 끝에 입사시키고, 다른

▲ 2016학년도 대학수학능력시험 국어 영역에 출제된 과학 분야 지문.

D 물가 경직성에 따른 환율의 오버슈팅을 이해하기 위해 통화를 금융 자산의 일종으로 보고 경제 충격에 대해 장기와 단기에 환율이 어떻게 조정되는지 알아보자. 경제에 충격이 발생할 때 물가나 환율은 충격을 흡수하는 조정 과정을 거치게 된다. 물가는 단기에는 장기 계약 및 공공요금 규제 등으로 인해 경직적이지만 장기에는 신축적으로 조정된다. 반면 환율은 단기에서도 신축적인 조정이 가능하다. 이러한 물가와 환율의 조정 속도 차이가 오버슈팅을 초래한다. 물가와 환율이 모두 신축적으로 조정되는 장기에서의 환율은 구매력 평가설에 의해 설명되는데, 이에 의하면 장기의 환율은 자국 물가 수준을 외국 물가 수준으로 나눈 비율로 나타나며, 이를 균형 환율로 본다. 가령 국내 통화량이 증가하여 유지될 경우 장기에서는 자국 물가도 높아져 장기의 환율은 상승한다. 이때 통화량을 물가로 나눈 실질 통화량은 변하지 않는다.

그런데 단기에는 물가의 경직성으로 인해 구매력 평가설에 기초한 환율과는 다른 움직임이 나타나면서 오버슈팅이 발생할 수 있다. 가령 국내 통화량이 증가하여 유지될 경우, 물가가 경직적이어서 ㉠실질 통화량은 증가하고 이에 따라 시장 금리는 하락한다. 국가 간 자본 이동이 자유로운 상황에서, ㉡시장 금리 하락은 투자의 기대 수익률 하락으로 이어져, 단기성 외국인 투자 자금이 해외로 빠져나가거나

▲ 2018학년도 대학수학능력시험 국어 영역에 출제된 경제 분야 지문.

따라 결정되는 양자 효율은 애벌랜치 광다이오드의 성능에 영향을 미치는 중요한 요소 중 하나이다.

흡수층에서 생성된 전자와 양공은 각각 양의 전극과 음의 전극으로 이동하며, 이 과정에서 전자는 애벌랜치 영역을 지나게 된다. 이곳에는 소자의 전극에 걸린 역방향 전압으로 인해 강한 전기장이 존재하는데, 이 전기장은 역방향 전압이 클수록 커진다.

D 물가 경직성에 따른 환율의 오버슈팅을 이해하기 위해 통화를 금융 자산의 일종으로 보고 경제 충격에 대해 장기와 단기에 환율이 어떻게 조정되는지 알아보자. 경제에 충격이 발생할 때 물가나 환율은 충격을 흡수하는 조정 과정을 거치게 된다. 물가는 단기에는 장기 계약 및 공공요금 규제

등으로 인해 경직적이지만 장기에는 신축적으로 조정된다. 반면 환율은 단기에서도 신축적인 조정이 가능하다. 이러한 물가와 환율의 조정 속도 차이가 오버슈팅을 초래한다. 물가와 환율이 모두 신축적으로 조정되는 장기에서의 환율은 구매력 평가설에 의해 설명되는데, 이에 의하면 장기의 환율은 자국 물가 수준을 외국 물가 수준으로 나눈 비율로 나타나며, 이를 균형 환율로 본다.

또한 2018학년도 대학수학능력시험 국어 영역 문제지에는 경제 분야 지문이 등장했고, 2019학년도에는 본문 지문 외에도 본문 지문과 연결되는 문제 속의 부분 지문으로 한참을 읽어야 이해가 될 만큼 복잡한 과학 〈보기〉 지문이 나왔다.

E 〈보기〉

구는 무한히 작은 부피 요소들로 이루어져 있다. 그 부피 요소들이 빈틈없이 한 겹으로 배열되어 구 껍질을 이루고, 그런 구 껍질들이 구의 중심 O 주위에 반지름을 달리하며 양파처럼 겹겹이 싸여 구를 이룬다. 이때 부피 요소는 그것의 부피와 밀도를 곱한 값을 질량으로 갖는 질점으로 볼 수 있다.

(1) 같은 밀도의 부피 요소들이 하나의 구 껍질을 구성하면, 이 부피 요소들이 구 외부의 질점 P를 당기는 만유인력들의 총합은, 그 구 껍질과 동일한 질량을 갖는 질점이 그 구 껍질의 중심 O에서 P를 당기는 만유인력과 같다.

31. <보기>를 참고할 때, [A]에 대한 이해로 적절하지 않은 것은? [3점]

E

<보 기>

부피 요소

P

O

구는 무한히 작은 부피 요소들로 이루어져 있다. 그 부피 요소들이 빈틈없이 한 겹으로 배열되어 구 껍질을 이루고, 그런 구 껍질들이 구의 중심 O 주위에 반지름을 달리하여 양파처럼 겹겹이 싸여 구를 이룬다. 이때 부피 요소는 그것의 부피와 밀도를 곱한 값을 질량으로 갖는 질점으로 볼 수 있다.

(1) 같은 밀도의 부피 요소들이 하나의 구 껍질을 구성하면, 이 부피 요소들이 구 외부의 질점 P를 당기는 만유인력들의 총합은, 그 구 껍질과 동일한 질량을 갖는 질점이 그 구 껍질의 중심 O에서 P를 당기는 만유인력과 같다.

(2) (1)에서의 구 껍질들이 구를 구성할 때, 그 동심의 구 껍질들이 P를 당기는 만유인력들의 총합은, 그 구와 동일한 질량을 갖는 질점이 그 구의 중심 O에서 P를 당기는 만유인력과 같다.

(1), (2)에 의하면, 밀도가 균질하거나 구 대칭인 구를 구성하는 부피 요소들이 P를 당기는 만유인력들의 총합은, 그 구와 동일한 질량을 갖는 질점이 그 구의 중심 O에서 P를 당기는 만유인력과 같다.

① 밀도가 균질한 하나의 행성을 구성하는 동심의 구 껍질들이 같은 두께일 때, 하나의 구 껍질이 태양을 당기는 만유인력은 그 구 껍질의 반지름이 클수록 커지겠군.
② 태양의 중심에 있는 질량이 m인 질점이 지구 전체를 당기는 만유인력은, 지구의 중심에 있는 질량이 m인 질점이 태양 전체를 당기는 만유인력과 크기가 같겠군.
③ 질량이 M인 지구와 질량이 m인 달은, 둘의 중심 사이의 거리만큼 떨어져 있으면서 질량이 M, m인 두 질점 사이의 만유인력과 동일한 크기의 힘으로 서로 당기겠군.

◀ 2019학년도 대학수학능력시험 국어 영역에 출제된 복잡한 과학 〈보기〉 지문이 포함된 문제.

▼ 2020학년도 대학수학능력시험 국어 영역에 출제된 경제 〈보기〉 지문이 포함된 문제.

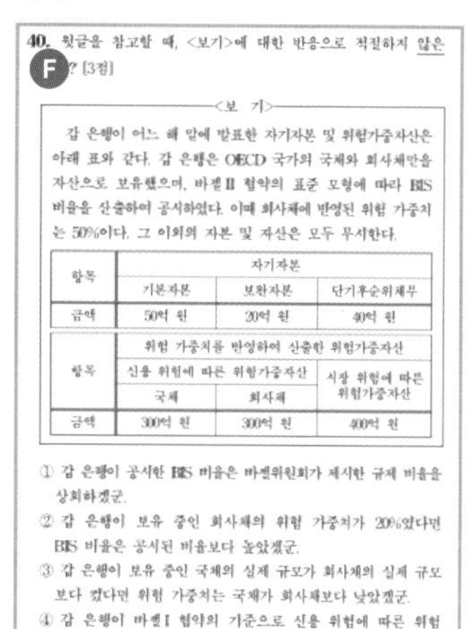
40. 윗글을 참고할 때, <보기>에 대한 반응으로 적절하지 않은 것은? [3점]

<보 기>

갑 은행이 어느 해 말에 발표한 자기자본 및 위험가중자산은 아래 표와 같다. 갑 은행은 OECD 국가의 국채와 회사채만을 자산으로 보유했으며, 바젤Ⅱ 협약의 표준 모형에 따라 BIS 비율을 산출하여 공시하였다. 이때 회사채에 반영된 위험 가중치는 50%이다. 그 이외의 자본 및 자산은 모두 무시한다.

항목	자기자본		
	기본자본	보완자본	단기후순위채무
금액	50억 원	20억 원	40억 원

항목	위험 가중치를 반영하여 산출한 위험가중자산		
	신용 위험에 따른 위험가중자산		시장 위험에 따른 위험가중자산
	국채	회사채	
금액	300억 원	300억 원	400억 원

① 갑 은행이 공시한 BIS 비율은 바젤위원회가 제시한 규제 비율을 상회하겠군.
② 갑 은행이 보유 중인 회사채의 위험 가중치가 20%였다면 BIS 비율은 공시된 비율보다 높았겠군.
③ 갑 은행이 보유 중인 국채의 실제 규모가 회사채의 실제 규모보다 컸다면 위험 가중치는 국채가 회사채보다 낮았겠군.
④ 갑 은행이 바젤Ⅰ 협약의 기준으로 신용 위험에 따른 위험가중자산을 산출한다면 회사채는 600억 원이 되겠군.

F 〈보기〉

갑 은행이 어느 해 말에 발표한 자기자본 및 위험가중자산은 아래 표와 같다. 갑 은행은 OECD 국가의 국채와 회사채만을 자산으로 보유했으며, 바젤Ⅱ 협약의 표준 모형에 따라 BIS 비율을 산출하여 공시하였다. 이때 회사채에 반영된 위험 가중치는 50%이다. 그 이외의 자본 및 자산은 모두 무시한다.

분명 국어 시험이지만 등장하는 지문을 보면 문학뿐만 아니라 철학, 과학(물리·화학·생물·지구과학), 예술, 정치, 경제, 법 등 출제 분야가 매우 다양하고 난이도 또한 높다.

사람은 예측하지 못한 순간을 맞닥뜨릴 때 당황하게 되고 당황하면 긴장감과 함께 실수를 저지르게 된다. 국어 시험이기에 지문에 대한 완성도 있는 이해보다는 맥락에 대한 이해와 추론을 통해 문제를 해결하면 되지만 다른 과목도 아닌 국어 시험에서 평소 접해보지 못한 낯선 분야의 지문과 맞닥뜨리는 순간 평정심을 유지하는 일은 만만치 않다. 그렇게 1교시 시험부터 당황하면 자신의 페이스를 잃을 가능성이 매우 커진다.

수능시험에서 의외로 최상위권 학생들이 어려워하고 성적을 올리기 힘들어하는 과목이 '국어'라는 말이 있다. 수학 역시 국어를 잘해야 한다는 말이 있을 정도이니 다양한 분야의 책 읽기 습관은 아무리 강조해도 지나치지 않는다.

책 읽기는 창의력의 바탕이다

의도한 것은 아니었지만 큰아이는 정말 많은 책을 읽었다. 아니 솔직히 말하면 의도하기는 했지만 내가 기대했던 것 이상으로 책을 좋아했고, 많이 읽었고, 일찍부터 자기 나이보다 수준 높은 책들을 소화해냈다. 거의 모든 육아서에서 '독서의 힘'을 이야기하고 있었기에 나는 점점 그런 아이의 모습이 기특하게 느껴졌고 매우 뿌듯했다.

그러던 어느 날, 또 어떤 이야기가 담겨 있을까 하는 호기심으로 새로운 육아서를 읽고 있는데 '미래 사회는 창의적인 사람이 세상을 이끌어 가는 리더가 된다'는 내용의 글이 내 눈길을 끌었다. 즉 앞으로 다가올 세상에서 가장 요구되는 인재의 조건은 지식이 아니라 '창의력'이라는 것이다. 창의력이란 말을 나는 그 책에서 처음 접했다. '창의력, 창의적, 창의성'이란 단어들을 발음해보는데 느낌이 너무 좋고 예쁜 말이란 생각이 들었다. 하지만 창의력이란 말이 구체적으로 무슨 뜻인지는 전혀 감이 오지 않았다.

'창의력이 뭐지? 어떻게 하면 그것을 키워줄 수 있지?'

고민하던 나는 창의력에 관한 다른 책을 몇 권 더 찾아 읽어보기로 했다. 사실 지금으로부터 17~20년 전에는 창의력에 대한 육아서가 거의 존재하지 않았다. 아무리 서점을 이곳저곳 다니며 뒤져보아도 관련된 책 한 권 찾기가 어려웠다. 그렇게 사람들에게 물어물어, 찾고 또 찾아서 책을 읽어보았는데 '두둥, 이럴 수가!' 어렸을 때부터 책을 너무 많이 읽거나 일찍 한글을 깨쳐 스스로 책을 보는 아이들은 창의력이 떨어진다는 이야기가 쓰여 있는 것이 아닌가.

'이게 무슨 말이야? 책을 많이 읽으면 안 된다고? 한글도 일찍 떼면 안 된다고? 그동안 내가 읽은 그 많은 책에서 독서의 중요성을 이야기했는데, 일찍 읽는 건 안 된다는 말이었을까? 아닌데, 아닌데… 그런 말은 책에 없었는데 어떡하지? 큰아이는 이미 한글도 알고, 책도 혼자 읽고 있는데 이제부터라도 책을 읽지 말라고 해야 하나?'

아이를 잘 키우고 싶어서 했던 그동안의 모든 노력이 잘못된 방향을 향하고 있었다는 생각은 정말이지 내게 아찔한 감정을 갖게 했다. 믿을 수 없었다. 아니 믿고 싶지 않았다. 그저 저자의 지극히 개인적인 생각이길 바랐다. 그래서 책을 더 찾아보기로 했다. 가능하면 관련된 강연도 들어보고 싶었다. 하지만 여러 강연과 책에서 어린 시절의 많은 독서를 부정했고, 더 나아가 책을 통한 유사자폐에 관한 이야기까지 언급하며 책을 많이 읽어주는 것을 경계하는 이야기들을 했다.

게다가 꽤 많은 사람이 그 생각에 동의하고 있었다. 뭐든 지나친 것은 좋지 않다고, 그게 엄마의 욕심이라면 더더욱 조심해야 한다며 마치 엄마의 욕심임을 못 박는 듯한 뉘앙스로 이야기했다. 미래 사회는 그렇게 지식을 머릿속에 채우는 것이 결코 중요하지 않다고, 창의적인 인간으로 키우기 위해서는 사물을 새로운 관점에서 바라볼 줄 알아야 한다고 했다. 우리 사회는 지식교육을 중요하게 생각하고 있고, 지식교육은 획일화된 교육이며, 우리는 책을 통해 많은 지식과 관념을 배우게 되므로 결국 창의적인 아이로 키울 수 없다고 했다.

얼핏 읽어 보면 정말 다 맞는 말 같았다. 집에 있는 책을 모두 갖다버려야 하는지, 초등학교에 들어가고 나서 그때 다시 책이 있는 환경을 만들어줘야 하는지 머릿속이 복잡해서 터져버릴 것만 같았다. 혼자서는 도저히 질문에 대한 답을 찾을 수 없을 것 같아 남편의 생각을 물어보기로 했다. '백지장도 맞들면 낫다'고 했으니 둘이 머리를 맞대고 고민하다 보면 무슨 생각이라도 나오지 않을까 싶었다. 사실 기대보다는 답답한 마음을 조금이라도 털어놓고 싶어서 남편에게 물어보았다.

그런데 그때 남편이 들려준 이야기 중에 내 머리를 '쿵' 하고 울리며 지나가는 말이 있었다.

"창의력은 무에서 유를 만들어내는 것이 아니야."

와! 뭔가 맞는 말 같았다. 왠지 믿음이 갔다. 그렇다! 지식을 머릿속에 채우기만 하는 것은 중요하지 않지만 머릿속에 아무것도 들어 있지 않은데 뭔가를 생각하고 떠올릴 수는 없다. 생각의 단서들, 미끼, 실마리가 있어야 창의적인 것도 나올 수 있다. 지식은 획일화된 교육일 수 있지만 획일성 없이 다양성이 존재할 수는 없다. 다양성이란 말은 다양하지 않은 것이 있어야 가능한 말이기 때문이다. 사물을 새로운 관점에서 바라보게 하려면 새롭지 않은 관점을 알고 있어야 새로운 관점이 나올 수 있다. 우리가 세 번이나 마녀의 독사과를 먹고 쓰러진 백설공주를 알아야 독사과를 받아먹지 않는 백설공주가 신선할 수 있는 것처럼 말이다.

배경지식이 있어야 창의성도 나온다

그날 이후 창의성에 대한 내 고민은 완전히 사라졌다. 나는 창의적인 아이로 키우기 위해서라도 책을 계속 읽어주기로 했고, 더 다양하고 새로운 영역의 책을 아이가 읽을 수 있도록 해주겠다고 마음먹었다. 그 선택에 대해 나는 지금까지 단 한순간도 후회해본 적이 없다.

그 당시 큰아이와 같은 나이의 아이를 한 명 키우는 학벌이 좋은 부부를 알고 있었는데, 고위 공무원이 되기 위해 자신들의 공부를 하느라 아이를 키울 시간과 여유가 없었다. 그 부부는 아이에게 책을 많이 읽어주는 나와 한글을 일찍 깨친 큰아이를 보며 그렇게 키우면 안 된다는 말을 했다. 굉장히 떨떠름한 표정으로, 그것도 모르냐는 얼굴로 말이다. 미래 사회에는 창의적인 인재가 필요한데 역시나 글자를 일찍 알면 창의성이 사라진다는 말을 했다.

시간이 아주 많이 지나 큰아이가 특목고에 입학했을 무렵, 그 부부가 아이를 미국으로 유학 보냈다는 말을 들었다. 아이의 공부머리를 보니 한국에서 이름 있는 대학에 보낼 수 없겠다는 판단이 들었기 때문이란다.

책을 많이 읽은 큰아이는 한창 공부할 나이에 3년 반 동안 공부에서 손을 놓았지만 자신이 원할 때 마음을 먹고 공부한 후 원하는 대학에 합격했다. 물론 어려서부터 책 읽기를 실천하지 않은, 대한민국 최고의 학벌에 최고 수준의 직장을 다니는 부부의 아이가 국내에서 갈 만한 대학이 없어 외국으로 학교를 보내게 된 이유가 단지 책에 있다고 일반화할 수는 없을 것이다. 또한 그것을 조금 과하게 해석해도 책이 학업성취력의 바탕이 될 수는 있어도 창의력과 직결되는 사례가 될 수 없음을 잘 안다.

하지만 큰아이가 고3 첫 모의고사를 치고 나서 찾아간 컨설팅 학원에서 '수시'를 포기하기에는 생활기록부가 너무 멋지다고 한 말이 기억난다. 대회 논문이나 소재들이 일반적인 고등학교 학생들이 만들어오는 것과는 다른 신선함이 있고, 자신의 호기심으로 연합동아리를 만들어 이끌어간 것도 무척 인상적이라며 이러한 포트폴리오를 입시에 활용하지 않는 것이 '많이 아깝다'고 했던 그 말을 나는 잊지 못한다.

세 아이를 키우는 20년간 아주 많은 유행들이 지나갔고, 그건 교육에 있어서도 마찬가지였다. 하지만 흘러가는 유행보다 더 중요한 것은 변하지 않을 '기본'이다. 이제 전문가들은 독서교육이 창의력의 모태가 된다고 이야기한다. 창의성은 엉뚱한 이야기가 아니기 때문이다. 창의력은 아무런 연결고리 없이 생뚱맞게 튀어나오는 새로움이 아니고, 개연성과 논리성을 가지면서 기발한 아이디어를 도출해내고 새로운 관점을 제시할 줄 아는 것이다. 즉 뭔가를 알아야 한다. 배경지식이 있어야 새로운 것을 만들어낼 수 있고, 인풋(input)이 있어야 아웃풋(output)도 있다.

칸트(Kant)에게 있어서 선험적인 동시에 감성적인 상상력의 소산이던 '스키마(schema, 보통은 배경지식을 말한다)'를 채울 수 있는 가장 쉬운 도구가 바로 책이다. 책은 아무리 강조해도 지나치지 않는다. 20년 넘는 나의 경험에 의하면 책은 창의력의 바탕이다. 그리고 창의력에 날개를 달아주고 싶다면 책을 매개로 아이와 놀고, 경험하며, 대화를 나누면 된다. 3,000여 권 넘게 읽은 육아서에서 시대의 흐름과 상관없이 아이의 성장에 중요하다고 이야기했던 것은 '책, 놀이, 대화'였다. 이제 다시 기본으로 돌아가자.

책 읽기는 성공의 바탕이다

지인 중에 부동산 쪽으로 공부를 하여 여러 채의 부동산을 소유하고, 그 노하우로 책을 써서 베스트셀러 작가가 된 사람이 있다. 그와 대화를 나누던 도중 참 인상적인 이야기를 듣게 되었다.

그는 자신의 분야에서 조금씩 유명세를 얻어갈 무렵 여러 방송 프로그

램에 출연하게 되었다고 한다. 주로 다양한 정보를 제공하는 아침방송에 출연했고 방송 특성상 여러 사람들을 만났는데, 소위 말하면 우리 사회의 각 분야에서 성공했다고 할 만한 사람들이었다. 자신도 아이를 키우는 사람이다 보니 그곳에서 만난 사람들에게 어떻게 이렇게 멋지게 성공하게 되었는지 그 비결을 이야기해줄 수 있느냐고 물었단다.

그런데 정말 놀랍게도 그들 모두 '독서'를 성공의 비결로 꼽았다고 한다. 지인 역시 공부에는 재능이 없고, 돈은 너무 벌고 싶고, 어떻게 해야 할지 모를 때 경제와 부동산에 관련된 책과 신문기사를 열심히 읽기 시작한 것이 큰 도움이 되었다고 했다. 정말 공감되는 이야기였다. 내가 읽은 수많은 책에서도 독서의 중요성을 이야기했고, 나 역시 세 아이를 각자의 결로 잘 키울 수 있었던 중심에는 수많은 독서의 경험이 있었기 때문이다.

결국 성공의 비결은 '책'이라는 도구

그런데 그가 들려준 이야기는 거기에서 끝이 아니었다. 지금부터가 정말 흥미진진하다. 그 성공한 많은 사람들이 '독서의 힘'을 이야기할 때 그는 그들이 모두 어린 시절부터 많은 양의 책을 읽고 자랐고, 어려서부터 독서습관이 잘 잡혀 있어서 이른바 양서라고 일컬어지는 건전하고 교훈적인 책, 인문고전이나 철학 등의 수준 높은 책을 읽은 것이 아닐까 생각했다고 한다. 하지만 성공한 사람들과 계속 이야기를 나눠 보니 모든 것은 그의 추측이었을 뿐, 자신의 생각이 완전히 틀렸음을 알게 되었다고 했다. 그들은 어렸을 때부터 책을 읽지 않았고, 많은 양의 책을 읽지도 않았으며, 다양한 종류의 책 역시 읽지 않았다는 것이다.

그들 중 어떤 사람은 먹고살기 힘들 만큼 집이 가난하여 책은 구경조차 할 수 없었지만 학교에 가니 걸레처럼 찢어진 학급문고가 있었고, 그 책이 오늘의 자신을 만들었다고 말했다. 또 어떤 사람은 평생 읽은 책이 거의 만화책이었지만 그 만화책이 지금의 자신을 있게 했고, 또 한 사람은 학창 시절 아무리 노력해도 《군주론》, 《목민심서》 같은 책은 재미가 없어서 읽지 못했고 지금도 그런 책은 펼치기 싫다고 했지만 자신의 분야에서만큼은 성공해 있었다는 것이다.

그 이야기를 듣는데 머리가 맑아지는 느낌이었다. 결국 성공 비결은 그냥 '책'이라는 도구였던 것이다. 언제부터 읽은 책, 어떤 종류의 책, 얼마만큼의 책 등 그 모든 것은 어찌 보면 큰 의미가 없었다. 둘째와 셋째 아이를 보면서 두 아이는 큰아이만큼, 아니 큰아이의 반의 반의 반도 책을 읽지 않고 성장했는데 어떻게 사교육 한번 없이 자신의 역량을 뽐내며 성장하고 있는지 때때로 이해할 수 없었다. 하지만 돌이켜보니 그저 '책'이라는 환경이 있었기 때문이었다. 아이들에게 적어도 책만큼은 최선을 다해 읽어주려고 노력한 과거의 내가 있었기 때문에 지금의 아이들이 존재하는 것이었다.

Q **곧 두 돌이 되는 아이를 키우고 있습니다. 유아기의 독서가 아이들의 성장에 중요하다는 것을 얼마 전에 알게 되었고, 부랴부랴 책을 사서 읽어주고 있습니다. 그런데 아이가 책을 거부합니다. 계속 시도하고 있는데 제가 읽어주려고만 하면 책을 밀치거나 던져버립니다. 이미 늦은 건지 자책도 되고, 제 마음을 몰라주는 아이에게 화도 납니다. 무엇보다 정말 책을 좋아하는 아이로 키우고 싶은데 어떻게 해야 할지 모르겠습니다.**

A 정말 속상하실 것 같습니다. 하지만 당분간은 아이에게 책을 읽어주고 싶은 마음을 내려놓고, 아이가 좋아하는 방법으로 소통하는 것을 먼저 하셨으면 좋겠습니다. 아이와 눈을 맞추고, 이전보다 더 많이 사랑한다는 표현을 해주시고, 자고 일어난 아이에게 '베이비 마사지'도 해주시면서 아이가 엄마의 사랑을 느끼고 엄마와 함께 무언가를 하는 것이 즐겁고 행복한 일이라는 경험을 먼저 심어주셨으면 합니다.

미국 일리노이 대학의 한트 교수는 "아직 우리가 인간의 잠재능력을 진정으로 개발하지 못하고 있고, 생애 초기의 시기가 아주 중요한 것은 맞지만 부모가 자신의 아이를 다른 집 아이보다 뒤떨어지지 않게 하기 위해 뇌 연구에 대한 이론을 바탕으로 아이를 자극하는 것은 위험할 수도 있다. 아이가 부모의 바람만큼 반응을 보이지 않으면 이론 자체를 인정하지 않거나 간혹 아이에게 애정을 주지 않는 경우가 있는데 이는 지극히 위태롭다. 이런 환경 속에서 자라는 아이는 실패하지 않을까 걱정하게 되고, 무언가를 보여주어야 한다는 생각에 학습 본래의 즐거움을 잃고, 자신을 비하하며 무능력한 자아상을 갖게 될 수 있다"고 경고합니다.

또한 미국의 글렌도만 박사 역시 "아이들은 즐겁기 때문에 배운다. 부모가 무리하게 주입시키는 방법은 아이를 곤란하게 만들 뿐 아니라 그 방식으로는 성공하기도 어렵다"고 했습니다.

아이에게 억지로 학습적인 것을 시키면 엄마의 손을 떠나 독립하는 시기부터 학습 자체를 등한시하거나 학업능력이 떨어지는 경우가 자주 있습니다. 아이에게 배움이란(학습이란) 스스로 세상을 배우고자 하는 의욕이 아이 안에 있음을 부모가 믿고, 그 욕구가 지속될 수 있도록 다양한 환경을 만들어주는 것에 있음을 기억해주세요.

책도 다양한 환경 중 하나일 뿐입니다. 물론 다른 환경에 비해 아주 효과적인 것은 분명하지만 엄마와 아이의 소통을 방해하는 것보다 더 중요하지는 않다고 생각합니다. 책을 내려놓고 아이와 좋은 관계, 즐거운 경험을 먼저 나눈 뒤 그 과정에서 아이가 좋아하는 것이 무엇인지 관찰해보세요. 그것이 자동차일 수도 있고, 동물일 수도 있고, 공룡이나 음식일 수도 있습니다. 할 수 있다면 가급적 아이가 좋아하는 것을 실제로 보거나 경험할 수 있게 해주세요. 그러면서 자연스럽게 그 내용들이 책으로 표현되어 있는 것을 찾아 조금씩 노출해주면 머지않아 책을 좋아하는 아이로 성장할 것입니다.

#두 돌 아이 #책 거부하는 아이 #책 좋아하는 아이로 키우기
#책보다 엄마와의 소통과 사랑이 먼저 #생애 초기의 중요성
#억지 학습의 부작용 #아이의 관심사에서 출발하기

독서는 기본을 키우는 힘이다

❶ 어린 시절부터 다양한 분야에 대한 호기심으로 즐겁게 책을 읽은 아이는 우리가 상상하기 힘든 수준에 도달하게 된다.

❷ 책이 있는 환경 속에서 성장하고, 자연스럽게 책을 좋아하며, 책을 많이 읽다 보면 속독이라는 능력이 생기게 된다. 속독을 한다고 해서 글을 대충 읽는 것이 아니다. 자연스러운 속독 능력은 빨리 읽어도 내용 파악을 정확하게 하기 때문에 긴 수능 지문을 다 읽고도 여유롭게 정답을 체크할 수 있다. 책 읽는 능력은 좋은 대학을 가는 데 있어서도 유리하다.

❸ 책 읽기는 학습능력의 바탕이다. 좋은 대학에 가는 것이 책을 읽는 이유의 전부가 되어서는 안 되지만 이왕이면 즐겁게 책을 읽고 덤으로 공부도 잘하게 된다면 마다할 이유가 없다.

❹ 대학수학능력시험 국어 영역에 등장하는 지문을 보면 문학 이외에도 철학, 과학(물리·화학·생물·지구과학), 예술, 정치, 경제, 법 등 출제 분야가 매우 다양하고 난이도 또한 높다.

❺ 우리는 책을 통해 많은 지식과 관념을 배운다. 하지만 미래 사회는 지식을 머릿속에 채우는 것이 결코 중요하지 않으며 창의적인 인재로 키우기 위해서는 사물을 새로운 관점에서 바라볼 줄 알아야 한다. 그러나 머릿속에 아무것도 없다면 뭔가를 생각할 수 없다. 그러므로 지식교육의 매개체인 독서교육이 필요하며 책으로는 창의적인 아이를 키울 수 없다는 결론은 틀린 주장이다.

❻ 창의력은 무에서 유를 만들어내는 것이 아니다. 새로운 관점에서 사물과 현상을 바라보게 하려면 새롭지 않은 관점을 알고 있어야 한다. 세 번이나 마녀의 독사과를 먹고 쓰러진 백설공주를 알아야만 독사과를 받아먹지 않는 백설공주가 신선할 수 있는 것처럼 말이다.

❼ 세 아이를 키우는 20년간 교육에 있어서도 많은 유행이 지나갔다. 하지만 흘러가는 유행보다 더 중요한 것은 변하지 않을 '기본'이며, 책 읽기는 아무리 강조해도 지나치지 않는 '기본을 키우는 힘'이다.

❽ 성공한 많은 사람들이 '독서'를 그 비결로 꼽았지만 언제부터 읽었는지, 어떤 종류의 책인지, 얼마만큼 읽었는지는 큰 의미가 없었다. 비결은 그저 '책'이라는 도구였다.

❾ 아이에게 학습이란 스스로 세상을 배우고자 하는 의욕이 아이 안에 있음을 부모가 믿고, 그 욕구가 지속될 수 있도록 다양한 환경을 만들어주는 것에 있다. 책은 그 다양한 환경 중 아주 중요한 요소이다.

나와 세 아이를 비롯해
많은 엄마와 아이들을 만나면서
거듭 확인했던 것은
불가능한 아이는 없다는 사실이었다.
지극히 평범해도, 게임에 빠져 있어도,
이미 늦은 것 같아도 어느 아이든
책을 좋아하고 즐기게 만들 수 있다.

PART 1

책육아의 시작

엄마도 책으로부터 배우다

아이는 나와 다르게 키우고 싶다 | 다시, 책! | 서점에서 만난 첫 육아 멘토 | 책육아의 시작 | 스승을 만날 기회는 언제든 있다 | 항복할 수밖에 없었던 이유 | 아이가 책 속으로 걸어 들어가다

+ 책육아의 모든 것 Q&A 2 #하루 권장 독서량
+ 책육아가 기적이 되는 법 2 아이가 좋아하는 것에서 시작하라

"네 시작은 미약하였으나 네 나중은 심히 창대하리라."

성경에 나오는 이 말이 나는 늘 듣기 좋은 격려의 말인 줄 알았다. 미래지향적이고 희망적인 '네 나중은 심히 창대하리라'는 뒷문장보다 '네 시작은 미약하였으나'라는 앞문장이 매번 더 와닿았으니까. 하지만 육아를 해온 지난 20년을 뒤돌아보니 어느 순간 저 문장은 나에게도 해당되었다.

책과 강연을 통해 만난 사람들은 세 아이에 대해 여러 가지 오해를 하기도 한다. 아이들의 머리와 재능이 타고났다거나, 나에게 좋은 엄마 유전자가 있어서 육아가 쉬웠다거나, 혹은 내가 '넘사벽'처럼 보여서 자신(청중, 독자)은 도저히 할 수 없다고 생각하는 것 같았다. 하지만 무엇을 상상하든 그 이상으로 나와 세 아이들은 평범하다. 언어가 사고의 기초가 되며 어휘가 풍부할수록 폭넓은 사고를 할 수 있다는 책 속의 문장을 읽고 그저 무던히 노력했을 뿐이다.

이번 장에서는 나의 어설픈 육아의 시작과 잠자리 독서의 효과 등 그 속에서 하나씩 깨달은 책 읽기의 노하우들을 소개한다.

아이는 나와 다르게 키우고 싶다

나는 폭력이 있는 가정에서 맞고 자란 아이였다. 그렇다고 해서 나의 부모님이 인성에 문제가 있다거나 소위 '학대'로 상징되는 자격 미달의 모습은 아니었다. 오히려 부모님은 동네에서 '법 없이도 살 사람'이라고 소문이 날 만큼 선량하고 좋은, 착한 사람들이었다. 하지만 착한 사람이라는 뜻은 만나는 모든 사람에게 나의 생각과 감정, 욕구와 주장을 펼치기보다 상대의 욕구와 감정에 나를 맞춘, 어쩌면 그렇게 나 자신을 잃어버린 사람의 다른 말인지도 모른다.

문제는 착한 사람으로 살면서 그렇게 누르고 눌러둔 욕구가 어디를 향하는가 하는 것이다. 억눌린 욕구는 반드시 튀어나오게 되어 있다. 그것은 가장 안전한 공간인 집 안에서, 가장 만만한 대상에게 표출될 가능성이 매우 크다.

온 동네 사람들의 칭찬과 인정을 듣고 살았던 엄마는 눌러둔 모든 욕구를 참고, 참고 또 참다가 더 이상 참을 수 없는 어떤 순간이 오면 나를 방에 가두고 때리기 시작했다. "왜 내가 너를 낳아서 이렇게 고생하는지 모르겠다, 너를 낳고 미역국을 끓여 먹은 내가 미친X이지. 오늘 너 죽고, 나 죽자"며 한이 서린 얼굴로 폭행과 폭언을 퍼부었다. 지금은 그것이 엄마의 진짜 마음이 아니라는 것을 잘 알지만 그런 말과 행동을 들으며 자라는 동안 나는 스스로를 매우 가치 없고 보잘것없는 존재, 죄인이란 굴

레 속에 가두었고 낮은 자존감을 지닌 채 성장했다.

결혼한 뒤 첫 아이를 낳았을 때 아이를 보자마자 처음 들었던 생각은 이 아이만큼은 나와 다른 존재로 키우고 싶다는 생각이었다. 내가 부족해서, 내가 모자라서, 내가 어리석어서, 내가 해봐야 될 리 없다는 생각으로 도전조차 하지 못했던 수많은 것을 아이만큼은 자신의 힘으로 이루어내고 누릴 수 있는 멋진 사람으로 키우고 싶었다. 그 소망이 나에겐 너무나 간절했다. 그래서 아이를 키우는 긴 세월 동안 남편이 사업에 세 번이나 실패했어도, 급성 허리디스크 파열로 내 몸을 움직일 수 없는 상황이 반복되어도 육아만큼은 포기할 수 없었다. 나에겐 아이를 잘 키우는 일이 너무도 중요했다.

'어떻게 하면 내가 바라는 멋진 아이로 키울 수 있을까?'

출산 직후 병원에서 아이를 처음 보자마자 나의 고민은 시작되었다. 고민 끝에 내가 세운 최초의 육아 목표는 '똑똑한 아이로 키우기'였다. 나 스스로 자신감이 부족하다는 인식은 낮은 학벌과 결합하여 나의 결정에 큰 영향을 미쳤고, 그것은 그때 당시 내가 내릴 수 있는 최선의 결론이었다.

똑똑한 아이로 키우려면 어떻게 해야 할까? 그 방법을 찾기 위해 3,000권이 넘는 육아서를 읽으며 아이를 키웠다(나의 전작인 《엄마 공부가 끝나면 아이 공부는 시작된다》에서 1,500권을 읽었다고 했지만 그것은 사람이 겸손해야 한다는 나의 뿌리 깊은 신념에서 비롯된 자기 비하였음을 깨달았기에 이제는 수정하고자 한다). 주변에 육아에 대해 물어볼 사람이 없었기에 더욱더 나는 책 속에 있는 길을 따라 걸으며 육아에 집중했다.

아이를 잘 키우기 위한 나의 책 읽기는 꼬리에 꼬리를 물고 이어졌고 너무도 다른 세 아이에 맞춰, 아이들의 성장에 맞춰, 나의 현실에 맞춰 다음 세계, 그다음 세계, 또 그다음 세계로 나를 이끌어주었다. 그 여정에서 내가 처음 가졌던 '똑똑함'이란 개념은 단순히 지성이 뛰어난 아이에서부터 자신의 삶을 현명하게 꾸려나갈 줄 아는 주체적이고, 깊이 있으며, 올바른 사리판단과 함께 자신을 사랑할 줄 아는 아이라는 의미로 확장되었다.

감사하게도 그러한 과정 속에서 세 아이 모두 사교육 없이 영재원에 합격했고, 스스로의 바람으로 국제고와 과학고, 일반고를 거쳐 원하는 대학에 진학했으며(막내는 아직 고등학생이다) 내가 '바라던' 똑똑한 사람으로 자라고 있다. 그 비결을 아주 단순하게 정리해보면 '책, 놀이, 대화'라고 말할 수 있다.

다시,
책!

얼마 전 학교에서 돌아온 막내 아이가 끝없이 이어지는 수행평가의 양에 대해 넋두리를 하다가 이런 말을 했다.

"엄마, 어떤 수행평가는 오픈북 형태로 이루어져. 책을 다 펼쳐놓고 선생님의 질문에 해당하는 답을 책에서 찾은 뒤 적어 내는 거지. 그런데 아이들이 제출한 답안지를 읽다 보면 '이 아이가 뭘 본 거지? 왜 보고도 쓰지를 못하지? 다른 책을 읽었나?' 싶을 만큼 말도 안 되는 글을 적어 내는 아이들이 꽤 있어. 그래서 생각한 건데, 내가 도서부 회장이 되었잖아. 적어도 우리 도서부원들만큼은 함께하는 시간 동안 책을 읽고 이해하고 표현할 수 있는 힘을 좀 더 키웠으면 해. 그래서 지금 방법을 고민 중이야."

오랜 사춘기를 겪으며 3년간 공부에서 손을 놓았던 큰아이가 긴장감을 안고 치른 고3 첫 모의고사 이후 내게 했던 말도 비슷한 맥락이었다.

"엄마, 엄마는 강연을 다니면서 많은 엄마들을 만나잖아. 이 말을 꼭 전해줬으면 좋겠어. 아이에게 책을 꼭 읽어주라고 말이야."

"오, 그런 말을 하는 이유가 있어?"

"엄마도 알다시피 내가 정말 공부를 안 했을 때도 국어 성적이 늘 좋았잖아. 근데 이번에 영어 시험을 치면서 느꼈는데, 나는 그동안 제대로 된 문법 공부나 단어 암기를 별로 해본 적이 없어. 이번 모의고사 지문을 보는데 정말 내가 아는 영어 단어가 한 지문에 얼마 없는 거야. 충격을 받았지! 그래도 정신을 가다듬고 내가 알고 있는 영어 단어 몇 개를 이용해 해석을 하고 답을 찾아내는데, 내 감이 거의 다 맞더라? 어떻게 이게 가능할까 생각해봤는데 내가 워낙 책을 많이 읽었잖아. 덕분에 나는 단어 몇 개만 봐도 그것들이 모여서 어떤 이야기를 하고 있는지 추론이 된다는 것을 알게 됐어. 그러니까 엄마들에게 꼭 독서의 중요성을 이야기해줬으면 좋겠어."

올해 대학생이 된 둘째 아이도 이런 이야기를 했다.

"엄마, 요즘 코로나19 때문에 거의 다 인강(인터넷강의)으로 수업이 진행되잖아. 그러면서 학력에 양극화 현상이 일어나고 있는 것 같아."

"그래?"

"응, 학교에 가면 교수님이나 동기에게 내가 모르는 것을 직접 질문하고 그렇게 이해하면서 그나마 새롭게 배우는 부분을 수월하게 받아들일 수 있어. 그런데 인강으로만 수업이 진행되니 질문에도 한계가 있고, 내가 이미 가지고 있는 이해력과 사고의 힘으로 혼자 새로운 내용을 소화해야 하는 경우가 많아. 또 인강을 틀어놓아도 딴짓을 하겠다고 마음먹으면 얼마든지 할 수 있거든. 잘하는 사람은 갈수록 더 잘하고 그렇지 않은 사람은 갈수록 더 못하게 되는 것 같아."

책 읽기를 통해 이해력과 표현력, 사고력 등을 길러 두는 것이 얼마나 중요한지 세 아이를 통해 또 한 번 절감한 순간이었다.

서점에서 만난 첫 육아 멘토

큰아이를 출산한 후 아이를 잘 키우고 싶은 마음만 있고 그 방법은 모른 채 백일이 지나갔다. 하루 종일 아이와 단둘이 집 안에서 시간을 보내다가 바람도 쐬고 아이에게 바깥세상도 보여줄 겸 동네 한 바퀴를 산책하기로 했다. 목적지 없이 아이를 등에 업고 이리저리 걷다 보니 다리는 아파오고, 집으로 돌아가기는 싫고, 갈 곳은 없고 어떻게 할까 고민하며 주위를 둘러보는데 서점이 눈에 들어왔다.

책은 좋아하지만 책을 읽어본 경험이 적고, 딱히 읽고 싶은 책이 있어서 들어간 것도 아니었기에 느린 걸음으로 슬렁슬렁 서점 안을 둘러보며 책 구경을 했다. 그러다가 《0세 교육의 비밀》, 《기적이 일어나는 0세 교육》이란 제목의 책들 앞에서 발길이 멈췄다.

'기적이 일어나는 교육이라고? 내가 바라는 게 그런 건데, 이 책을 읽으면 아이를 똑똑하게 키울 수 있을까? 책 속에 그 방법이 적혀 있을까? 세상에 정말 그런 책이 있기는 한 걸까?' 떨리는 마음으로 벽면 책꽂이에 꽂혀 있던 책을 꺼내 표지를 보는데 "당신의 아이도 천재가 될 수 있다"는 문구가 선명하게 내 시야에 들어왔다.

쿵쾅거리는 심장박동 소리를 들으며 정신없이 책을 펼쳤다. 그리고 책장을 넘길수록 온몸에 전율이 흐르는 느낌이 들었고 도저히 책 읽기를 멈출 수 없었다.

책의 저자 시치다 마코토는 0세 교육의 비밀을 한마디로 '재능 체감의 법칙'으로 설명했다. 어린아이일수록 탁월한 재능을 품고 있는데 이를 잘 계발시키지 않으면 나이가 들수록, 교육을 늦게 시작할수록 재능이 계발될 가능성이 떨어진다는 것이다. 그러면서 그 근거를 제시하고, 어떤 환경을 줄 것인지, 일찍 자극을 준 아이들이 얼마나 잘 자라고 있는지 여러 사례를 들어 설명하고 있었다.

살면서 믿음과 의심, 희망과 흥분, 기대와 떨림으로 그렇게 가슴이 뛴 것은 그때가 처음이었다. 이 책이 제시하는 대로 아이를 키우면 내가 그렇게 바라던 똑똑한 아이로 키우고 싶다는 소원을 이룰 수 있을 것 같아 무척 기뻤다. 동시에 또 한편으로는 책에 '0세' 교육의 비밀이라고 쓰여 있는데 이미 '1세'인 우리 아이는 어쩌면 해당되지 않는 건가, 늦어버렸나 싶은 걱정도 들었다. 하지만 책에 나와 있는 것처럼 0세부터 시작하면 천재가 되는 거고, 지금부터 시작한다면 천재는 아니어도 적어도 똑똑한 아이는 될 수 있을 것이라고 기대하면서 책이 안내하는 대로 실천해보리라 굳게 다짐했다.

정말이지 날아갈 듯한 발걸음으로 집으로 돌아와 남편이 오기를 기다렸다. 이러한 나의 설렘을 함께 나누고 싶었고, 남편도 내 희망과 각오에 동참해주길 바랐다. 하지만 남편에게 내가 읽은 책의 내용을 설명하자 남편은 어디서 말도 안 되는 걸 보고 와서 이러느냐는 한심한 눈빛으로 나를 바라보았다. 그러한 시선을 앞에 두고 뇌세포가 어떻고, 대뇌 생리학이 어떻고를 정확히 전달할 자신이 없던 나는 그만 잔뜩 주눅이 들어버렸다.

하지만 포기하고 싶지 않았다. 다음 날도 아이를 업고 서점으로 달려가 책을 읽었고, 이번에는 아예 책을 사서 집으로 돌아왔다. 남편은 그런 나를 이상한 곳에 빠진 철없는 사람으로 대하는 듯했지만 다른 건 몰라도 첫째 아이를 똑똑한 아이로 키우고 싶다는 나의 욕구는 쉽게 시들지 않았다. 오히려 더 강렬하게 피어올라 '이 책의 내용이 정말임을 내가 보여줄 거야. 머지않아 남편도 아이를 잘 키워줘서 고맙다고 말할 날이 반드시 올 거야'라고 다짐하며 혼자만의 육아를 시작했다.

남편의 공감과 협조가 없었기에 뜨겁게 불타오르는 육아를 향한 내 열망과 마음을 함께 나눌 사람이 없었고, 그럴수록 나는 더욱더 시치다 마코토에게 빠져들어 그의 모든 책을 읽어 내려갔다.

책육아의 시작

그렇게 책육아가 시작되었다. 아이에게 책을 '읽어주는' 책육아가 아니라 아이를 잘 키우는 방법을 적어둔 책을 '내가 읽는' 책육아가 시작된 것이다. 처음 시치다 마코토의 책을 발견한 동네 서점으로 달려가 그곳에 진열되어 있던 그의 저서들을 모두 읽었다. 그 후에는 책날개에 소개되어 있는 그의 또 다른 저서들도 서점에 부탁하여 구입해서 읽었고, 책 속에 소개된 다른 저자들의 책(예를 들면, 글렌도만의 책)도 찾아 읽으며 아이를 잘 키우는 방법들을 조금씩 배워나갔다.

그 당시 아이가 낮잠을 자면 곧바로 설레는 마음으로 책을 읽었고, 밥 먹는 시간조차 아껴가며, 화장실에 앉아 있는 순간에도, 유모차에 아이를 태우고 산책을 나갔다가 아이가 잠든 것을 확인하면 근처 벤치에 앉아 아이가 깰 때까지 책을 꺼내 읽으며 책에 몰입했다. 그런 내 모습을 본 친정엄마는 학교 다닐 때 그렇게 공부를 했으면 서울대가 아니라 하버드대도 갔겠다며 코웃음을 쳤지만 그때는 누구도 나를 말릴 수 없었다.

조용하고 내성적이며 말이 별로 없던 나였지만 '언어야말로 사고의 기초이며 어휘가 풍부할수록 폭넓은 사고를 할 수 있다'기에 '수다쟁이 엄마'가 되기 위해 무던히도 노력했다. 어린아이라도 말귀를 다 알아듣는다고 믿고 가능한 한 성인의 언어로 다양한 말을 들려주었다. 아이의 이름을 끊임없이 불러주었고, 내가 엄마라는 사실을 '엄마'라는 단어로 알려주었으며, 매일 목욕을 시킬 때마다 배, 가슴, 팔, 다리, 손, 발, 엉덩이, 머리, 목 등 우리 몸의 각 명칭을 가르쳐주었다.

또 아이를 안고 다니며 집 안에 있는 물건의 이름들, 가령 "이건 냉장고, 싱크대, 텔레비전, 장롱, 라디오, 액자, 스위치, 형광등, 책상, 의자, 건조대야"라고 말해주었다. 뿐만 아니라 "어, 이게 무슨 소리지? '뚜루루루루, 뚜루루루루' 전화기에서 소리가 나네? 누가 우리 집으로 전화를 걸고 있나봐. 연수야, 엄마 잠시만 전화받고 올게. 기다려줘" "자, 이제 동네 한 바퀴 산책하러 가자. 오늘은 우리 집에서 출발해 한의원 앞을 지나고, 도로 앞에 서서 어떤 차들이 지나다니는지 구경한 다음 주유소를 지나고, 약국 앞을 지나고, 초등학교 앞을 지나서 다시 우리 집으로 돌아올거야. 자, 출발해볼까?"라며 말을 걸어주었다.

할 수만 있다면 내가 알고 있는 모든 단어를 사용해서 가급적 많은 것을 보여주고, 들려주고 싶었다. 처음에는 사물의 이름, 사물이 하는 일, 주변에서 나는 소리, 그것들의 의미, 내가 하고 있는 행동 등을 마치 스포츠 중계를 하는 아나운서가 경기장의 모든 움직임을 하나하나 설명하듯이 들려주었고, 그것만으로도 아주 많은 어휘를 들려줄 수 있었다.

아이도 매일매일 반복되는 엄마의 수다로 인해 "냉장고"라고 하면 냉장고 쪽을 바라보고, "창밖에 비가 오네?"라고 말하면 창문 너머를 보는 등 내가 알려준 어휘들을 잘 흡수하며 자랐다. 내가 건넨 자극에 반응하는 아이를 보니 나도 정말 똑똑한 아이를 키울 수 있을 것 같았고, 더 신이 난 나는 더 많은 어휘를 들려줄 방법을 계속 궁리해냈다. 많은 동요를 불러주었고, 내가 좋아하는 한용운 님의 시를 벽에 붙여놓고 아이를 재울 때마다 읊어주었다. 시 한 편 못 외우던 내가 아이와 함께 반복된 일상 속에서 한 편, 두 편 외울 수 있는 시들이 늘어났다.

한번은 아이와 둘이서 기차를 타고 서울에서 부산까지 갈 일이 있었는데, 불편한 자세로 인한 칭얼거림인지 잠투정 때문인지 정확한 이유는 알 수 없었지만 아이가 보채기 시작했다. 대중교통을 이용하고 있었기에 다른 사람들에게 방해가 되지 않도록 아이를 달래기 위해 여러 방법을 써보다가 한용운 님의 시를 읊어주었다. 그러자 그 작은 아이가 시에 집중하는 듯한 반응을 보이더니 이내 편안한 표정으로 잠이 들었다. 옆자리에서 그 모습을 지켜보던 아주머니께서 정말 신기하다며 어떻게 이렇게 지혜롭게 아이를 키우느냐며 엄마가 참 훌륭하다는 말씀을 해주셨는데, 나 역시 정말 기억에 남는 신기한 일화였다.

스승을 만날 기회는 언제든 있다

아이가 10개월이 되었을 때였다. 그날도 아기 띠를 하고 아이를 안은 채 동네 한 바퀴를 산책하고 있는데, 한 아주머니가 다가와 "어머, 아기가 정말 예쁘네요. 몇 개월이에요?"라며 말을 걸어왔다. 순간 경계 모드가 발동된 나는(그도 그럴 것이 엄마인 내가 봐도 큰아이는 예쁘다기보다 장군감이란 말이 어울리는 남자아이 같았기 때문이다) 누구시냐고 물었고 '아가월드'라는 교육회사에 소속된 한마디로 책 방문판매원임을 알게 되었다. '아무것도 사지 않으리라. 무슨 말로 나를 현혹해도 나는 꿈쩍도 하지 않으리라' 다짐하며 그의 말을 들었다.

"어디 가시는 모양이에요? 아기가 몇 개월이에요? 어머, 하루 종일 아기랑 뭐하고 지내세요? 지금의 시기가 참 중요하다는 거 알고 계세요? 아기가 아직 어려서 말은 못하지만 다 듣고, 배우고 있다는 건 아세요?"

"그럼요, 그럼요. 다 알고 있고말고요. 제가 지금까지 읽은 육아서만 해도 50권이 넘어요. 지금 아주머니가 저한테 얘기해주신 거 이미 다 알고 있어요. 저 좀 그만 붙잡으세요. 저는 안 사요, 안 사"라고 말하며 그를 뿌리치고 싶었다. 하지만 사람은 늘 예의 있어야 한다, 겸손해야 한다, 착해야 한다는 교육을 받고 자라온 나는 차마 "됐어요! 다 알고 있어요!"라는 말을 내뱉지 못하고, 길거리에 서서 오도 가도 못한 채 말씨름을 하게 되었다.

"지금은 오감을 통해 세상을 배워나가는 시기이기 때문에 아기의 연령에 맞는 교구들이 좀 필요해요. 집에 교구가 있나요?"

"교구는 없지만 저도 오감의 중요성은 알고 있어서 아기에게 이유식을 먹일 때 음식의 재료를 만져보게도 하고, 향기도 맡아보게 하고, 색깔도 알려주고, 어떤 맛이 나는지 맛에 대한 설명도 해주고 있어요."

"(좀 당황하는 듯하더니) 어머, 잘해주고 계시네요. 하지만 그런 자극은 종류의 다양성 측면이나 혹시 상한 재료를 엄마가 미처 못 보고 있을 때 아기가 입으로 가져가 먹을 수도 있으니 구강기 무렵에 맞는 여러 가지 교구가 있으면 더 좋을 것 같아요."

"네, 그래서 음식 재료 외에도 수세미, 이태리타월, 솜, 쿠킹호일 등을 잘라서 만든 촉각 매트를 아이가 만지면서 촉감의 차이를 느낄 수 있게 해주고 있고, 또 쌀알을 뻥튀기해서 아이가 직접 손가락으로 집어 먹을 수 있게 해주고 있어요."

처음엔 편안하게 웃는 얼굴로 다가온 판매원은 점점 얼굴이 굳어져 갔다. 그러면서 자기가 알고 있는 모든 육아 지식을 내게 쏟아냈고, 나는 그 모든 주장에 이의를 제기하거나 또는 동의를 하면서도 다른 방법으로도 충분히 그런 효과를 낼 수 있다며 팽팽한 신경전을 펼쳤다. 내 머릿속은 오직 한 가지 생각뿐이었다. '절대 안 사!'

이제 판매원은 한눈에도 지쳐 보였다. 새파란 새댁에게 뭐 좀 팔아볼까 싶어 쉽게 말을 걸었다가 자신의 영혼이 털려나가는 생각지도 못한 일을 겪었다는 표정이었다. '조금만 더 버티면 되겠다. 끝까지 정신 똑바로 차리고 절대 아무것도 사지 말아야지!'

항복할 수밖에 없었던 이유

"정말 아이를 잘 키우고 계시네요. 어떤 부분은 저보다 더 현명하게 육아를 하고 계신다는 느낌이에요. 그러면 정말 마지막으로 딱 한 가지만 물어볼게요. 혹시 아이가 잠들기 전에 잠자리 동화책은 읽어주고 있나요?"

순간 마음속에서 '헉!' 하는 소리가 들려왔다. 정말 생각지도 못한 부분이었기 때문이다. 나의 육아 멘토 시치다 마코토는 아이를 재우기 전에 잠자리에서 책을 읽어주라는 말을 책에 써놓지 않았다! 그러니 나는 잠자리 동화책 읽어주기를 실천할 수 없었다.

아이가 6개월이 될 무렵, 책 한 페이지에 사과 그림이 하나 있고, '사과'라는 단어가 쓰여 있는 '사물인지 책'부터 천천히 읽어주라고 해서 그렇게 주구장창 사물인지 책만 읽어주고 있던 참이었다. 어휘의 중요성을 여러 책에서 지속적으로 읽으면서도, 더 많은 어휘를 들려주기 위해 시를 외워 들려주면서도, 나는 아이를 재우면서 책을 읽어줄 생각은 전혀 하지 못했다. 그림책 한 권 없는 집에서 자란 나로서는 상상조차 할 수 없던 일이었다.

너무 당황스러웠지만 짐짓 아무렇지 않은 척하며 판매원에게 물었다.

"책을 꼭 밤에 읽어줘야 하는 이유가 있나요?"

"네, 우리의 뇌파는 알파파, 베타파, 감마파, 세타파 등 여러 종류가 있어요. 그중에서 잠들기 직전의 졸음 상태, 얕은 수면 상태에서 잠재의식과 무의식이 열리고, 창의성이 발휘돼요. 이때 다양한 어휘가 쓰여 있는 책을 읽어주면 그 어휘들이 아이의 뇌에 고스란히 들어가 잠재의식 속에 오랫동안 저장될 수 있고 문제해결력, 통찰력에도 큰 도움이 돼요."

아! 그러고 보니 나도 책에서 읽은 기억이 났다. 뇌에는 몇 가지 뇌파가 있는데 각각의 역할이 있다고 했다. 너무 복잡하고 어렵게 느껴져 '아, 이런 게 있구나' 하고만 넘어갔는데 그것을 어휘와 독서에 연결시킨 내용이 정말 그럴듯하게 다가왔다. 아이를 똑똑하게 키우고 싶었던 나는 흥분하여 어떤 책을 읽어주는 것이 좋은지 다시 물어보았다. 그러자 가까운 거리에 사무실이 있다며 함께 책 구경을 하러 가자는 것이다.

사무실에 가보니 신기하고 예쁜 책들이 참 많았다. 어쩌면 그렇게 화려하고 예쁜 그림들이 가득한지, 책에서 나는 종이의 향기는 어쩜 그렇게 향기로운지, 동물 친구들의 이야기는 또 어쩌면 그렇게 마음을 울리는지, 나는 정신없이 책 속으로 빨려 들어갔다. 낮에는 시치다 마코토가 알려준 대로 아이와 함께 시간을 보내고, 밤에는 판매원이 알려준 대로 스토리가 있는 긴 그림책을 읽어주면 내 소중한 아이는 정말 똑똑하게 잘 자랄 것만 같았다.

책값이 인정사정없이 비싼 것이 조금 망설여졌지만 별문제가 되지 않았다. 최대한 길게 카드 할부 결제를 하면 매달 내는 금액이 그렇게 비싸게 느껴지지 않았다. 내 아이를 위해서라면 이 정도 금액은 감당할 수 있을 것 같았다. '다른 소비를 줄여서라도 이 책만은 꼭 사야겠어!'

이틀 뒤에 배송된다는 책을 기다리며 나는 정말 행복했다. 어서 빨리 아이에게 책을 읽어주고 싶었다. 상상만 해도 입가에 미소가 활짝 피어났다. 아이가 초롱초롱한 눈으로 그림책 속 이미지에 시선을 두고 있을 때 내가 읽어주는 아름다운 어휘들이 아이의 잠재의식 속으로 들어가는 상상을 하니 온 세상을 다 얻은 것만 같았다.

아이가 책 속으로 걸어 들어가다

정확히 이틀 뒤 책이 도착했다. 그 찌릿찌릿한 행복감이란! 아이보다 내가 더 설렜고, 부웅부웅 둥실둥실 구름 위를 걷는 듯 황홀했고, 날아갈 듯 온몸이 가벼웠다. 어서 빨리 상자 속의 책을 꺼내 아이에게 읽어주고 싶었다. 하지만 나는 기억했다. 그 판매원의 말을! 졸음 상태에서 나오는 뇌파가 잠재의식으로 연결되니 잠자리에 책을 읽어주는 것이 좋다는 말을 말이다.

어서 빨리 밤이 오길 기다렸다. 저 아름다운 그림과 저 빛나는 어휘들을 들려줄 밤이 오기를 하루 종일 학수고대했다. 내가 읽어주는 이야기를 들으며 새근새근 소록소록 고이고이 잠들 아이를 꿈꾸며 온종일 밤이 오길 기다렸다.

▲ 《파울리는 못됐어》, 브리기테 베닝거, 아가월드

그렇게 드디어 밤이 되었다. 아이가 연신 하품을 쏟아내기에 흐뭇한 미소를 지으며 잠자리 이불을 깔았다. '드디어 때가 되었어!'

"연수야, 엄마가 오늘 밤부터 아주아주 재미있고, 예쁜 그림이 가득 그려진 그림책을 읽어줄게. 짜잔, 토끼 정말 귀엽지? 이 토끼 이름이 파울리인가봐."

> **A** 햇살이 눈부신 아침이에요!
> 지금 막 잠에서 깨어난 파울리는 침대에 누워 즐거운 생각에 잠겼답니다.
> "오늘은 에디랑 나무껍질로 배를 만들어야지."
> 파울리는 침대에서 깡충 뛰어내려 세수를 하러 갔지요.
> 후딱후딱 세수를 해치운 다음 헝클어진 침대도 얼렁뚱땅 정리했답니다.
> 그러고는 아침을 먹는데 갑자기 창가에서 파리들이 웅웅거렸어요.
> 한참 동안 보다 보니 집에 아무도 없지 뭐예요.
>
> – 책 내용 일부 발췌

그런데 이게 웬일인가! 엄마의 음성을 들으며 잠시 책 속에 시선을 두던 아이가 책 한 페이지를 미처 다 읽어주지 못했는데 잠자리를 박차고 기어나가는 것이 아닌가!

'이게 뭐지? 왜 잠들지 않지? 책을 읽어주면 잔다고 했는데?' 전혀 예상하지 못한 반응이었다. '뭐가 잘못된 거지? 하품을 더 많이 할 때까지 기다려야 했나? 제목이 별로인가? 다른 이야기를 읽어줄까?' 머릿속이 너무 복잡했지만 나는 포기할 수 없었다. 반드시 이유를 찾아내서 아이가

책을 잘 보고 좋아하게 만들고 싶었다. '어떻게 해야 할까?'

다음 날은 아이가 더 많은 하품을 할 때까지 기다린 다음 이불을 깔고 책을 읽어주었다. 아이가 좋아할 만한 이야기를 골라 목소리를 더 부드럽고 상냥하게 만들어 읽어주었다. 하지만 아이는 또다시 이부자리를 걷어차고 기어나갔다. 다음 날도, 그 다음 날도 아이는 엉덩이를 흔들며, 싱글벙글 웃으며 유유히 사라졌고, 나의 부푼 기대는 땅바닥으로 곤두박질치고 말았다.

'대체 무엇이 문제란 말인가!' 그런 고민을 하고 있던 와중에 어느 책에서 아이에게 책을 읽어줄 때 조금씩 어절을 추가해가며 읽어주라는 내용을 발견했다. 이를테면 책에서 '사과'를 읽었다면 그다음엔 '빨간 사과', 그다음엔 '빨갛고 동그란 사과', 그러고 나면 '빨갛고 동그란 잘 익은 사과', 그런 뒤 '라비는 빨갛게 잘 익은 사과를 따서 한 입 베어 물었다'와 같이 서서히 어절을 늘려나가고, 문장 역시 하나씩 추가해가며 읽어주면 좋다는 것이다.

'바로 그거구나! 이제 겨우 사과, 복숭아, 포도, 딸기를 읽고(듣거나 보고) 있는 아이에게 갑자기 한 페이지에 많은 문장이 쓰여 있는 책은 너무 복잡하고 어렵고, 호흡이 길어서 집중하기 힘들 수도 있겠구나. 책에도 단계가 있는 거였어!'

다시 처음으로 돌아갔다. 아이의 잠재의식 속에 수많은 어휘를 넣어주기 위해 길고 긴 문장을 읽어주기보다는 아이에게 맞는 책을 찾아서 읽어주기로 했다. 동네 서점에 아이를 데리고 가서 수준에 맞는 책을 찾아 읽어주고 아이의 반응이 좋은 책, 소장하고 싶은 책은 구입하여 즐겁게 반복하여 읽을 수 있도록 했다. 그랬더니 아이가 책 속으로 걸어 들어왔다. 자고 일어나면 책을 찾았고, 놀다가도 책을 찾았고, 자기 전에도 책을 찾았다. 정말이지 뿌듯했다. 엄마의 바람대로 아이는 책을 좋아했고, 많이 읽었으며 그런 아이와 함께하는 매일이 천국이었다.

Q 생일이 늦은 3살 아이의 엄마입니다. 하루에 책을 몇 권 정도 읽어주어야 많이 읽어주는 것일까요? 아이가 걷기 전에는 책을 읽어주면 집중해서 곧잘 보았는데, 요즘은 확실히 잘 보지 않습니다. 어떻게 해야 할까요? 또 얼마나 읽어주면 아이가 커서도 책을 좋아할까요?

A 책을 잘 보던 아이가 책과 멀어지는 느낌이 드니 이러다가 자라서 책과 더 멀어지면 어쩌나, 하루에 얼마나 읽어주어야 할까 걱정이 되시는 것 같습니다.

우선 책을 좋아하는 사람으로 성장하는 것은 어린 시절 부모가 아이에게 얼마나 많은 책을 읽어주느냐와는 상관이 없을 수도 있음을 말씀드리고 싶습니다.

제 경우, 어릴 때부터 책을 참 좋아했는데 저희 집엔 책이 없었고, 부모님도 책을 읽어주며 저를 키우지 않았습니다. 초등학교 입학 전에 같은 동네에 사는 나이 어린 동생의 집에 놀러 간 적이 있는데, 그곳에 너무나 예쁜 공주풍 그림의 명작동화 전집이 있었습니다. 정말 눈이 돌아갈 만큼 예쁜 그림에 넋을 놓고, 글자도 읽지 못하면서 매일 그 책의 그림을 구경하기 위해 놀러 갔던 기억이 납니다.

글자를 읽을 수 있게 된 초등학생이 된 후 책을 사달라고 부모님을 졸랐더니 오래오래 보라며 글자가 빼곡히 들어찬 위인 전집을 사주셨습니다. 아무리 참고 읽으려 했지만 너무 재미가 없어 그 후로 결혼 전까지 거의 책을 읽지 않았습니다.
하지만 책과 처음 만났던 기억이 너무 좋았는지 책을 좋아하는 마음은 계속 제 안에 남아, 한 번씩 서점에 들러 책을 사곤 했습니다. 물론 잘 읽지는 않았지만요. 그러다가 아이를 낳고 키우면서 책에 빠져 그 후로 20년 넘게 독서의 즐거움을 온몸으로 경험하고 있지요. 한 번씩 생각해봅니다. '어린 시절에 부모님이 즐거운 책 읽기의 경험을 제공해주고, 내가 좋아하는 책을 많이 볼 수 있게 해주셨더라면 지금보다 더 잘 자란 내가 되어 있지 않을까!' 하고요. 그렇지만 비록 늦은 책 읽기를 했어도 책을 좋아하는 마음이 있었기에 결국은 긴 시간이 지난 뒤에 책과 가까워지고, 제 삶도 바뀌지 않았을까요.
저는 책 읽기에서 가장 중요한 것은 첫째도 즐거움이요, 둘째도 즐거움이요, 셋째도 즐거움이라고 생각합니다. 지금 현재 책 읽기보다 다른 것에 더 많은 관심을 보이는 아이라면 굳이 엄마가 아이의 마음에 반하여 책 읽기를 고집할 필요는 없다고 생각합니다. 그럼에도 불구하고 아이의 마음에 반하지 않고서도 충분히 책을 더 찾고, 좋아하게 할 수 있다면 저는 갖은 방법을 연구해서라도 아이에게 책 읽기의 즐거움을 알려주려고 노력할 것입니다. 책을 통해 얻게 되는 유익이 너무나도 많으니까요.
늦은 3살 아이라면 아직 만 24개월이 지나지 않았을 것 같습니다. 이 시기의 아이는 이제 막 스스로 걷기 시작하면서 행동반경이 넓어지고, 그에 따라 자신의 세계가 더 커진 상태라 할 수 있습니다(이와 비슷한 시기 중 하나가 처음으로 어린이집이나 유치원에 간 시점입니다). 이때는 가만히 앉아 책을 보기보다 새롭게 펼쳐진 세상에 대한 호기심으로 실제 세상에 대한 탐색에 더 집중하게 됩니다. 그러니 너무 걱정하지 마세요.
이전에 엄마가 책 이외의 다양한 경험을 주지 않아 책밖에 모르고 있다가 자신의 신체를 자유롭게 쓸 수 있게 된 시기부터 책에서 배우기보다 몸으로 세상을 배우려는 아이들이 있을 수 있습니다. 이 변화가 활동적인 기질과 만나 더 극적으로 그렇게 비춰질 수도 있고요. 그 어떤 것도 좋습니다.

책만이 아이를 성장시켜주는 도구는 아니니까요.
이유가 어찌되었건 아이를 책과 좀 더 가까워지게 해주고 싶다면 아이의 관심사에서부터 시작하는 방법이 가장 좋습니다. 자동차를 좋아하는 아이에겐 자동차가 나오는 책을, 먹는 것에 관심이 많은 아이에겐 여러 가지 먹거리들이 나오는 책을 말이지요. 아이를 한번 관찰해보세요. 거기에 답이 있습니다.
'아이에게 하루에 몇 권의 책을 읽어주는 것이 좋은가'라는 질문에 대한 대답은 '많으면 많을수록 좋다'입니다. 한 권보다는 두 권, 두 권보다는 다섯 권, 다섯 권보다는 열 권, 열 권보다는 스무 권, 스무 권보다는 서른 권을 읽어주세요. 안 읽어주는 것보다 한 권이라도 더 읽어주는 것이 좋습니다. 물론 아이가 책을 좋아한다는 가정 하에 말입니다.

#3살 아이의 책 읽기 #하루 권장 독서량 #걷기 시작한 후 뜸해진 독서
#아이의 기질 #몸으로 배우는 아이들 #아이들의 독서는 즐거움이 우선
#책과 멀어진 아이에게 책 읽기의 즐거움을 주고 싶다면 관심사에서 출발하기

아이가 좋아하는 것에서 시작하라

❶ "엄마는 강연을 다니면서 많은 엄마들을 만나잖아. 이 말을 꼭 전해줬으면 좋겠어. 아이에게 책을 꼭 읽어주라고 말이야. 그동안 제대로 된 문법 공부나 단어 암기를 해본 적 없는 내가 왜 영어시험을 잘 볼까 생각해봤는데 책을 많이 읽었기 때문이라는 걸 알게 됐어. 나는 단어 몇 개만 봐도 그것들이 모여서 어떤 이야기를 하고 있는지 추론이 돼. 그러니까 꼭 독서의 중요성을 이야기해줘."

❷ 언어야말로 사고의 기초이며 어휘가 풍부할수록 폭넓은 사고를 할 수 있다기에 '수다쟁이 엄마'가 되려고 무던히 노력했다. 매일 아이를 목욕시킬 때마다 우리 몸의 각 명칭을 알려주고, 아이를 안고 다니며 집 안에 있는 사물들의 이름을 말해주었으며, 스포츠 아나운서가 중계방송을 하듯 아이와 나의 행동을 하나하나 말로 설명해주었다.

❸ 돌 전후의 아이에겐 오감의 발달이 중요하므로 이유식을 먹일 때 그냥 만들어서 먹이지 말고 음식의 재료를 만져보게 하거나 향기를 맡게 하고, 색깔도 알려주며 어떤 맛이 나는지 이야기를 해주면 좋다.

❹ 뇌파에는 알파파, 베타파, 세타파 등 여러 종류가 있다. 그중에서 잠들기 직전의 졸음 상태, 얕은 수면 상태에서 잠재의식과 무의식이 열리고, 창의성이 발휘된다. 잠자리 독서를 하면 좋은 이유가 여기에 있다.

❺ 아이에게 책을 읽어줄 때 조금씩 어절을 추가해가며 읽어주면 좋다. 이를테면 책에서 '사과'를 읽었다면 그다음엔 '빨간 사과', 그다음엔 '빨갛고 동그란 사과', 그러고 나면 '빨갛고 동그란 잘 익은 사과' 이런 식으로 서서히 어절을 늘려나가고, 문장 역시 하나씩 추가해가며 읽어주면 좋다. 책 읽기에는 단계가 필요하기 때문이다.

❻ 유아기의 독서에서 가장 중요한 것은 첫째도 즐거움이요, 둘째도 즐거움이요, 셋째도 즐거움이다. 아이가 지금 현재 책 읽기보다 다른 것에 더 관심을 보인다면 굳이 책 읽기를 고집할 필요는 없다. 다만 아이가 책 읽기의 즐거움을 알 수 있도록 지속적인 노력을 해야 한다.

❼ 아이를 책과 더 가까워지게 해주고 싶다면 아이의 관심사에서 시작하는 것이 좋다. 자동차를 좋아하는 아이에겐 자동차가 나오는 책을, 먹는 것에 관심이 많은 아이에겐 여러 가지 먹거리들이 나오는 책을 말이다. 책을 즐기지 않는 아이를 책과 친해지게 하는 방법은 아이의 관심사에 답이 있다.

지식은 경험을 통해 완성된다

모든 교육의 기초는 어휘다 | 실물 체험의 힘 | 정보 전달보다 더 중요한 것 | 가장 효과적인 학습방법 | 다양한 표현의 중요성 | 책 속의 경험 일상으로 끌어오기 | 책 속의 경험 따라 하기 | 하나의 문이 닫히면 또 다른 문이 열린다

+ 책육아의 모든 것 Q&A 3 #책을 대하는 부모의 자세
+ 책육아가 기적이 되는 법 3 실물 경험을 통해 더 확실하고 구체화된다

2

"길은 걸음으로써 만들어진다"고 카프카(Kafka)가 말했다. 나는 이 말에 전적으로 동의한다. 아이에게 책을 읽어주는 책육아가 아니라 내가 '아이를 잘 키우는 법을 적어둔 책'을 읽고 실천하는 책육아를 시작하면서부터 아이에게도 나에게도 새로운 세상이 펼쳐졌다.

모든 배움의 시작은 말이며, 말의 기본은 어휘에서 출발한다. 그리하여 최대한 아이에게 다양한 어휘를 들려주고자 노력했다. 그렇게 시작된 나의 책육아는 왜 아이에게 책을 읽어주어야 하는지에 대한 이유와 어휘를 넘어선 다양한 경험의 필요성으로 연결되었다. 또한 단순한 지식과 경험보다 왜 마음을 울리는 것이 더 중요한지도 조금씩 알게 되었다.

책에서 읽은 문장들을 통해 어떻게 하면 아이를 잘 키울 수 있는지 배웠고, 그 노하우들이 나의 경험과 만나 떠오른 다짐과 아이디어로 내 육아의 발걸음이 확장되었다. 그리고 그 걸음이 굳어져 나의 길이 되었다. 이번 장에서는 그러한 과정들의 기본바탕이 어떻게 이루어졌는지 구체적으로 소개한다.

모든 교육의 기초는 어휘다

모든 교육의 기초는 말, 곧 어휘다. 어휘력이 이해력이 되고, 이해력이 사고력이 되고, 사고력은 IQ와 문제해결력에도 큰 영향을 미친다. 또한 '어휘력은 연봉과 비례한다'는 하버드대 연구진들의 연구결과도 있고, '어휘를 정확하게 많이 알고 있는 것은 다른 어떤 것보다 성공의 요인이 된다'는 존슨 오크너 박사의 주장도 있다.

세상에 태어난 지 얼마 되지 않은 어린아이는 이 세상의 모든 것이 처음이다. 주변의 환경으로부터 얼마나 빨리, 많은 것을 배울 수 있느냐와 상관없이 처음엔 자신의 이름이 무엇인지, 엄마를 '엄마'라고 부른다는 사실조차 전혀 알지 못한다. '내가 그의 이름을 불러주었을 때 비로소 나에게로 와 꽃이 되었듯이' 하나하나 그 이름을 소리 내어 알려주어야 한다. 즉 사물과 사물의 이름을 연결시키는 활동(어휘력 키우기)이 매우 중요하다.

하지만 평범한 부모가 아이에게 하루 동안 건넬 수 있는 어휘는 그렇게 많지 않다. 우리는 대부분 자주 쓰는 단어들을 반복적으로 사용하며 살아간다. 이때 책은 부모가 평소에 사용하지 않는 어휘들을 아이에게 전달할 수 있는 아주 쉽고 효과적인 방법이 된다. 하지만 큰아이의 책 읽기 경험을 통해 책에도 단계가 있음을 알았기에 차근차근 이 세상의 모든 것을 가급적 책에서 만날 수 있게 해주고자 노력했고 그렇게 아이는 책과 친해질 수 있었다.

명사부터 시작해 동사와 형용사, 의성어·의태어, 부사에 이르기까지 다양한 단어의 의미를 알려주려고 했다. 예를 들면, 아이를 무릎 위에 앉히고 같은 방향으로 책을 볼 수 있게 펼친 뒤 "토끼가 깡충깡충 뛰어갑니다"를 읽어주면서 '깡충깡충'을 언급할 때 내 무릎도 살짝살짝 점핑하여 아이가 단어의 의미를 체감할 수 있게 해주었다. 또 "토끼의 귀는 길어요"를 읽어줄 때는 길고 짧은 것, 즉 내 손바닥과 아이의 손바닥 길이를 대조하여 보여주며 '길다'는 어휘의 뜻을 아이가 쉽게 이해할 수 있도록 노력했다.

책을 다 읽은 후 일상생활을 하면서도 책에서 본 '빨리'와 '천천히'의 차이를 아이가 이해할 수 있도록 "엄마가 빨리 연수에게 갈게"라고 하면서 빠른 속도로 다가가거나 "엄마가 천천히 연수에게 갈게"라고 말한 뒤 아주 느린 걸음으로 아이에게 다가갔다.

말문이 일찍 트인 편은 아니었지만 새로운 단어를 수없이 반복하며 알려주었더니 길을 가다가 "왼쪽에 오토바이가 지나가네!" 하면 왼쪽을 쳐다보고, "오른쪽에 장미꽃이 피었어!"라고 하면 아이는 오른쪽을 바라보았다. 돌 무렵, "연수는 몇 살?"이라고 물으면 고사리 같은 엄지와 검지 두 개를 펼쳐서 자신이 2살이 되었음도 표현할 수 있었다.

사물인지부터 시작하는 아이가 처음 만나는 책

세상에 있는 수많은 어휘들을 아이에게 들려주고 싶었고 책을 통해 보여주고 싶었다.

▲ 탈것, 과일, 야채, 인체, 색깔, 모양, 동물, 곤충 등 카테고리별로 나누어 소개해둔 사물인지 책을 시작으로, 세상에 있는 수많은 단어를 책을 통해 만날 수 있게 해주려고 노력했다.

▲ 세상에 있는 수많은 단어를 책을 통해 보여주고 싶었으나 책의 종류가 한정되어 있음을 알고, 각종 카드들을 이용해 책에 미처 없는 여타의 단어들을 알려주었다.

▲ 사물인지가 어느 정도 되고 난 후에는 여러 개의 사물이 한 페이지에 나와 있는 책을 통해 각각의 사물을 손가락으로 하나하나 짚어가며 더 세분화된 이름(단어)들을 알려주었다.

▲ 세상에 있는 다양한 것들, 신기하고 새로운 것들을 모두 책으로 보여주고 싶었다. 그러다 보니 세계의 명화들도 보여주고, 수묵화 같은 한국화도 보여주었는데, 신기하게도 아이들은 자라서 미술관 관람을 좋아했고 만화책에 등장하는 명화들도 그냥 넘기지 않고 유심히 보며 즐거워했다.

◀ 명화집은 해당 작품과 화가에 대한 설명으로 내용이 긴 경우가 많다. 책 읽기에도 단계가 있으므로 아이가 책을 넘기는 속도에 맞춰 처음엔 작품 제목만 읽어주고, 아이의 집중도에 따라 차츰 화가의 이름을 추가하는 등 조금씩 내용을 보태어 읽어주었다.

실물 체험의 힘

세상에 있는 수많은 단어를 책으로 보여주려고 노력했고 또한 책에 나오는 사물들 역시 실제로 보고 경험할 수 있도록 '실물 교육'에 아주 많은 신경을 썼다. 나의 멘토 시치다 마코토가 유아기는 '책보다 더 중요한 것이 실물 경험'이라고 했기 때문이다. 하지만 그가 말했다고 해서 그 말을 무조건 신뢰한 것은 아니었다. 그의 책 속에서 그 문장을 읽는 순간 과거의 기억 하나가 번뜩 떠올랐기 때문이다.

결혼 전 일이었다. 평소 알고 지내던 지인이 서너 살 정도의 아이를 키우고 있었는데 그 집에 방문할 때마다 아이는 책을 읽고 있었다.《채소》라는 제목의 책으로 한 페이지에 '오이' 그림 하나와 그 아래 '오이'라는 글자가 적혀 있고, 그다음 페이지에는 또 다른 채소인 '배추' 그림 하나와 '배추'라는 글자가 적혀 있는 '사물인지 책'이었다.

아이는 늘 같은 책을 보고 있었는데 얼마나 많이 반복했는지 아니면 그 책을 너무 좋아해서인지 다음 페이지를 넘기기도 전에 다음 장에 나오는 채소의 이름을 맞출 정도로 책 속의 모든 채소 이름을 줄줄이 꿰고 있었다.

"오이, 배추, 피망, 브로콜리, 파슬리, 아스파라거스…."

어린아이 특유의 하이톤과 혀 짧은 목소리로 '파슬리'와 '아스파라거스'를 발음하는 아이가 정말 사랑스러웠고, 무엇보다도 어렵게 느껴지는 외래어 발음을 또박또박 표현하며 책 속의 채소들을 모두 정확하게, 빠른 속도로 분류해내는 모습이 진짜 똘똘하게 느껴졌다.

그러던 어느 날 그 아이와 단둘이 마트에 갔다가 깜짝 놀란 일이 있었다. 아이를 안고 서서 매대 위에 진열된 각종 채소들을 보며 '채소 찾기' 놀이를 했는데 책에서 그렇게 수없이 보았던 채소의 종류를 단 하나도 맞히지 못하는 것이었다!

'이게 지금 무슨 상황이지? 책에서 그렇게 많이 보고, 한 치의 오차도 없이 종류를 구분해내던 아이가 왜 진짜 채소는 하나도 알지 못하는 걸까?'

참 이해하지 못할 상황이었지만 그 후로 아이를 다시 만날 기회가 줄어들면서 그 일은 내 기억 속에서 잊혀졌다. 그러다가 결혼 후 아이를 낳고 시치다 마코토의 책에서 '실물 교육이 중요하다'는 내용을 읽는 순간 기억 저편으로 흘러가버린 추억이 되살아났다.

'그래! 책보다 더 중요한 건 실물 경험이야. 책 속에서 아무리 많은 사과의 종류를 알고, 사과의 재배 방법을 안다고 해도 실제로 사과가 어떻게 생겼는지 알 수 없다면 그건 모두 무용지물이야. 나는 책 읽기만큼 실물 경험의 중요성을 염두에 두고 아이를 키워야겠어!'

정보 전달보다
더 중요한 것

큰아이가 아장아장 걷기 시작한 돌 무렵, 친정이 있는 부산에 갔다가 해운대 바닷가로 놀러 간 적이 있다. 책에서만 보던 '바다'라는 것이 실제로 보면 어떤 느낌인지, 어마어마하게 많은 물이 밀려오고, 밀려나가는 장관은 또 어떠한지, 바닷물이 짜다고 했는데 정말로 자연 상태의 물에서 짠맛이 날 수 있는지 등을 책이 아니라 실제로 경험하게 해주고 싶었다. 그날 아이에게 바다를 보여주고, 파도 소리를 들려주고, 바다의 맛도 느껴보게 하고, 모래사장에 있는 모래로 두꺼비집도 짓고, 깃발 무너뜨리기 놀이도 하면서 즐거운 시간을 보내고 돌아왔다.

시간이 지나 그때의 추억을 이야기하던 남편이 이런 말을 했다.

"나는 시골에서 자랐잖아. 여행을 다녀본 적도 없고. 그때까지 내가 본 '물'이라곤 지하수를 끌어다가 사용했던 수돗물과 우리 동네 앞을 흐르던 개천, 하늘에서 내리던 비가 내가 아는 물의 전부였어. 아직도 생생하게 기억나는데 학창 시절 국어 교과서에 나오는 '파도가 부서진다' '파도가 친다' '처얼썩 처얼썩' 이런 표현들이 도무지 머릿속으로 그려지지 않는 거야. 과학 시간에 밀물과 썰물이 만들어지는 이유가 달의 인력과 지구의 원심력 때문이라고 하는데 저 멀리 떨어져 있는 달이랑 바닷물이 무슨 상관인가 싶었고, 바닷물이 짜다고 하는데 '세상에 그런 물이 어딨어'라는 생각이 들었어. 도저히 이해할 수 없었지만 시험공부를 해야 하니까 그냥 외웠지."

남편은 계속 말을 이어갔다.

"그런데 그날, 살면서 처음으로 넓은 바다를 눈앞에서 보는데 너무 경이로워서 입이 다물어지지 않더라. 일단 그렇게 많은 양의 물을 처음 봤는데 정말 압도당했어. '와! 어떻게 물이 이렇게 많을 수 있지? 근데 이 많은 물이 다 짜다고?' 그래서 당신 몰래 손가락으로 바닷물을 조금 먹어봤는데 정말 놀랄 만큼 짠맛이 났어! 그냥 온몸에 닭살이 돋았지. '와! 진짜구나! 정말 신기하다!' 그러고 나서 바다를 바라보는데 왜 파도를 '처얼썩 처얼썩'이라고 표현했는지 완전히 이해되더라. 진짜 그런 소리가 들렸거든. 그 순간 더 알고 싶다는 생각이 들었어. 파도는 왜 칠까? 이 많은 물이 한꺼번에 밀려오고 밀려나가는 것이 정말 신기했어. 나이 서른을 앞두고 바닷물이 짜다는 사실에 감동받은 내가 그때는 너무 창피하기도 해서 당신에게 말을 못했어."

아이에게 단순한 지식을 전달하는 것보다 더 중요한 것은 대상에 대한 경이로움, 감탄, 감동이다. 식물의 즙을 빨아먹은 진딧물은 그렇게 분비해낸 단물을 개미가 먹을 수 있게 해준다. 개미는 그 대가로 진딧물을 잡아먹으려는 무당벌레를 공격하며, 무당벌레는 식물의 즙을 빨아먹는 진딧물을 먹음으로써 식물을 보호해준다. 이런 천적과 공생에 관한 이야기를 책으로만 읽으면 '아, 그렇구나' 또는 '그런가 보다' 하며 가벼운 고갯짓과 잠깐의 신기함을 느끼며 넘어간다.

하지만 이 내용을 실제로 목격하는 순간 책 속의 이야기는 '신비'와 '탄사'와 '전율'이란 마법의 날개를 달고 날아와 내 안에 오래오래 살아

숨쉬게 된다. '와, 신기하다! 정말 놀랍다! 진짜 신비롭다! 이런 관계가 또 있을까? 더 알고 싶다' 이러한 마음은 강력한 배움의 즐거움과 호기심까지도 안겨준다.

놀라움, 감탄, 감동이라는 '감정'이 뇌에도 영향을 미치는 것은 하트매스 연구소의 오랜 연구를 통해서도 증명되었다. 심장은 감정에 아주 빠르게 반응하는데, 심장에서 나가는 전기장의 세기는 뇌 자기장파의 5,000배라고 한다. 정보의 양도 뇌에서 심장으로 가는 것보다 심장에서 뇌로 가는 것이 훨씬 더 커서 우리는 때로 아무리 논리적인 생각을 하고, 이리저리 재고 따져보아도 느낌, 기분, 감정에 따라 의사를 결정하고 선택하게 된다. 억지로 외운 공부보다 한 편의 감동적인 영화가 오래도록 기억에 남는 것도 바로 그런 이유다.

가장 효과적인 학습방법

미국 교육연구소(NTL)에서 발표한 '학습 피라미드' 역시 같은 이야기를 들려준다. 이는 다양한 방법으로 공부한 후, 어떤 방법이 학습에 가장 효과적이었는지 피라미드 형태로 정리한 연구다.

피라미드 꼭대기에 있는 가장 효과가 떨어지는 학습법은 학교나 학원에서 교사가 강의 내용을 설명하는 방식으로 아이들의 머릿속에 5퍼센트

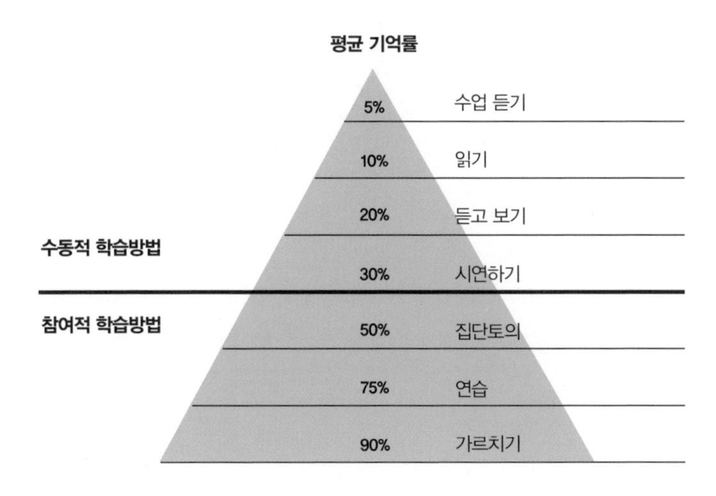

미국 교육연구소(NTL)에서 발표한 '학습 피라미드'.

정도만이 남았다. 학생이 스스로 읽으면서 하는 공부는 10퍼센트, 시청각 자료로 수업을 보고 들었을 때는 20퍼센트의 효과가 있었다. 또한 시범이나 현장견학은 30퍼센트, 집단토의는 50퍼센트, 직접 해보거나 체험하는 것은 무려 75퍼센트의 효과가 있었다. 그중 가장 뛰어난 학습법은 직접 친구를 가르치며 설명하는 방법으로 90퍼센트라는 최고의 효율을 나타냈다.

특히 현장학습일지라도 다른 사람이 하는 것을 '지켜만 보는 것'은 수동적인 학습방법이며 토의, 체험, 가르치기는 '아이가 학습에 직접 참여'하는 방법으로 그 효과가 전체적으로 높은 편이었다. 이는 인간에게 다양한 감각이 있고, 여러 가지 감각을 사용해 쌍방향으로 소통하는 것이 아이를 성장시키는 좋은 환경이 된다는 것을 의미한다. 존재하는 모든 것에는 이유가 있고, 아이는 스스로 만져보고, 듣고, 보고, 냄새 맡고, 맛을 보며 오감으로, 온몸으로 세상을 배운다. 그러므로 책과 함께 '실물 교육' 즉 '직접 경험'의 기회를 꼭 안겨주어야 한다.

다양한 표현의 중요성

시치다 마코토의 책을 시작으로 육아서를 읽는 재미에 빠진 나에게 영향을 준 또 한 권의 책이 있다. 바로《보통 엄마의 천재 아들 이야기》라는, 당시 전국 최고의 IQ를 가졌다는 정경훈 군의 어머니 이길순 님이 쓴 자녀교육서이다. 책에는 흥미로운 이야기가 많았지만 나의 육아에 영향을 미친 문장은 "비슷한 내용이 실린 책이라도 관점이나 표현이 다르면 그것도 함께 사주었다. 비록 주장하는 내용이 똑같다 하더라도 그림이 다르게 그려져 있고 글의 표현 방법이 다르면 주저하지 않고 사주었다"는 부분이었다.

세상에 있는 많은 사물을 책을 통해 볼 수 있게 해주려고 노력했지만 그건 어디까지나 개, 토끼, 호랑이, 매미, 메뚜기 등 사물 하나에 한 가지 이미지의 모습이었다. 하지만 이길순 님은 같은 내용이라도 표현이 다른 책은 사주었다고 했다. 그 문장을 보는 순간 오래전 함께 마트에 갔다가 단 하나의 채소도 맞히지 못한 지인의 아이가 왜 그럴 수밖에 없었는지 또 한 번 알게 되었다. 아이는 실물 경험을 통해 책 속의 오이와 진짜 오이를 잇는 경험을 하지 못했던 것이다.

그림책을 보면 토끼가 참 많이 등장한다. 그런데 자세히 보면 토끼의 모습이 모두 제각각이다. 어떤 토끼는 진짜 토끼의 모습을 사진으로 찍어서 담아두었고(그런데 실제 토끼의 색과 종류도 참 다양하다), 어떤 토끼는 세밀화 기법으로 자세히 그려서 표현했고, 또 어떤 토끼는 아주 거칠게 대강의 윤곽선으로만 나타냈고, 또 어떤 토끼는 동화풍으로 토끼의 털을 실감나게 묘사했고, 또 어떤 토끼는 포실포실한 윤곽은 살리고 사람처럼 의인화하여 표현한 토끼도 있다.

책에서는 모두 토끼라고 하지만 사실 제각각 다르게 생겼다. 하지만 이렇게 다르게 생긴 토끼를 이것도 토끼, 저것도 토끼, 요것도 토끼라며 이곳저곳에서 반복하여 보게 되면 놀랍게도 아이는 토끼에 대한 공통된 특성을 파악해낸다. '아! 토끼는 귀가 쫑긋하고, 꼬리가 짧으며, 뒷다리가 길구나!'

내용이 똑같다 하더라도 그림이 다르게 그려져 있다면 책을 사주었다는 글을 읽은 뒤로 나 역시 가능한 한 다양한 그림체를 아이에게 보여주려고 노력했는데, 그로 인해 아이가 대상의 특성을 파악하고 추론하며 통찰하는 힘을 기르게 될 줄은 전혀 예상하지 못했다.

어느 날 수용 언어는 많지만 표현 언어는 몇 가지 되지 않는 돌이 지난 큰아이와 책을 읽다가 깜짝 놀란 일이 있었다. 우리가 함께 보던 책은 강렬한 톤으로 숲속 배경이 펼쳐져 있었고, 동물 친구들이 그 풍경들 속에 살짝 몸을 숨긴 채 책의 양쪽 지면에 빼곡하게 들어 있었다.

그 당시 읽었던 육아서에서 아이들에게 보여주는 그림책은 그림이 글

각각의 책에서 표현한 다양한 토끼의 모습

아이는 다양하게 표현된 여러 토끼의 모습을 통해 토끼의 특성을 파악해낸다.

만큼 중요한 의미를 지니므로 본문 글에는 '빨간 사과'라고 쓰여 있는데 그림은 '노란 사과'로 표현된 책은 좋지 않다는 글을 본 적이 있다. 그 후 책을 읽어줄 때마다 글과 그림이 조화롭게 잘 연결되는지 유심히 살피고 있었는데, 아무리 봐도 본문 글에 쓰여 있는 표범 한 마리를 찾을 수 없었다. 아이에게 책을 읽어주면서도 머릿속으로는 글 속에 등장하는 사자, 호랑이, 치타, 표범, 재규어를 눈으로 쫓다가 도저히 표범을 찾을 수 없자 나도 모르게 "표범이 어디 갔지?"라고 낮게 웅얼거렸다.

그 순간 아이가 검지를 들어 책 속에 숨어 있는 표범을 짚어내는데, 갑자기 떠오르는 생각이 '아이는 과연 비슷하게 생긴 호랑이, 표범, 치타, 재규어의 무늬를 정확하게 구분해서 알고 있을까?' 궁금했다. 그래서 나는 낮잠을 자는 아이가 깨지 않도록 조용조용하면서 여러 고양이과 동물들의 생김새를 책과 인터넷을 통해 비교 분석하여 그 차이점을 알아냈다. 그런 뒤 집에 있는 책을 이용해 사자, 호랑이, 치타, 표범, 재규어 등의 그림이 그려져 있는 페이지를 방바닥에 여러 개 깔아두고 아이가 깨기를 기다렸다. 그렇게 자고 일어난 아이와 함께 동물 찾기 놀이를 했다.

"연수야, 호랑이 어디 있어? 치타는? 표범은?"

놀랍게도 아이는 정확하게 각각의 동물을 모두 구별해냈다. 이제 갓 돌이 지난 아이가 지금까지 엄마가 노출해준 다양한 그림 속의 동물들을 관찰하면서 하나하나의 특성을 완벽하게 알아낸 것이다!

그날 이후 나는 "비슷한 내용이 실린 책이라도 관점이나 표현이 다르면, 비록 주장하는 내용이 똑같다 하더라도 그림이 다르게 그려져 있고 글의 표현 방법이 다르면 주저하지 않고 사주었다"를 착실히 실천하려고

▼ 고양이과 동물들의 생김새 비교

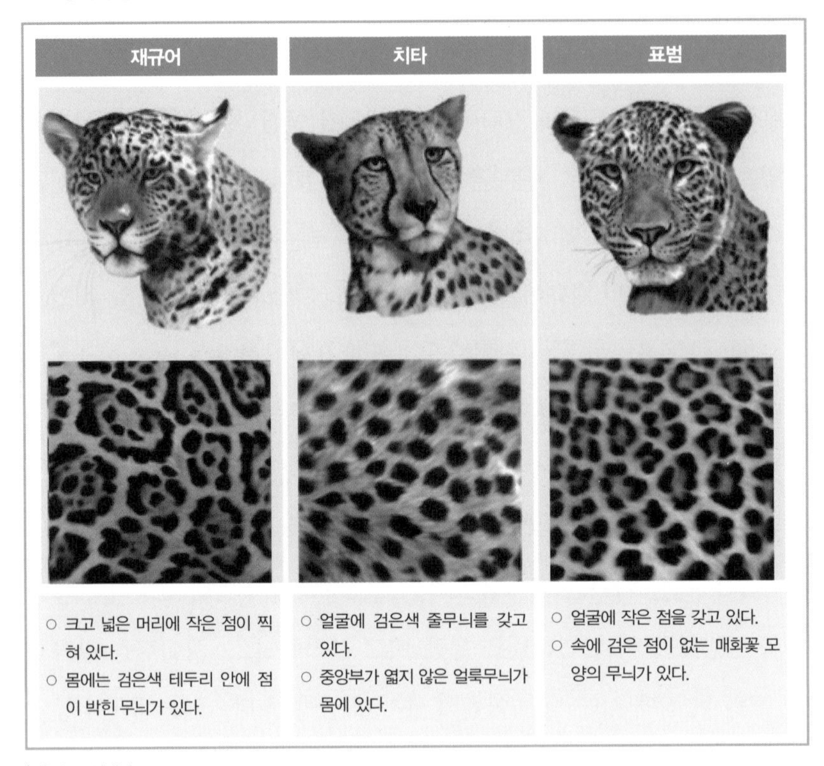

재규어
치타
표범
○ 크고 넓은 머리에 작은 점이 찍혀 있다.
○ 몸에는 검은색 테두리 안에 점이 박힌 무늬가 있다.
○ 얼굴에 검은색 줄무늬를 갖고 있다.
○ 중앙부가 엷지 않은 얼룩무늬가 몸에 있다.
○ 얼굴에 작은 점을 갖고 있다.
○ 속에 검은 점이 없는 매화꽃 모양의 무늬가 있다.

* 출처. 두산백과 doopedia.

노력했다. 그 많은 책을 모두 구입할 만큼 경제적으로 여유롭지 않았기 때문에 여러 곳의 서점, 도서관 등을 활용하며 환경을 만들어주었다.

이런 방향성은 나중에 아이가 〈그리스 로마 신화〉를 아주 좋아하며 즐겨봤을 때도 한 권의 책이나 전집 하나로 끝내지 않고 다양한 책으로, 다양한 매체로 확장하여 보고, 듣고, 느끼고, 만지며, 체험할 수 있게 했다.

이를테면, 가나출판사의 《만화로 보는 그리스 로마 신화》, 퍼킨스에서 출간된 〈세계신화 지혜의 샘 시리즈〉, 애니메이션으로 제작된 〈올림포스

가디언〉, 그 영상을 이용해 책 형태로 출간한 《올림포스 가디언》, 《명화로 보는 그리스 로마 신화》, 《이윤기의 그리스 로마 신화》, 박물관에서 전시 형태로 진행된 〈로마전〉 등등 여러 출판사에서 나온 〈그리스 로마 신화〉를 접할 수 있게 해주었고, 갖가지 전시·공연 등도 체험할 수 있게 해주었다. 그랬더니 어느 순간 아이는 정설과 이설을 구분해내고, 미술관이나 박물관에 전시된 작품을 보면서 그 배경에 대한 이야기를 자세하고 재미있게 들려주었다.

책 속의 경험 일상으로 끌어오기

사물인지에서 시작한 책 읽기 수준이 스토리가 있는 단계로 넘어가면서 책을 읽는 시간뿐 아니라 일상 속에서도 책 내용을 언급하며 즐거운 시간을 가졌다.

예를 들어, 책에서 "팬티, 팬티 줄무늬 팬티 누구 팬티일까? 히힝 히힝 얼룩말 팬티"라는 내용을 읽었다면 어느 날 빨래건조대에 널려 있는 팬티 한 장을 아이에게 보여주면서 "팬티, 팬티 요 작고 앙증맞은 팬티 누구 팬티일까?"라고 말을 거는 것이다. 그 순간 아이는 엄마의 눈을 보며 싱긋 미소 짓기 시작하는데 이때 재빨리 다음 상황을 이어가며 "하하 호호 예쁘게 웃는 우리 연수 팬티"라고 말해주었다. 그러면 아이는 활짝 웃

▲ 〈푸름이 까꿍 그림책 시리즈〉 중 《누구 팬티일까?》, 타카기 산고, 푸름이닷컴

으면서 나를 바라보는데 마치 '엄마! 나 그거 뭔지 알아요! 우리가 함께 읽었던 《누구 팬티일까?》 내용을 응용해서 들려주는 거죠?'라는 목소리가 들리는 것 같았다. 부처님과 제자가 이심전심으로 염화미소를 교환하듯 애써 굳이 말로 설명하지 않아도 서로 통하고 연결되는 기분이었다.

뿐만 아니라 그 시간 동안 아이는 일상에서 자연스럽게 책 이야기를 끄집어냄으로써 책 내용을 한 번 더 상기하는 '재인지' 경험 또한 쌓게 된다. 엄마와 나누는 끈끈한 사랑 속에서 무언가를 배워가는 즐거움, 이보다 더 행복하고 값진 것이 또 어디 있을까.

책 속의 경험 따라 하기

세상에 있는 것을 책에서 볼 수 있게, 또 책에서 본 것을 일상에서도 만날 수 있게 해주고자 했던 나의 노력은 '다양한 경험의 세계'로까지 확장되었다. 즉 책 속의 등장인물들이 경험하는 이야기를 아이도 체험해볼 수 있도록 가급적 환경을 만들어준 것이다.

가령, 주인공들이 생일 케이크를 만든다면 우리도 재료들을 준비하여 케이크를 만들고, 그들이 파티를 한다면 우리도 파티 상황을 연출해 집 안을 꾸미고 엄마의 옷을 드레스인 양 입고서 파티에 참석했다. 동물원에 놀러 간 이야기를 읽으면 우리도 아빠가 쉬는 주말에 동물원 구경을 가고, 비 오는 날에 소풍을 떠난 책을 읽었다면 신문지를 길게 찢은 다음 이어서 비를 만들고 천장에 매달아 비 오는 날의 소풍을 떠나보자고 상상놀이를 하며 즐거운 시간을 가졌다. 그때는 몰랐지만 그 순간들이 얼마나 아이들의 몸과 마음, 영혼과 두뇌를 깨우고 키웠는지 시간이 지나고 나서야 알게 되었다.

친구들과 함께 떠난 소풍 길에 비눗방울을 불며 논 그림책을 읽고 다 함께 문구점으로 비눗방울을 사러 나갔던 설렘, 그렇게 사온 비눗방울을 찬란한 태양 아래서 불었을 때 공기의 요정과 함께 바람을 타고 날아오르며 총천연색으로 빛나던 비눗방울의 황홀경! 날아가는 비눗방울을 잡으려고 뛰어다니며 자지러지듯 '까르르' 웃던 행복감과 즐거움!

해적선과 관련된 책을 읽고 나서는 어떻게 해적선을 만들어볼까 같이 궁리하고, 꽃밭을 만들려면 어떤 재료로 꾸미는 게 좋을까 함께 의논하고, 어떻게 하면 이불로 텐트를 만들어서 캠핑놀이를 할 수 있을까 상의하면서 아이들은 자랐다. 책 내용과 책 속의 글자를 문자로만 읽은 것이 아니라 온몸으로 읽었다. 그러다 보니 나와 아이들은 책 속 친구들이 얼마나 기쁘고 흥겨웠기에 다음 소풍 때도 또 비눗방울을 불며 놀자고 이야기하는지 완전히 이해할 수 있었고, 해적선을 타고 나가 숨겨진 보물을 발견했을 때 얼마나 환희에 차오르는지 온전히 느낄 수 있었다.

그런 이유로 나는 초독서증이나 과독서의 위험이 무엇인지 모른다. 뇌가 아직 성숙되지 않은 아이들에게 지나치게 많은 책을 읽어주었을 경우 생길 수 있다는 그 현상들을 나는 이해할 수 없다. 그저 아이는 '책과 경험(놀이)'으로 자란다고 믿을 뿐이다.

하나의 문이 닫히면
또 다른 문이 열린다

그렇게 나와 아이들은 책을 읽으며, 그 내용을 현실에서 실천하며 행복한 시간을 보냈다. 하지만 이러한 과정들 속에도 물론 고비가 있었다.

아이 수준에 맞는 책과 실물 경험으로 책에 집중하는 큰아이의 몰입 시간이 길어질 무렵, 천국의 문은 생각보다 일찍 닫히고 말았다. 낮에도 밤에도 책을 읽어달라며 아이의 책 가져오는 횟수가 늘어나고, 책 속 사물과 경험을 연결할 수 있도록 집 안과 동네 한 바퀴를 산책하며 탐험했던 행복한 나날이 둘째 아이를 임신하면서 깨지기 시작한 것이다. 입덧으로 음식은 넘어가지 않고, 온몸에 힘은 빠지고, 입을 떼어 말하기조차 버거우니 조금만 움직이면 누워야 했고, 누워서 책을 읽어주는 일조차 힘겨워졌다.

자신을 향해 웃어주고, 노래를 불러주고, 세상에 있는 많은 것에 대해 재잘재잘 말 걸어주던 엄마가 맥없이 누워 있으니 큰아이도 안 하던 짓을 하기 시작했다. 이리저리 온 집 안을 탐색하다가 방 안에 펼쳐둔 건조대 아래로 기어들어가 널어둔 옷가지들을 물끄러미 바라보았다. 그런 후 꽉 엄마의 옷을 끄집어내려 자신의 온몸에 둘둘 말곤 꼼짝 않고 누워 있었다. 그렇게 10분, 20분… 잠을 자는 것도 아닌데 나중에는 한 시간에 가깝도록 그 자세 그대로 웅크리고 있었다.

가슴이 미어졌다. 애써 힘을 내보려 했지만 상황은 크게 변하지 않았다. 하루빨리 방법을 찾아야겠다고 생각했다. 이전과 같은 환경으로 돌아가지는 못할지라도 아이의 마음만은 달래주고 싶었다. 어떻게든 엄마와 함께하는 시간을 늘리고, 엄마의 사랑을 전달해주고 싶었다.

'많이 움직이지 않고 쉬면서 아이와 함께할 수 있는 무언가가 없을까?'

고민 끝에 비디오를 함께 보기로 했다. 그때까지 읽은 여러 육아서에서 어린아이들에게 특히 36개월 이전의 아이에게는 영상물을 노출하지 말라는 조언을 수없이 보았고, 그것을 꼭 실천하리라 마음먹었지만 지금 나의 현실이 그것을 실천할 수 없다는 걸 받아들이기로 했다. 영상물을 '아이 돌보미'로 사용하지 않고 최대한 엄마와 함께 보면서 스킨십도 하고, 내용도 공유하고, 노래도 따라 부르고, 비디오를 본 후에는 스토리를 매개로 대화도 나눈다면 이른 영상 노출의 폐해를 최대한 줄이면서 나름 의미 있는 시간을 보낼 수 있지 않을까 생각했다.

돌아보면 그때의 나에겐 그게 최선이었다. 예전 같으면 길가에 쭈그리고 앉아 20분도 좋고, 30분도 좋고, 개미의 이동을 넋 놓고 관찰하던 아이의 모든 순간을 기다려주었겠지만 더는 그럴 수 없었다. 바닥난 체력과 인내가 아이를 잘 키우고자 노력하던 내 욕구를 이기지 못하고 결국은 짜증과 화를 반복적으로 쏟아내며, 조금 부족하고 더딜지라도 내 상황과 형편에 맞는 육아를 하는 것이 맞겠다는 생각에 이르게 했다. 둘째 아이가 태어나 마구마구 기어다니며 자신의 존재감을 알릴 무렵에는 그 생각이 더욱 간절해졌다.

나의 첫 육아 멘토인 시치다 마코토가 여러 책을 통해 알려준 육아 방법들은 한 아이를 키울 때는 가능할 것 같았지만 아이가 둘 이상이 되니 너무 벅차게 느껴졌다. 책도 읽어줘야 하고, 설명도 해야 하고, 보여주기도 해야 하고, 우뇌 교육에도 신경 써야 하고, 나중에는 학습지처럼 생긴 문제지도 풀어야 하는데 나는 한 가지를 실천하기에도 버거웠다. 육아를 제대로 해내고 있지 못한다는 자괴감은 열등감과 죄책감이 되어 나를 괴롭혔고, 현실과 이상 사이에서 나의 육체와 정신은 자주 지치곤 했다. 그때 나의 두 번째 육아 멘토인 '푸름 아빠' 최희수 님을 만났다.

당시에도 육아서를 계속 읽고 있었기에 그의 책은 이미 읽어보았지만 책 속에 등장하는 푸름이가 취학 전에 썼다는 시를 읽으면서 감히 내가 범접할 수 없겠다는 생각이 들었다. 아무리 내가 열심히 아이를 키운다고 해도 내 아이가 7살 즈음 그런 글은 쓰지 못할 것 같은 느낌이었다고나 할까. 칭찬과 스킨십으로 책과 함께 자연에서 키우라는 메시지는 다른 책에서도 많이 읽었던 별다를 것 없는 내용이었는데, 그 특별할 것 없는 육아 방법으로 '국가 영재 1호'를 키워냈다는 말이 그 집 아이는 아무래도 '타고난 것 같다'는 생각을 들게 하여 남의 일처럼 느껴졌다.

그러다가 많이 지치고 지친 어느 날, 푸름 아빠가 우리 동네 근처로 강연 온다는 소식을 접하고 두 아이를 남편에게 부탁한 채 자석에 이끌리듯 강연장에 가게 되었다. 강연장에서 그는 다른 무엇보다 '독서'의 중요성을 아주 강하게 언급했는데, 그 순간 전기를 맞은 듯 머릿속에서 번쩍하는 느낌이 들었다. 이전에 읽었던 글렌도만 박사의 주장이 떠올랐기 때문이다.

글렌도만은 많은 뇌장애아들에게 두세 살 혹은 그보다 더 어릴 때부터 책을 읽어주고 글자 읽는 법을 알려주었더니 취학 무렵엔 일반 아이들의 지능과 비슷하거나 그보다 더 뛰어난 학습능력을 가지게 되었다고 한다. 그러면서 일반 아이들에게 일찍부터 책을 읽어주고 글 읽는 법을 알려준다면 또 어떤 일이 일어날지 너무 궁금하여 연구를 해보니, 아기들의 잠재능력이 실로 굉장함을 발견해냈다는 이야기였다.

책 읽기의 중요성을 강조한 그날 최희수 님의 강연은 집에 돌아와서도 감동과 전율이 쉽게 잊히지 않았다. 서점에서 처음 시치다 마코토의 책을 읽었을 때와 같은 흥분이 다시 내 몸에 전해졌다. 그날 이후 아이들에게 만들어주어야 할 환경의 1순위를 '책'으로 두었음은 당연한 일이었다.

Q 아이의 배변훈련이 걱정되면 '똥'과 관련된 책을 읽어주고 아이의 수 개념이 걱정되면 수학·과학 동화를 들이는 게 맞는 방식의 독서교육일까요? 저는 독서교육의 1순위는 아이를 따라가는 것이라고 생각하기에 그런 식으로 책 읽기를 접근한 적이 없습니다. 이 부분에 대해 어떻게 생각하시는지 궁금합니다.

A 책 읽기가 부모의 욕심과 섣부른 기대로 진행되기보다 아이의 즐거움과 재미를 따라가야 한다고 생각하시는 것 같습니다. 맞는 이야기입니다. 책육아를 하는 분들 가운데 모든 것을 책으로 연결하고, 조금이라도 더 다양하고, 많은 지식과 정보를 아이가 흡수하길 바라는 마음에 자칫 책을 통한 선행학습을 하는 부모들이 있습니다. 이것을 우려의 시선으로 바라볼 것인지, 그래도 '책'이니 잘못될 게 없다며 긍정으로 바라볼 것인지는 '내가 아이에게 책을 주는 이유'에 따라 답이 달라질 것입니다.
문제는 책이 아니라 책을 대하는 부모의 자세에 있다고 생각합니다. 아이에게 배변훈련을 하면서 배변과 관련된 책을 읽어주고, 수학·과학 영역을 접하게 해주고 싶어서 수학·과학 동화를 읽어주는 것이 포인트가 아니라 아이가 책에 대한 흥미를 보이지 않음에도 불구하고 책을 강요하고, 책을 얼마나 오래, 많이, 빨리 보는지에 촉각을 곤두세우는 것이 내 아이에게 어떤 영향을 미칠지 생각해야 한다고 믿습니다. 그 부작용은 앞선 Q&A에 대한 답변을 통해 충분히 가늠할 수 있을 것 같습니다.

독서교육의 1순위로 아이를 따라가는 것을 꼽고 계시는데, 아직 어린아이들은 세상에 얼마나 다양한 것이 있는지 잘 모릅니다. 우연한 기회에 알게 된 어떤 대상을 좋아하고, 그것을 책으로 즐겁게 보는 것도 좋지만 세상에 있는 모든 것을 직접 다 보고 듣고 경험할 수 없기에 우리는 책이라는 간접 도구를 활용해 세상을 들여다봅니다. 아이는 나와 또 다른 존재여서 내가 흥미로워하지 않는 분야를 좋아할 수도 있고, 처음에는 살짝 낯을 가려도 그렇게 알게 된 만큼 더 많은 것을 알고 싶어 할 수도 있습니다.

중국속담에 '잘하기 전까지는 아무것도 재미없다'는 말이 있습니다. 잘할 때까지 아이를 몰아세우라는 뜻이 아니라 아이에게 다양한 환경을 깔아주면서 아이의 세상이 넓어질 수 있게 응원과 격려를 해주시면 좋을 것 같습니다.

한 가지 더 말씀드리고 싶은 것은 저희 아이들이 아주 어렸을 때, 식사 후에 하는 양치질 습관 문제로 고민한 적이 있습니다. 밥을 먹고 나면 칫솔질을 해야 하는데 그 이유를 아이의 눈높이에 맞게 전달해줄 자신이 없어 관련 책을 찾아보았더니 몇 권의 책이 있었습니다. 그중 한두 권을 읽어주고 양치질을 해야 한다고 말해주니 며칠 효과가 있었고, 그러다 또 칫솔질을 거부하기에 또 다른 책을 찾아서 읽어주었더니 또 며칠은 양치질 문제로 실랑이를 벌이지 않았습니다. 하지만 책이 아이의 생활습관 문제를 모두 바꾸어주지는 않더라고요. 이와 비슷한 경험을 하고 나면 책 속에 길은 있지만 그 길이 나와 우리 아이에게도 맞는 길인지 아닌지 차차 알게 되지 않을까 싶습니다.

#아이를 따라가는 책 읽기와 부모가 환경을 만들어주는 책 읽기
#사교육 수준의 책 읽기와 아이를 이끌어주는 책 읽기 #전집과 단행본
#부모 스스로 아이에게 책을 주는 이유 점검하기 #책을 대하는 부모의 자세

실물 경험을 통해 지식은 더 확실하고 구체화된다

❶ 모든 교육의 기초는 어휘다. 어휘력이 이해력이 되고, 이해력이 사고력이 되고, 사고력은 IQ와 문제해결력에도 큰 영향을 미친다. 또한 하버드대 연구진들의 연구결과에 의하면 '어휘력은 연봉과 비례'하며, 존슨 오크너 박사는 '어휘를 정확하게 많이 아는 것은 다른 어떤 것보다 성공의 요인이 된다'고 주장한다.

❷ 평범한 부모가 하루 동안 아이에게 건넬 수 있는 어휘는 많지 않다. 이때 책은 부모가 평소에 사용하지 않는 어휘들을 아이에게 전달할 수 있는 아주 쉽고 효과적인 방법이 된다.

❸ 책보다 더 중요한 것은 실물 경험이다.

❹ 아이에게 단순히 지식을 전달하는 것보다 더 중요한 것은 대상에 대한 경이로움과 감탄, 감동을 느끼게 해주는 것이다. 이것은 책이 아닌 실물 경험으로써 가능하다.

❺ '감정'이 뇌에 영향을 미치는 것은 하트매스 연구소의 오랜 연구를 통해 증명되었다. 심장은 감정에 아주 빠르게 반응하는데, 심장에서 나가는 전기장의 세기는 뇌 자기장파의 5,000배나 된다. 정보의 양도 뇌에서 심장으로 가는 것보다 심장에서 뇌로 이동하는 것이 훨씬 크다. 그래서 우리가 아무리 논리적인 생각을 하고, 이리저리 따져보아도 느낌, 기분에 따라 의사를 결정하고 선택하기 쉬운 이유가 여기에 있다. 억지로 외운 공부보다 한 편의 감동적인 영화가 더 오래 기억에 남는 것도 그 이유다.

❻ 미국 교육연구소(NTL)에서 발표한 '학습 피라미드'에 의하면 가장 효과가 떨어지는 학습법은 학교나 학원에서 교사가 강의 내용을 설명하는 방식으로 배우는 것이었다. 이 방법은 아이들의 머릿속에 5퍼센트 정도만이 남는다. 학생이 스스로 읽으면서 하는 공부는 10퍼센트, 시청각 자료로 수업을 보고 들었을 때는 20퍼센트의 효과가 있었다. 또한 시범이나 현장견학은 30퍼센트, 집단토의는 50퍼센트, 직접 해보거나 체험하는 것은 무려 75퍼센트의 효과가 있었다. 그중 가장 뛰어난 학습법은 직접 친구를 가르치며 설명하는 방법으로 90퍼센트라는 최고의 효율을 나타냈다.

❼ 세 아이들은 해적과 관련된 책을 읽고 나서 어떻게 해적선을 만들어볼까 같이 궁리했다. 꽃밭을 만들려면 어떤 재료로 꾸미는 게 좋을지도 함께 의논했다. 책 내용을 문자로만 읽은 것이 아니라 온몸으로 읽었다. 그 방법이 그때는 몰랐지만 아이들의 몸과 마음, 영혼과 두뇌를 얼마나 일깨우고 키웠는지 시간이 지나고 나서야 깨달았다.

❽ 문제는 책이 아니라 책을 대하는 부모의 자세에 있다. 아이가 책을 좋아하고 즐기기보다 얼마나 빨리, 오래, 많이 보는지에 촉각을 곤두세울 때 그것이 아이에게 미칠 영향을 생각해야 한다.

책을 매개로 웃고, 울고,
이야기하고, 미소 짓고, 오리고,
그리고, 쓰고, 보면서 무엇과도
비교할 수 없는 행복한 시간을 보냈다.
그 모든 순간이 그저 즐거웠는데
아이들은 학교에서
창의적이란 말을 들었고,
공부만 잘하는 것이 아니라
못하는 게 없다는 말을 들었다.

PART 2

책육아의 방법

다양한 영역의 책 읽기

3

어렵다고 해서 불가능한 것은 아니다. 찾고자 하면 길은 열린다. 육아가 어려운 이유 중 하나는 엄마가 아이에게 주고 싶은 좋은 습관과 경험을 아이가 거부하기 때문인 듯하다. 일찍 자고 일찍 일어나는 것이 좋다는데 아이는 늦게까지 깨어 있으려 하고, 음식을 골고루 먹어야 건강한데 아이는 지독한 편식을 하거나 아예 먹는 것에는 관심이 없는 것이다.

책 읽기 또한 마찬가지다. 다양한 영역의 독서가 아이에게 도움이 된다는데 아이는 자기가 좋아하는 책만 계속 읽으려 고집하고 엄마가 권하는 책은 밀어낸다. 그 대표적인 것이 여자아이에게 실사로 된 자연관찰 책을 읽어주는 것이고, 남자아이에게 창작 그림책을 즐겨보게 하는 것이다.

어떻게 하면 아이에게 편향된 독서가 아닌 다양한 영역의 책을 읽게 할 수 있을까? 그 질문에 대한 답을 이번 장에 소개하려 한다. 또한 아이의 책 편식은 엄마의 성향이나 저항감과도 이어져 있을 수 있음을 이야기해보고자 한다.

책 편식은
왜 생기나

큰아이는 아주 어려서부터 다양한 분야의 책을 읽었다. 그 시작은 내가 아이의 첫돌 선물로 '자연관찰' 전집을 사주면서부터였다.

아이들의 책 읽기에 관한 사이트에서 다른 엄마들이 많이 궁금해하는 질문들을 읽어본 적이 있다. 일반적으로 여자아이들은 창작과 스토리 위주의 책을 좋아하고, 남자아이들은 지식과 정보 전달 위주의 자연관찰, 백과류의 책을 주로 본다고 했다. 문제는 바로 이 '주로 본다'는 데 있었다.

많은 엄마들이 질문하기를, 여자아이들은 자연관찰 책 특히 실사로 그려진 자연관찰책을 밀어내는 경향이 있고, 남자아이들은 반대로 창작동화를 잘 보려 하지 않는다고 했다. 남성성과 여성성은 사회문화적인 관습에 의해 '태어나는 것이 아니라 길러지는 것이다'란 글을 본 적이 있지만 이렇게 어린 연령 때부터 놀라울 정도로 성별의 차이를 보이는 것이 참 신기했다. 그러면서 드는 생각이 '우리 아이는 여자아이인데 혹시나 책을 편식하면 어떡하지? 창작 책만 읽고, 자라서는 소설책만 읽는다면?'

길게 생각할 것도 없이 싫었다. 내 아이는 골고루 책을 읽었으면 했다. 그때만 해도 내 머릿속에서 '똑똑한 아이란 아는 것이 많고, 공부도 잘하고, 이왕이면 추후에 좋은 대학도 가는 아이'였다. 당시의 짧은 생각으로는 국어, 영어, 수학, 사회, 과학 등 교과목이 다양한데 창작 책만 읽어서는 안 된다고 생각했다. 비록 여자아이지만 아이가 자신의 (사회문화적인 면을 포함하여) 성정체성을 완전히 형성하여 인형놀이를 좋아하고, 드레스만 입고 다니며, 수학과 과학을 달가워하지 않기 이전에 방법을 찾아야겠다고 생각했다. 아직 어려서 호불호가 나뉘기 전에, 세상과 사물에 대한 편견이 생기기 전에 무언가를 해야겠다고 다짐했다.

그 생각의 끝에서 만나게 된 것이 자연관찰 전집이었다. 세상에 이런 책도 있다고, 지구상에 이런 생물체들이 살고 있다고 이왕이면 그림 형태가 아닌 '실사'로 보여주면 좋을 것 같았다. 하지만 첫 관문부터 녹록지 않았다. 내게는 다 계획이 있었지만 계획대로 밀고 나가기엔 아이가 아닌 나의 저항감이 보통이 아니었다. 나는 나를 넘어서야 했다. 어떻게 보면 별것도 아닌 사소한 일이었지만 그 경험은 나 스스로에게 깊은 인상을 남겨주었다.

아이를 키우는 일은 나를 넘어서는 일

아이가 원한 것도 아니고 내가 '아이를 위해' 구입한 첫돌 선물이었다. 하지만 이왕이면 내가 주고 싶은 자연관찰 전집을 아이가 좋아해주길 바랐다. 일반적으로 여자아이들은 이런 부류의 책을 좋아하지 않는다고 하니 새 책이 왔다고 해서 '잔뜩' 들이밀고 싶지 않았다.

이즈음 큰아이는 한 페이지에 2~3줄 정도의 창작 그림책을 한자리에서 열 권, 스무 권 정도 집중하며 즐겁게 보았다. 하지만 자연관찰 책만은 하루에 한 권씩만 읽어주겠다고 마음먹었다. 처음 보는 종류의 책이 아이에게 한 권 한 권 조금씩, 자연스럽게 스며들도록 하고 싶었다.

또한 책 읽기에는 단계가 있음을 알았기에 책에 써 있는 내용을 모두 읽어주겠다는 생각도 하지 않았다. 요즘은 정말 내용을 전달하는 책 형식의 다양함과 채도의 선명함, 높은 디자인 퀄리티 등으로 인해 돌 무렵의 아이들도 소화할 수 있는 자연관찰 전집이 나오지만 20년 전의 출판시장은 상황이 달랐다. 가장 낮은 단계의 책도 글의 양이 많아 부담스러웠고, 한눈에 봐도 촌스러운 디자인이었다. 재미도 없는데 글의 양까지 많다면 책을 좋아하게 만들기 어렵겠다는 생각이 들었다. 그래서 처음엔 그냥 '노출한다'는 개념으로 각각의 페이지를 넘기면서 해당 사물(대상)을 손가락으로 가리키며 이름만 반복적으로 들려주었다.

"사자, 사자, 사자, 사자, 사자…."

그렇게 60권의 책을 책장에 꽂아두고 하루에 한 권씩 책을 읽어주다가 하루는 '뱀' 책을 보게 되었다. 그런데 아이고… 너무 징그러워서 쳐다보기도 싫을 정도였다. 아이를 무릎 위에 앉히고 아이와 내가 책을 보는 방향을 같게 한 다음 나는 거의 눈을 감은 것과 마찬가지인 실눈을 뜬 상태로 "뱀, 뱀, 뱀, 뱀" 하고 뱀을 가리키며 책장을 넘겼다.

어려서부터 과도하다는 생각이 들 만큼 뱀을 싫어했던 나는 '아, 이렇게 끔찍한 뱀을 아이에게 굳이 보여주어야 할까? 그냥 뱀 책은 건너뛸까? 하지만 내가 싫어한다는 이유로 이 세상에 버젓이 존재하는 뱀이란 생물체를 노출조차 꺼리는 것은 좀 아니지 않나?' 온갖 생각으로 머릿속이 복잡한 가운데 빨리 결정을 내려야겠다고 생각했다.

일단은 아이에게 뱀을 보여주기로 마음을 먹었다. 하지만 겨우 사진일 뿐인 뱀이 너무 징그럽고 소름이 끼쳐 나도 모르게 온갖 인상을 다 구겼다. 그나마 다행인 것은 아이와 내가 마주 보고 있거나 옆으로 나란히 앉아 있는 것이 아니었기 때문에 아이가 찡그린 내 얼굴을 볼 수 없다는 약간의 안도감이었다. 아이가 나로 인해 세상이나 사물에 대한 편견이 생기는 것은 싫었기 때문이다.

그렇게 겨우겨우 참아가며 책장을 넘기고 있는데 다음 페이지에 나타난 뱀을 보고 하마터면 비명을 지를 뻔했다. 책 양쪽 지면에 가득 커다랗게 똬리를 틀고 정면에서 나를 노려보고 있는 것 같은 뱀을 본 순간, 구역질이 날 듯하여 정말이지 책을 던지며 자리에서 벌떡 일어나고 싶은 충동을 느꼈기 때문이다.

하지만 아이가 놀랄까봐 재빨리 눈을 감고 아이 몰래 심호흡을 한 뒤 책에서 조금 멀리 시선을 두며 조금씩 눈을 뜨는데, 내 무릎에 앉아 자신의 발을 까닥까닥 구르고 있는 아이를 보게 된 것이다. '어, 이게 뭐지? 나는 뱀이 섬뜩할 만큼 무섭고 싫어서 보는 것이 힘겨운데 아이는 왜 이렇게 평온한 느낌이지?'

그 즉시 허리를 옆으로 빼고, 뱀을 바라보고 있는 아이의 눈빛을 보았다. 너무나 맑고 영롱하며 편안한 눈빛이었다. 그 눈은 마치 이렇게 말하고 있는 것 같았다. '우와, 신기하다! 세상에 이렇게 생긴 생명체가 다 있네? 어쩜 이렇게 생겼을까? 세상에는 정말 다양한 생물들이 살고 있구나.

놀라운걸!'

아이는 내가 아니었다. 나의 생각과 감정, 느낌과 욕구는 나의 것이지 아이의 것이 아니었다. 나의 좁은 틀과 편견 속에 아이를 밀어 넣는 순간 아이 역시 그 좁은 세계에서 세상을 바라볼 것이었다. 파브르가 될 수 있는 아이는 파브르가 될 수 없고, 피카소가 될 수 있는 아이는 피카소가 될 수 없으며, 펠레가 될 수 있는 아이는 펠레가 될 수 없을 거란 생각이 들었다. 그것은 내가 원하는 것이 아니었다. 나는 아이가 나를 넘어서길 바랐다.

알면 사랑하게 되나니

큰아이는 한 단계 한 단계 내가 제시하는 방법을 따라오며 새로운 세계에 눈을 뜨고 살아 있는 존재에 대한 경외심과 자연의 신비를 깨닫기 시작했다. 감사하게도 그 시간은 나에게도 우주의 질서, 자연의 위대함, 생명의 신비를 생생하게 느낄 수 있도록 해주었다.

아이와 함께한 산책길에서 가시 많은 장미 줄기를 오가는 수많은 진딧물을 발견했는데 그곳에 개미가 함께 있는 것을 보았다. 진딧물의 꽁무니에 입을 대고 있는 개미를 보면서 개미가 진딧물을 공격하는 것이 아니라 진딧물들이 자신이 흡수한 단물을 개미에게 나눠주고 있음을 눈으로 확인할 수 있었다. 책을 통해 미리 알지 못했더라면 나는 사실을 오해하고 왜곡했을 것이다.

한번은 큰아이가 5살 무렵이던 여름날, 버스를 타고 과학관 앞에 내린 적이 있다. 날은 덥고, 이제 겨우 5살과 4살이 되는 두 아이를 챙기는 것도 모자라 2살된 막내는 등에 업은 채 기저귀와 우유, 휴지와 물티슈, 갈아입을 옷가지 몇 개와 책 몇 권을 넣은 무거운 가방을 들고 정류장에서 과학관까지 걸어가던 중이었다.

어디선가 "맴맴맴맴, 맴맴맴맴" 귀가 따가울 정도로 울어대던 매미 소리가 너무 시끄러워 "아, 좀 조용히 하지, 왜 이렇게 요란스러워?" 하고 나도 모르게 짜증 섞인 목소리를 뱉어낸 적이 있다. 그 순간 아이가 말하길, "엄마, 지금 울어대는 매미는 수컷들이야. 수컷 매미가 왜 우는지 알아? 땅속에서 2년, 어떤 매미들은 17년씩 지내다가 이제 겨우 성충이 되었어. 짝짓기를 하려고 암컷 매미들을 부르고 있는 거지. 그래야 알을 낳을 수 있으니까. 어른이 된 수컷 매미는 얼마 살지 못하고 죽어. 그러니까 매미한테는 아주 중요한 일이야. 그런데 그런 소리를 듣고 시끄럽다고 하다니! 엄마도 책을 좀 다양하게 읽어."

개미 박사로 알려진 최재천 교수가 동물행동학을 탐구하면서 이런 말을 한 적이 있다. "알면 사랑하게 된다!" 맞다. 정말 맞는 이야기다. 사실 처음에는 아이가 다양한 과목의 공부를 잘했으면 좋겠다는 욕심으로 아이의 호불호가 갈리기 전에 일찍 자연관찰 책을 사줘야겠다고 생각했다. 하지만 책을 매개로 아이와 함께 일상을 살면서 깨달은 건 아는 만큼 보이고, 보이는 만큼 사랑하게 되며, 그때 알게 된 것은 이전과 완전히 다르다는 '앎'에 대한 경이로움과 엄숙함이었다.

지구상에는 우리(인간)만 존재하는 것이 아니다. 아주 다양한 수많은 생물체가 공존하고 있다. 우리 곁에 누가 살고 있는지, 그들이 어떻게 생겼고, 무엇을 먹으며, 언제 활동하며, 어떤 습성을 가지고 있는지를 알게 되면 아는 만큼 더 자세히 보이고, 이해하게 되고, 사랑하게 되며, 어느 순간 더불어 살아야 한다는 생각이 든다. 자연관찰 책을 보며 이러한 것들을 깨달을 수 있다면 얼마나 아름다운 일인가!

자연관찰 책을 즐겁게 읽어주는 방법

큰아이가 자연관찰 전집에 대한 거부감 없이 즐거운 책 읽기가 가능했던 것은 다음과 같은 노하우 덕분이었다. 아이의 연령이 어릴수록 제시한 방법을 순서대로 따라오면 얼마 지나지 않아 아이에게 신비로운 자연의 세계를 들여다보는 재미를 선물할 수 있을 것이다.

① 페이지를 넘기며 사물(대상)의 이름을 반복적으로 알려준다

'개구리' 책을 예로 들면, 표지부터 시작해서 책의 마지막 페이지까지 차례대로 한 장씩 넘기면서 책 속에 등장하는 모든 개구리의 이미지를 손가락으로 가리키며 "개구리"라는 이름을 반복적으로 들려준다. 그러다

영유아 시기의 아이들에게 자연관찰 책을 읽어주는 방법

처음부터 책 내용을 모두 읽어주기보다 조금씩 내용을 확장하며 책과 친해지게 한다.

▲ 처음엔 그저 '개구리'라는 단어만 알려준다. "(1페이지에 있는) 개구리, (2페이지에 있는) 개구리, (3페이지에 있는) 개구리" 하고 말이다.

▲ 첫 페이지부터 끝 페이지까지 개구리를 알려주고 나면 다시 처음으로 돌아가 이번에는 개구리가 무엇을 하고 있는지 그림을 읽어준다. 예를 들면, "개구리가 연잎 위에 앉아 있네!" 하고 말이다.

◀ 그렇게 첫 페이지부터 끝 페이지까지 그림을 읽어주고 나면 다시 처음으로 돌아가 이미지에 달려있는 캡션을 읽어준다. 예를 들면, "개구리가 지금 짝짓기를 하고 있대" 하고 말이다.

보면 책 속에 등장하는 참개구리, 청개구리, 산개구리, 황소개구리, 슐레겔파랑개구리, 무당개구리, 독화살개구리 등 다양한 개구리의 모습을 보며 색깔과 무늬가 다르긴 하지만 그 안에 담긴 개구리의 공통된 특성을 아이 스스로 파악하게 된다.

집중력이 길지 않고 이런 종류의 책에 본능적으로 즐겁게 반응하는 아이가 아니라면 빨리빨리 책장을 넘기길 원하는 경우가 많다. 이럴 땐 한 페이지에 하나의 개구리만 짚어주고 넘어가도 좋다. 또 페이지 넘기는 것을 아이의 몫으로 하는 것도 도움이 된다. 그러다 보면 아이가 책장 넘기는 재미를 알게 되거나 그 시간 동안 엄마는 잠깐일지라도 사물인지를 하면서 아이가 대상에 익숙해질 수 있는 기회를 줄 수도 있다. 또 아이에게 책장을 넘기게 하면 아이가 그 페이지에 얼마나 머무르고 싶은지 정확히 알 수 있고, 아이의 속도에 맞춰 책을 읽어줄 수도 있다. 그렇게 매일 한 권씩(아이에 따라 두 권도 좋다) 전집에 등장하는 다양한 생명체들을 아이에게 소개해보자.

② 책 내용과 상관없어 보이는 그림을 엄마 마음대로 읽어준다

전집 한 세트를 모두 순례하고 나면 다시 '개구리' 책으로 돌아와 이번에는 엄마의 눈에 보이는 대로 이미지(그림)들을 읽어준다.

예를 들면, "개구리가 연둣빛 줄기 위에 앉아 있네!" "개구리가 눈을 반쯤 감고 있네" "개구리가 툭 불거진 눈으로 무언가를 바라보고 있네" "어머나, 여기는 짝짓기를 하고 있네" "우와, 짝짓기를 하면서 이 개구리는 하얀 거품을 내뿜고 있네" 등등 본문의 내용과 상관없이 그저 엄마 눈에 보이는 대로 이미지들을 읽어주면 된다.

그러는 동안 아이는 '연둣빛 줄기'라는 말을 듣고, 보았고, 튀어나온 눈을 '툭 불거진'이라고 표현할 수도 있음을 알게 된다. 또한 개구리 위에 개구리가 올라가 있는 장면을 보며 '짝짓기'라는 단어를 배우게 된다. 평소 엄마와 아이가 일상생활을 하면서 이런 어휘들을 들려줄 기회는 많지 않다. 그저 책을 통해 이야기하는 시간을 갖는 것만으로도 아이는 많은 것을 배우고 익힌다.

③ 이미지 옆에 있는 캡션을 입말로 전달한다

앞서 제시한 방법으로 전집 한 세트를 모두 돌아보고 나면 이번에는 다시 '개구리' 책으로 넘어와 이미지에 있는 캡션 내용을 입말로 들려준다. 이를테면 "개구리는 물속과 땅 위를 오가며 사는 물뭍동물이에요"라고 캡션에 써 있다면 "개구리는 물속과 땅 위를 오가는 물뭍동물이래" "낮에는 눈을 조여서 빛이 들어오는 양을 조절해요"라고 써 있다면 "아, 눈을 반쯤 감고 있는 건 줄 알았는데, 낮에는 눈을 조여서 빛이 들어오는 양을 조절하는 거래"라고 전해주면 된다.

아이가 책장을 빨리 넘기길 원하는 경우라면 한 페이지당 캡션을 하나씩만 읽어줘도 좋고, 아이가 머무는 속도에 맞춰 두세 개의 캡션을 읽어줘도 좋다. 내 경우에는 양쪽으로 펼친 페이지를 기준으로 하나의 캡션을 읽어주는 것부터 시작했다. 한 페이지당 하나의 캡션만 읽어줘도 책 한 권을 모두 보고 나면 아이는 개구리에 관해 꽤 많은 정보를 알게 된다. 개구리는 물속과 땅 위를 오가며 살고, 사람은 눈을 위에서 아래로 감는데 개구리는 물속에 있을 때 아래에서 위로 눈꺼풀을 감싸고, 수컷 개구리는 울음주머니를 부풀려서 소리를 내고, 그것이 우는 것이 아니라 암컷을 부르는 사랑의 노래라는 것과 알에서 올챙이 과정을 거쳐 개구리가 된다는 사실도 알게 된다.

④ 일상 속에서 책을 통해 알게 된 정보를 아이와 이야기한다

개, 고양이, 나람쥐, 사자, 호랑이, 달팽이, 무당벌레, 벌 등 전집에 나오는 다양한 생물들의 사진을 보고, 캡션까지 읽고 나면 각각의 대상에 대해 여러 가지 특성을 알게 된다. 이러한 내용들을 책 읽을 때만 반복하지 않고 동네 한 바퀴를 산책할 때나 나들이 갔을 때 이야기해보면 좋다.

길가에 있는 꽃나무 위에 앉아 있는 나비를 관찰하며 "와, 나비가 긴 대롱을 쭉 뻗어서 꽃에 있는 꿀을 빨아 먹고 있나봐. 저기 입 보여?"라고 말하고, 동물원에서 진흙 목욕을 하는 코끼리를 구경하게 되면 "와, 코끼리가 목욕을 한다! 피부에 달라붙은 기생충을 떨어뜨리고 있나봐"라고 책에서 읽었던 내용을 이야기한다. 비가 내린 후 바깥 산책을 나왔다가 작은 화단에서 달팽이를 발견하면 "비가 와서 달팽이도 바깥 산책을 나왔나봐. 봐봐, 저 두 쌍의 더듬이가 보이지? 긴 더듬이 끝에 까만 것이 달팽이의 눈이야. 가까운 곳만 보인대. 짧은 더듬이로는 냄새를 맡거나 맛을 본대. 신기하지?" 하고 말할 수도 있다.

아무것도 몰랐던 내가 아이와 함께 책을 읽고, 세상을 구경하면서 정말 많은 것을 알게 되었다. 조금씩 알게 되니 더 많은 것들이 알고 싶어졌다.

⑤ 소제목을 함께 읽어준다

이제부터는 본격적으로 책을 읽어줄 시간이다. 책장을 넘겼을 때 짙은 색으로 표시된 소제목들을 읽으면서 다음 장으로 넘어가면 되는데, 다만 '캡션 읽기'를 통해 대상에 대한 정보를 많이 알고 있으므로 이미 알고 있는 소제목의 본문은 건너뛰거나 빨리 읽어주고, 새로운 내용은 간단히 덧붙여서 들려주면 된다. 혹은 새로운 내용을 추가하기보다 창작 책과 다른 문장체에도 아이가 익숙해질 수 있도록 아이의 집중 시간을 고려하여 1~3문장 정도 읽어주면 된다.

'개구리' 책을 예로 들면, "개구리는 물속과 땅 위를 오가며 살아요. 물속을 헤엄치다 폴짝 물풀에도 앉고, 물가 나뭇가지에 대롱대롱 매달리기도 해요" 그런 뒤 다음 장을 넘겨서 "개구리의 눈은 크고 툭 불거져 나왔어요. 물속에서는 아래 눈꺼풀을 위로 올리지요"라고 읽어주고 또 다음 장으로 넘겨서 "수컷만 울 수 있어요. 개굴개굴, 개굴개굴. 수컷 개

◀ "눈이 톡 불거졌어요"라는 소제목을 읽어준다.

구리들은 울음주머니를 부풀리며 밤새도록 소리 내어 울어요"라고 읽어주면 된다.

⑥ 본문 내용을 두세 줄 늘려가며 읽어준다

소제목을 읽어주는 방식으로 전집을 모두 읽고 나면 아이는 책에 익숙해진다. 그리고 전집 한 세트가 60권으로 구성되어 있다면 하루에 한 권씩 앞서 제시한 방법들을 벌써 몇 바퀴째 반복하고 있을 것이기에 최소 6개월의 시간이 흐르고, 그렇게 아이가 자란 만큼 책에 대한 집중도와 가속도가 붙으므로 그에 맞춰 내용을 두세 줄 늘려가며 전체적으로 책을 읽어주면 된다. 그렇게 반복하다 보면 아이의 상식이 점차 많아질 것이고, 아는 만큼 호기심도 더 많이 생기게 된다. 이때 비슷한 자연관찰 전집이지만 기존에 있던 책에서 20~30퍼센트 이상 내용이 추가되는 부분이 있다면 그런 전집을 구입(사거나 빌려서)하여 아이의 세상을 더 넓혀주고 알고 싶어 하는 마음을 채워주면 된다.

이때 필요한 것이 백과사전에 해당하는 책인데, 경험에 의하면 아이의 질문에 해당하는 답을 정확하게 짚어주는 백과사전은 거의 존재하지 않는다. 그래서 내 경우 아이의 질문을 메모해두었다가 인터넷 검색을 통해 답을 알아낸 다음 아이에게 따로 알려주었다. 지금 생각해보면 그림이 많은 어린이용 백과사전을 앞에 제시한 사물인지 방법부터 시작해서 백과사전 자체를 친숙하게 만들었어도 좋았겠다는 생각이 든다. 모든 책을 구입하고자 하면 큰 비용이 들 수 있지만, 중고도서나 지인 집에서 물려받기, 교환해서 읽기 등으로 해결할 수도 있다.

Q 6살 아이를 키우는 엄마입니다. 잠자리 독서를 거의 매일하고 있는데, 자기 싫어서인지 책이 재미있어서인지 계속 읽어달라고 합니다. 그런데 낮에는 책을 읽어달라고 하는 경우가 없고, 밤에도 책을 제가 고르게 합니다. 책에 관심이 없는데 자기 싫어서 독서를 하는 걸까요?

A 아이를 키우면서 '아이의 행동을 어떻게 해석하느냐' 하는 것은 아주 중요한 문제가 될 수 있습니다. 단기적으로는 해석에 따른 육아방식이 아이에게 별다른 영향을 미치지 않는 것 같아도 사람은 경험의 누적으로 성장하기 때문에 결국은 한 생이 달라질 수도 있으니까요.

낮에는 책을 찾지 않지만 밤에 책을 읽으려는 아이들이 있습니다. 이런 성향의 아이들은 대부분 활동적인 기질을 갖고 있거나 세상에 대한 호기심이 많아서 가만히 앉아 배우기보다 몸을 움직이며 학습하기를 더 좋아합니다. 그러니 낮에는 아이가 하고 싶은 대로 지켜보면서 다양한 경험을 통해 성장할 수 있도록 환경을 만들어주시고, 밤에는 지금처럼 책을 읽어주세요. 책을 좋아하지 않는 아이들은 자지 않고 놀려고 떼를 쓰지 엄마가 읽어주는 책을 계속 읽어달라고 하지 않습니다.

또한 잠자리 독서 시간에 아이가 읽고 싶은 책을 스스로 가져오는 것이 아니라 엄마가 가져오게 하는 것 역시 '읽고 싶은 책이 없구나, 책을 좋아하지 않는구나'로 해석하지 마시길 바랍니다.

오히려 '엄마가 읽어주는 책은 무엇이든 좋아하는구나, 다양한 독서가 의미 있다고 하던데 이 기회에 골고루 읽어줘야겠다' 생각하고 편안하게 읽어주시기 바랍니다.

#잠자리 독서 #책을 낮에는 읽지 않고 밤에만 읽으려는 아이

#늦게까지 자지 않고 책을 읽는 아이 #활동적인 성향의 아이

#스스로 읽고 싶은 책을 가져오는 아이

#엄마가 알아서 책을 선택하고 읽어주길 바라는 아이

이럴 수가!
벌써 늦어버렸나?

삶은 문제해결의 연속이라 했던가. 하나의 산을 겨우 넘었다 생각하고 그 여유를 잠시 즐겨보려 했는데 또 다른 산이 내 앞을 가로막고 있었다. 큰아이 돌 무렵에 둘째 아이 임신 소식을 알게 된 것이다. 심한 입덧에서 벗어나 겨우 적응이 되려는 찰나에 둘째 아이가 태어났다. 고만고만한 두 아이를 챙기느라 밥이 입으로 들어가는지 코로 들어가는지 분간할 수 없는 1년여의 시간을 보내고 이제 한숨 돌릴 만해졌을 때 이번에는 셋째 아이 임신 소식을 접하게 되었다. 그렇게 또 힘든 입덧 시기를 거쳐 두 아이와의 생활과 임신 기간이 조화를 이룰 무렵 셋째 아이가 태어났다. 다시 또 광란과 평온을 오가며 새로운 삶에 힘들게 동화되었을 때 둘째 아이가 자연관찰 전집에는 눈길조차 주지 않는다는 것을 알게 되었다.

아, 말로만 전해 듣던 일반적인 여자아이의 책 읽기 특성이 둘째 아이에게 나타난 것이다. 그 즉시 큰아이에게 자연관찰 전집을 보여주었던 방법으로 접근해봤지만 둘째 아이에겐 전혀 먹혀들지 않았다. 이미 호불호가 형성되어 책을 슬쩍 내비치기만 해도 "이거 싫어, 재미없어. 이거 말고 다른 거!"라는 말을 했다. '아, 어떻게 할 것인가?'

고민 끝에 이런 종류의 책을 좋아하지 않는 아이에게 계속 책을 들이밀면 책에 대한 감정을 더 부정적으로 만들어버릴 가능성이 클 것 같아 더 이상 시도하지 않기로 했다.

그러던 어느 날 감사하게도 상황을 반전시킬 기회가 찾아왔다. 간절히 원하면 우주가 나를 향해 도움의 손길을 내민다는 것은 정말 맞는 말이었다.

자연관찰 책을 좋아하지 않는 아이들을 위한 조언

아이들과 함께 버스를 타고 서점에 갔다가 돌아오는 길이었다. 기다려도 오지 않는 버스를 기다리며 큰아이와 둘째 아이는 정류장 주변을 두리번거리기 시작했다. 그러다가 잠시 후, "엄마! 여기 봐. 달팽이가 있어! 빨리, 빨리!"라고 흥분한 목소리로 외쳤다. 아이들이 가리키는 곳으로 가보니 건물 옆에 조그맣게 조성해둔 화단에서 정말 달팽이 한 마리가 기어가고 있었다.

"어머, 정말 달팽이가 있네? 딱딱한 껍데기집을 짊어지고 어디로 가고 있을까?"

그렇게 아이들과 함께 달팽이를 관찰하고 있는데 갑자기 큰아이가 달팽이를 집으로 데려가 키우고 싶다고 했다. 그러자 둘째 아이도 덩달아 키웠으면 좋겠다고 노래를 부르는데 갑자기 '아, 이 기회에 달팽이를 키우면서 달팽이가 먹이 색에 따라 같은 색깔의 똥을 눈다는 사실을 보여주자. 그렇게 호기심을 자극한 다음 '달팽이' 책을 읽어주면 좋겠다!' 싶은 생각이 들었다. 그렇게 달팽이가 우리 집으로 오게 되었다.

작은 유리병을 씻어서 달팽이를 넣고, 먹이로 주황색 당근을 얇게 썰어 깔아준 뒤 달팽이가 밖으로 나오지 못하되 숨 쉴 공기가 들어갈 수 있도록 세탁기 돌릴 때 쓰는 빨래망을 잘라 입구를 막아주었다. 그리고 습기를 좋아하는 달팽이를 위해 분무기로 물을 쏘아준 뒤 화장실 선반 위에 올려두었다. 이제 달팽이의 변화를 관찰만 하면 되는 것이다.

하루가 지나 유리병을 들여다보니 놀랍게도 달팽이가 남긴 흔적, 당근을 먹고 배설한 주황색 똥이 한눈에 들어왔다. 그 순간, 아이들에게 들릴 만큼 아주아주 커다란 목소리로 "우와~ 신기해! 정말 신기해!" 하고 호들갑을 떨었더니 아이들이 "뭐야? 뭐야?" 하며 달려왔다.

"책에서 읽었는데 달팽이는 자기가 먹은 음식의 색깔과 똑같은 색의 똥을 눈대! 현지야, 너는 어제 밥이랑 미역국을 먹었잖아. 그리고 무슨 색의 똥을 눴어? 그렇지, 갈색이나 황토색이었지. 오늘은 빵이랑 우유를 먹었는데 무슨 색이었지? 그래, 맞아. 또 갈색이나 황토색이지. 사람은 어떤 색깔의 음식을 먹어도 항상 갈색이나 황토색의 똥을 누는데 신기하게도 달팽이는 섭취한 음식에 따라 다른 빛깔의 똥을 눠. 책에서 읽었을 때는 신기하긴 했지만 '설마!' 하고 넘어갔는데 우와! 진짜였어. 너무 신기하다. 엄마가 읽은 책, 보여줄까?"

엄마의 호들갑 때문인지 아이의 호기심 때문인지 정확한 이유는 알 수 없지만 둘째 아이는 내가 보여주는 '달팽이' 책의 '똥'과 관련된 페이지를 보고 아주 신기해했다. 그리고 다음에는 초록색 똥을 보고 싶은데 어떤 음식을 넣어줄지 서로 의논도 하면서 그 결과를 기다리는 동안 창작

자연관찰 책 읽기를 좋아하지 않는 아이들에게 책을 읽어주는 방법 1

실제 달팽이를 키우며 호기심을 자극한 다음 아이가 좋아하는 달팽이 관련 그림책부터 보여주었다.

《달팽이 찰리에겐 새 집이 필요해!》,
도리스 렉허, 한울림어린이

《달팽이가 말하기를》,
김춘효, 마루벌

《아기 달팽이의 집》,
이토 세츠코, 비룡소

《침대를 버린 달팽이》,
정채봉, 미세기

책을 좋아하는 둘째 아이를 위해 집과 서점 그리고 도서관에 있는 달팽이에 대한 내용을 이야기로 풀어낸 그림책을 모두 구해 읽어주었다. 일명 '과학 동화'로 분류될 수 있는 그림책들이었다.

그렇게 '달팽이' 책을 통해 달팽이에 대한 정보를 얻고, 재미있는 이야기도 들으면서 달팽이와 친숙해질 즈음 '달팽이' 자연관찰 책을 자연스럽게 노출했다. 큰아이에게 해주었던 것처럼, 그러나 그보다 더 빠른 속도로 캡션 내용을 읽어주고, 한 줄씩 추가해가며 본문에 있는 글도 읽어주었다.

그렇게 아이가 달팽이와 친밀해지자 올챙이를 키웠다. 올챙이가 자라면서 뒷다리가 나오면 또 호들갑스럽게 부산을 떨며 신기하다고 박수를 쳤고, '개구리' 자연관찰 책에서 올챙이가 개구리로 변하는 과정을 보여준 뒤 정말 그렇게 변하는지 관찰해보자고 했다. 그 사이에 개구리와 올챙이에 관한 스토리가 있는 그림책을 읽어주었고, "개울가에 올챙이 한 마리 꼬물꼬물 헤엄치다 뒷다리가 쑥, 앞다리가 쑥, 팔딱팔딱 개구리 됐네"라는 올챙이송도 불러주며 점차 '개구리' 자연관찰책에도 익숙해지게 해주었다.

덕분에 여러 생물들이 우리 집에 머물렀다. 달팽이부터 시작해서 올챙이, 열대어, 장수풍뎅이, 개미, 햄스터, 강아지, 여러 가지 꽃과 식물들…. 그들과 함께하며 우리의 세상은 더욱 넓어지고 더 많이 풍요로워졌다. 그리고 우리 집으로 초대할 수 없는 녀석들은 길가에 쪼그리고 앉아 관찰하거나 동네 골목에서, 시장에서, 마트에서, 시골에서, 동물원과 수족관에서, 과학관에서 먼저 낯을 튼 뒤 책으로 안내했다.

자연관찰 책 읽기를 좋아하지 않는 아이들에게 책을 읽어주는 방법 2

책을 강요하기보다 실물경험 또는 집에서 직접 키워보며 대상과 가까워질 기회를 준다.

◀ 3주 가까이 시댁과 친정에 다녀온 뒤 달팽이의 안부가 궁금했다. 들여다보니 껍데기 입구에 얇은 막이 생겼고, 달팽이의 모습은 보이지 않았다. 그동안 먹이도 없고, 수분도 채워지지 않아 큰일 난 게 아닐까 겁이 났지만 듬뿍 물을 뿌려주고 며칠이 지나자 다시 움직이는 모습을 관찰할 수 있었다. 건조하면 집 입구를 막은 채 잠을 잔다는 책에서 본 내용이 떠오르면서 또 한 번 놀라움을 느꼈다.

◀ 산책길에 자주 관찰했던 개미의 땅속 세계를 아이들의 눈앞에 펼쳐 보여주고 싶었다. 하지만 땅을 파헤치면 개미의 집도 무너지기에 늘 땅 위를 기어다니는 모습만 지켜보다가 개미를 키울 수 있는 '앤트워크'를 알게 되었다. 그때의 기쁨이란! 땅속으로 길을 낸 모습을 지켜보며 '여기는 무슨 방일까? 저기는 또 어딜까?' 아이들과 상상의 나래를 펼치며 즐거운 시간을 보냈다.

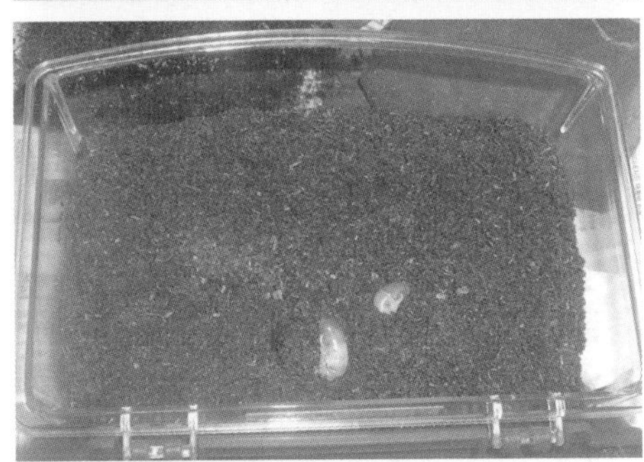

◀ 장수풍뎅이 역시 키울 때 큰 수고로움 없이 자연의 신비를 느끼며 관찰하는 재미가 있는 곤충이었다. 야행성이라 주로 밤에 움직이고, 톱밥 속에 거의 숨어 있기에 생사를 가늠하기 어렵지만 톱밥을 갈아주면 꼬물꼬물 기어서 흙 속으로 들어가 생존신고를 하곤 했다. 애벌레에서 허물을 벗고 번데기를 거쳐 성충이 되는 모습이 참 신기했다.

◀ 다양한 생물을 키운 경험이 있어서 그런지 계곡에 놀러 갔다가 가재를 발견하곤 또 키우자며 집으로 데리고 왔다. 엄마는 가재를 어떻게 키우는지 모른다고, 어떤 환경에서 무얼 먹고 자라는지 잘 모른다고 했더니 자기들이 책을 찾아보며 잘 키우겠다고 했다. 귀가하자마자 집에 있는 온갖 '가재' 책을 다 꺼내와 열심히 읽었다.

자세히, 가까이 보아야 예쁘다

집에서 여러 생물들을 키우는 동안 슬픈 일이 일어나기도 했다. 나름 열심히 키운다고 노력했지만 죽어간 생명체도 있었고, 먹이가 부족했는지 서로를 잡아먹는 모습도 보면서 자연이란 무엇인지, 그 속에서 인간이란 존재는 또 무엇인지 아이의 눈높이에 맞게 이야기도 나눠보았다. 아이들은 의외로 상황을 쿨하게 받아들이기도 했고, 또 때로는 아주 슬퍼하기도 했다.

한번은 이런 일도 있었다. 큰아이가 초등학교 2학년, 막내가 6살 무렵, 자고 일어나보니 어항 속 열대어 한 마리가 배를 뒤집은 채 동동 떠 있는 것이었다. 식사 준비를 할 마음에 나는 아이들더러 바깥에 있는 화분에 물고기를 대신 묻어달라고 했다.

아이 셋 모두 '알겠다'는 대답을 하고도 한참 동안 왁자지껄 부스럭 무언가를 하고 있었다. 직감적으로 뭔가를 꾸미고 있다는 생각이 들었고, 아이들이 우르르 밖으로 나갈 때 카메라를 들고 뒤따라가니 사진과 같은 풍경이 펼쳐지고 있었다.

큰 아이가 죽은 물고기를 기리는 마음으로 직접 쓴 추도문을 읊고, 두 동생은 사극에서나 본 적 있는 '비나이다, 비나이다' 자세로 물고기의 안녕을 기원했다. 귀엽고, 사랑스럽고, 물고기를 향한 마음결이 참 예쁘기도 했다.

▲ 큰아이가 죽은 열대어를 위한 추도문을 읽는 동안 두 동생은 물고기의 극락왕생을 빌며 기도를 했다.

동물학자 최재천 님은 자신의 저서 《과학자의 서재》에서 이런 이야기를 한 적이 있다. 삼촌을 따라 대관령 깊은 곳까지 들어가 여름에는 망으로 민물고기를 잡아 끓여 먹고, 겨울에는 산토끼를 쫓아다니고, 논병아리를 포위해 잡으면서 놀았다고. 어찌 보면 동물들에게 참 못할 짓을 했지만 그때는 그것이 자연을 사랑하는 하나의 방식이었다고. 그렇게 자연에서 행복하고 즐거운 추억을 쌓았던 경험은 그것을 직업으로 삼아 연구하고, 세계의 자연유산을 보전하는 일로 확장되었다고 말이다.

자연을 가까이 하지 않고 자연을 사랑할 수 없다고 생각한다. 그리고 자연에 가까이 다가가는 과정에서 때로는 죽음과 삶을 의도치 않게 경험할 수도 있다. 하지만 진정한 사랑은 그 가운데 꽃피는 것이라 나는 믿고 있다. "자세히 보아야 예쁘다"는 어느 시인의 말처럼.

그 후로도 삶은 내게 계속해서 문제를 냈다. 몇 년간 잠자리에 들 때마다 허리가 아프고, 다리가 아프더니 어느 날 급성 허리디스크 파열이 찾아왔다. 앉을 수도, 걸을 수도, 누울 수도 없을 만큼 아팠던 시기를 거쳐 겨우 평화로운 일상이 찾아왔나 싶을 즈음(이렇게 간단하게 정리해버리기엔 그 사이 굽이진 계곡과 도랑, 높은 언덕과 넓은 강들이 수없이 존재했다), 이번에는 그렇게도 책을 좋아하던 막내가 책에는 아예 눈길조차 주지 않는다는 것을 알게 되었다. 허리디스크 문제로 엄마와 떨어져 지낸 지 100일의 시간이 지나고 일어난 일이었다.

정말 삶은 문제의 해결이 아니라 문제의 연속이었다. 하지만 시간이 더 많이 지나 이제와 돌이켜보니, 내게 찾아온 문제들을 피하지 않고 맞선 그 시간들이 감사하게도 나를 키운 시간이었다.

이해하는 능력을 키워주는 창작 책 읽기

여자아이들을 위해 자연관찰 책 읽기에 신경을 쓰는 만큼 남자아이들은 스토리가 있는 창작 책 읽기에 관심을 가질 수 있도록 환경을 만들어주었으면 한다.

세 아이를 키우면서 다수의 육아서를 읽었을 뿐 아니라 주변에 있는 가정의 많은 아이들을 관찰했고, 책에서 만난 아이들이 어떻게 성장하는지, 또 기억 속에 남아 있는 친구, 친척, 지인들의 아이가 성장해온 환경과 자라는 모습, 지인들이 들려주는 그들의 또 다른 지인들이 어린 시절 어떤 환경 속에서 자랐는지, 책이 있었는지, 사교육을 언제부터 얼마나 했는지 등등 많은 사람들의 성장과정을 직·간접적으로 지켜보았다.

그렇게 오랜 시간 관찰해보니 어떤 통계라고나 할까, 일반화시킬 수 있는 이야기들이 보이기 시작했다. 그중 하나가 《공부머리 독서법》에서도 이야기하는 '아이들의 성적이 급변동하는 두 번의 시기'에 관한 것이었다. 초등학교에서 중학교로 진학할 때, 중학교에서 고등학교로 진급할 때 많은 아이들의 성적이 추풍낙엽처럼 떨어지고, 어느 날 갑자기 눈에 띄지 않던 아이의 성적이 오르는 경우들이 존재했다.

초등 시절 중등 과정의 수학 문제를 풀고, 높은 수준의 영어 수업을 듣고, 역사와 과학상식도 풍부하던 아이들이 왜 빛나는 왕좌에서 내려와 자취 없이 사라지고, 어느 날 갑자기 눈에 띄지 않던 아이들의 성적이 올라가는지(둘째 아이가 이 경우에 속한다) 그 배후를 찬찬히 들여다보면 거기에는 바로 '독서의 힘'이 있었다.

대한민국 사교육의 1번지로 불리는 대치동에서 독서 논술 교육을 12년간 지도한 《공부머리 독서법》의 저자 최승필 님은 아이들의 읽기능력과 성적이 긴밀한 관계를 맺고 있으며, 읽기능력을 끌어올리는 데 독서가 큰 역할을 한다는 것을 밝혀냈다. 언어능력이 곧 학습능력이며, 언어능력은 독서를 통해 길러진다. 여기서 중요한 것은 아이의 머릿속에 얼마나 많은 지식을 넣느냐가 아니라 지식을 습득하는 능력, 즉 글을 읽고 이해하는 능력을 키워줘야 한다는 것이다. 바로 여기에 창작 책 읽기의 중요성이 있다.

남자아이를 키우는 엄마들 가운데 종종 "우리 애는 수학과 과학을 너무 좋아해요. 성적도 수학, 과학 점수가 다른 과목보다 월등히 높아요. 다른 과목은 좀 아쉽긴 한데, 뭐 우리말이니까 마음먹으면 금방 따라가겠죠"라며 은근히 아이의 그런 모습을 기특하게 바라보는 분들이 있다. 그런데 이 아이들이 고등학교 시기를 거쳐 대학에 갈 무렵 그 전에 독서습관이 뒤따르지 못했을 경우 만족할 만한 대학에 가지 못하는 경우를 참 많이 보았다. 게다가 요즘은 일찍부터 노출되는 스마트기기로 인해 아이들의 학년이 올라갈수록 책에서 더 멀어질 가능성이 높은 환경이 되어버렸다. 독서교육을 어려서부터 현명한 방법으로 진행하며 좋은 습관을 길러주는 것이 필요한 이유다.

물론 책 읽기의 목적이 학습적인 요소로만 흐르는 것은 찬성하지 않는다. 하지만 독서가 인간에게 미치는 긍정적인 영향을 세 아이를 키우며 온몸으로 체감했기에 이왕이면 넓고 깊은 독서를 아이가 했으면 좋겠고, 그 과정에서 빛나는 부산물로 좋은 성적이 따라오는 것을 굳이 피할 이유는 없다고 생각한다.

'어떻게 살아야 하는 것인가?' '미래 사회는 어떻게 준비할 것인가?' 어쩌면 그에 앞서 '나는 어떻게 살고 싶은가?'란 질문에 뛰어난 학교 성적과 우수한 대학 졸업장, 남들이 부러워하는 직장이 삶의 목적은 아니라고 말하는 사람들도 많을 것이다. 하지만 나는 인간의 기본 욕구 중에 행복하고자 하는 욕구, 배우고자 하는 욕구, 성장하고자 하는 욕구가 있다고 생각한다. 그리고 그 길에 있어서 독서가 정말 좋은 안내자라고 믿는다. 우리가 아이에게 책을 주어야 하는 또 하나의 이유다.

창작 책을 좋아하지 않는 아이들을 위한 조언

창작 책을 좋아하지 않는 아이들 중에 책 자체에 관심이 없는 경우도 있겠지만 여기서는 실사 위주의 책과 지식·정보책은 보지만 스토리가 있는 창작 책은 즐기지 않는 경우를 위한 몇 가지 조언을 해볼까 한다(책 읽기에 아예 관심이 없는 경우는 7장에서 자세히 소개하겠다).

① 실사 사진에 스토리를 입힌 책을 읽어준다

배움은 오래된 것에서 새로운 것으로, 친근한 것에서 생소한 것으로, 익숙한 것에서 낯선 것으로 확장해가는 과정이다. 즉 새로운 지식을 습득할 때는 기존의 배경에 기대어 앞으로 나아가는 것이 도움이 된다. 실사 사진을 좋아하는 아이에게는 새로운 정보가 실사 이미지로 구성되어 있되, 내용을 풀어가는 방식은 이야기가 있는 책을 읽어주는 것이다. 책의 영역은 과학도 좋고, 자연도 좋고, 세계의 여러 문화도 좋다. 아이가 좋아하는 것과 새로운 것을 만나게 해주자.

② 아이가 좋아하는 영역을 동화로 풀어낸 책을 읽어준다

평소 아이가 좋아하는 지식·정보 영역을 이야기 형식으로 녹여낸 책을 읽어준다. 만약 아이가 자연, 과학 쪽을 좋아한다면 과학동화를 읽어주고, 숫자나 수 세기에 관심을 보인다면 수학동화를 읽어주면 된다. 또 장군이나 전쟁을 좋아한다면 전투에 참여한 장군의 위인전도 좋다. 좋아하는 '영역'이 있다면 일반적으로 전집이 아이에게 잘 맞고, 개별적인 대상을 좋아한다면 아래 ③번을 참고하면 된다.

③ 아이의 관심사를 관찰한 뒤 관심사를 녹여낸 책을 읽어준다

남자아이들의 경우 아주 어릴 때부터 특정 사물에 꽂히는 경우가 많다. 자동차, 비행기, 공룡, 물고기, 나무 등 자신이 좋아하는 것과 싫어하는 것에 대한 호불호가 확실하다. 이럴 때는 최대한 다양한 스토리로 아이가 좋아하는 대상이 담겨 있는 책을 '전집'처럼 구성한다는 느낌으로 구해서(사거나 빌려서) 읽어주면 좋다.

④ 아이의 경험과 맞닿은 창작 책을 읽어준다

사람은 누구나 자신과 비슷한 경험을 한 대상이나 인물에 동질감을 느끼고, 즐거웠던 자신의 체험을 반추하고 싶은 욕구가 있다. 지식·정보 위주의 책을 좋아하는 아이일지라도 일상생활에서 나와 비슷한 경험을 한 책 속 주인공 이야기에 관심이 쏠리고, 기분 좋았던 경험을 책에서 만나는 것에 거부감이 적다.

예를 들어, 목욕을 하며 즐거운 시간을 보낸 아이라면 "우리는 목욕하

지식, 정보 책을 좋아하는 아이에게 창작 그림책을 읽어주는 방법

아이가 좋아하는 영역의 책을 읽어준다.

물고기를 좋아하는 아이라면 물고기를 주제로 한 다양한 창작 책을 보여준다.

《문어가 슝》,
이시이 기요타카, 나무생각

《나의 첫 반려동물 비밀 물고기》,
김성은, 천개의바람

《행복한 아기 물고기 하양이》,
하위도 판 헤네흐턴, 한울림어린이

《물고기는 물고기야!》,
레오 리오니, 시공주니어

《바다와 하늘이 만나다》,
테리 펜·에릭 펜, 북극곰

《바다 100층짜리 집》,
이와이 도시오, 북뱅크

《감기 걸린 물고기》,
박정섭, 사계절

《무지개 물고기》,
마르쿠스 피스터, 시공주니어

면서 거품 그림을 그렸는데, 책 속에 나오는 이 아이는 (목욕을 하며) 무엇을 했을까?"라는 추임새를 넣어 책 읽기에 대한 관심을 끌어올 수 있다. 또 낮에 바닷가 모래사장에서 마음껏 뛰어논 아이는 귀가 후 '바다'와 관련된 책을 읽는 것이 어렵지 않다.

⑤ 통통 튀는 내용의 책을 읽어준다

간혹 아이들 중에는 창작 책의 서정적인 느낌을 지루하게 여기는 경우가 있다. 이럴 때는 이야기의 전개가 통통 튀고, 읽고 있노라면 입가에 저절로 미소가 번지는 책들을 소개하여 책의 재미를 느끼게 해주면 좋다.

⑥ 아이의 수준에 맞는 창작 책을 보여주며 아이의 성향을 파악한다

①~⑤번까지 다양한 시도를 하며 조금씩 창작 책 읽기가 익숙해졌다면 아이의 나이와 책 읽기 수준에 맞는 생활동화나 일반적인 창작(이야기) 책을 시도해본다. 그 과정에서 섣부르게 글밥을 늘리거나 책 종류의 다양성을 시도하기보다는 내 아이에게 효과적인 방법을 아이가 마음껏 누릴 수 있도록 충분히 맛보게 해주는 것이 좋다. 그리고 설혹 이러한 시도가 아이에게 큰 의미가 없었다 하더라도 지치지 말고 여러 방법을 시도해보았으면 한다. 독서의 힘은 아주 세고, 내 아이의 유년기는 생각보다 오래 머물지 않기 때문이다. 잊지 말자. 우리는 실패를 통해 배운다는 것을.

창작 책을 좋아하지 않는 아이에게 책을 읽어주는 방법

이야기의 소재나 전개가 흥미로운 책을 선택해 재미를 느끼게 해준다.

《도깨비를 빨아버린 우리 엄마》,
사토 와키코, 한림출판사

《거인 아저씨 배꼽은 귤 배꼽이래요》,
후카미 하루오, 한림출판사

《방귀쟁이 며느리》,
신세정, 사계절

《간지럼씨》,
로저 하그리브스, 나비북스

Q 아이에게 전자책을 보여주는 것에 대해 어떻게 생각하세요?

A 몇 년 전 뉴스에서 전자기기와 종이책 중 어느 쪽이 더 교육적인 효과가 있는지 실험한 내용을 방송한 적이 있습니다. 인지능력이 비슷한 두 명의 초등학생을 대상으로 같은 내용이 적힌 태블릿PC와 인쇄물을 나눠준 뒤 문제를 푸는 속도와 오답률을 확인해보았습니다.

결과는 종이로 푼 쪽이 속도와 정확도가 월등히 높았고, 두 학생에게 태블릿PC와 인쇄물을 서로 바꿔준 후 다시 테스트를 했을 때도 같은 결과가 나왔습니다. 이는 하버드대 출신의 뇌과학자 제레드 쿠니 호바스의 주장과도 이어집니다. 제레드는 두 페이지 미만의 독서는 종이나 전자책에 별 차이가 없지만 그 이상일 경우 종이책과 같은 인쇄물로 공부할 때 학습효과가 더 크다고 말합니다.

또 종이책과 태블릿PC로 책을 읽을 때 뇌파를 비교해보니, 태블릿PC로 독서를 할 때는 게임을 할 때처럼 극도의 긴장 상태에서 나오는 하이 베타파가 전두엽에 표시되었습니다. 노르웨이의 한 연구에서도 종이책이 전자책에 비해 주의 집중이 더 잘 되고, 스트레스는 덜 주며, 줄거리를 시간 순으로 재구성하는 능력에 있어서도 더 효과적이었다고 합니다.

인지신경학자이자 아동발달학자로 '읽는 뇌'를 연구한 매리언 울프도 디지털 매체를 통해 많이 읽으면 읽을수록 우리 뇌의 회로가 인쇄물을 볼 때도 디지털 매체를 대하듯 반응하여 단어를 듬성듬성 읽게 된다고 합니다. 이는 문해력에 부정적인 영향을 미칠 뿐 아니라 '깊이 읽기'가 가져다주는 비판적 사고, 추론과 분석 능력, 공감과 이해, 성찰의 힘을 앗아갈지도 모른다며 아이들이 전자기기로 넘어가는 시기를 최대한 늦추라고 조언합니다.

《책 읽는 뇌》라는 책을 보면 소크라테스가 독서를 반대했다는 이야기가 나옵니다. 그래서인지 소크라테스는 자신의 주장과 윤리, 사상을 책으로 남기지 않았습니다. 엄밀히 말하면 '글의 단점'을 반대한 것인데 말과 달리 글을 '죽은 담론'으로 본 것입니다.

대화는 쌍방향이기 때문에 상대의 말에 모순이 있으면 즉시 짚어내 상대가 올바로 이해할 수 있게 도울 수 있습니다. 스승이 잘 유도하면 제자(상대)를 진리에 이르게 할 수 있지요. 하지만 글은 우리가 질문을 던져도 침묵하며, 읽는 이가 선악을 판단할 지혜나 지식을 흡수할 기본을 갖추고 있지 못하면 문자 내용을 그대로 받아들일 수밖에 없습니다.

글을 읽는 것과 제대로 이해하는 것은 무척 다른 이야기입니다. 즉 독서는 개인의 역량에 따라 폐쇄된 행위로 볼 수도 있는데 소크라테스는 바로 이것을 우려한 것입니다. 또한 새로운 것을 창조하거나 지혜를 발달시키기 위해서는 생각의 단초를 떠올려야 하는데 그것은 기억에 의해 가능합니다. 그런데 문자로 기록을 하는 순간 우리는 기억할 필요를 덜 느낍니다. 소크라테스가 독서의 비판적 사고의 힘을 알지 못했고, 책을 읽기만 하지 않고 그 내용을 쓰고 요약하고 필사하며 기억하는 사람도 있다는 것을 예측하지 못한 걸까요?

전자책 또한 마찬가지일 것입니다. 게다가 전자책의 장점도 있습니다. 언제 어디서나 읽을 수 있고, 휴대하기 쉬우며, 비용이 저렴하고, 보관이 용이하며, 직장과 가사일로 피곤하고 바쁜 부모를 대신하여 아이에게 책을 읽어줄 수도 있고, 무엇보다 세상이 디지털노마드의 방향으로 나아가고 있습니다. 아직 밝혀지지 않은 긍정적인 연구결과들도 있을지 모르고요.

하지만 굳이 이미 밝혀진 부정적인 연구결과들과 어떠한 부작용이 있을지 모를 도구를 아이에게 주고 싶은지 나의 마음을 들여다보았으면 합니다.

개인적으로는 변화하는 세상의 흐름과 현실적인 문제들 사이에서 전자책 보여주기를 선택했다면 최대한 부정적인 연구결과들을 상쇄할 수 있는 비판적 독서나 대화에 신경을 썼으면 합니다. 또한 부모와 아이가 오감을 사용해서 함께 느끼고 배우며 공감과 이해할 수 있는 시간도 염두에 두셨으면 좋겠습니다.

#전자책과 종이책 사이에서의 선택과 갈등
#전자책의 장단점 #독서의 한계와 장점
#소크라테스가 생각하는 독서

다양한 영역의 책 읽기를 통해 아이의 몸마음머리를 깨운다

❶ 자연관찰 책을 매개로 아이와 함께 일상을 살면서 깨달은 것이 있다. 아는 만큼 보이고, 보이는 만큼 사랑하게 되며, 그때 알게 된 것은 이전과 완전히 다르다는 '앎'에 대한 경이로움이었다. 지구상에는 우리(인간)만 존재하는 것이 아니다. 자연관찰 책을 통해 이 사실을 깨닫는다는 것은 참으로 아름다운 일이다.

❷ 큰아이는 한 단계 한 단계 내가 제시하는 방법을 따라오며 새로운 세계에 눈을 떴다. 감사하게도 그 시간은 나에게도 우주의 질서, 자연의 위대함, 생명의 신비를 생생하게 느낄 수 있도록 해주었다.

❸ 처음엔 그냥 '노출한다'는 개념으로 가볍게 각 페이지를 넘기면서 해당 사물을 손가락으로 가리키며 반복적으로 이름을 들려주었다.

❹ 집중력이 짧고, 책에 즐겁게 반응하는 아이가 아니라면 엄마가 빨리빨리 책장을 넘기길 바란다. 이럴 땐 한 페이지당 하나의 사물만 짚어주고 넘어가도 좋다. 또 페이지 넘기는 것을 아이의 몫으로 해주는 것도 도움이 된다.

❺ 자연을 가까이 하지 않고 자연을 사랑할 수 없다. 자연관찰 책을 읽어주려는 엄마의 시도에도 불구하고 아이가 그런 종류의 책을 거부한다면 경험이 먼저다.

❻ 나의 생각과 감정, 느낌과 욕구는 나의 것이지 아이의 것이 아니다. 나의 좁은 틀과 편견 속에 아이를 넣는 순간 아이 역시 그 좁은 세상에서 살아가게 된다. 즉 파브르가 될 수 있는 아이는 파브르가 될 수 없고, 피카소가 될 수 있는 아이는 피카소가 될 수 없다.

❼ 낮에는 책을 찾지 않지만 밤이 되면 책을 읽으려는 아이들이 있다. 이런 성향의 아이들은 대부분 활동적인 기질을 갖고 있거나 세상에 대한 호기심이 많아 몸을 움직이며 배우기를 좋아한다. 이럴 경우 낮에는 아이가 하고 싶은 대로 지켜보며 다양한 경험을 주고, 밤에는 책을 읽어주면 된다.

❽ 언어능력이 학습능력이며, 언어능력은 독서를 통해 길러진다. 중요한 것은 아이의 머릿속에 얼마나 많은 지식을 넣느냐가 아니라 지식을 습득하는 능력, 즉 글을 읽고 이해하는 능력을 키워줘야 한다는 것이다. 여기에 창작 책 읽기의 중요성이 있다.

❾ 요즘은 일찍부터 노출되는 스마트기기로 인해 아이들의 학년이 올라갈수록 책에서 더 멀어질 가능성이 높다. 독서교육을 어려서부터 실천하며 좋은 습관을 길러주는 것이 필요한 이유다.

⑩ 배움은 오래된 것에서 새로운 것으로, 친근한 것에서 생소한 것으로, 익숙한 것에서 낯선 것으로 확장해가는 과정이다. 새로운 지식을 습득할 때는 기존의 배경에 기대어 앞으로 나아가는 것이 도움이 된다. 실사 사진을 좋아하는 아이에게는 새로운 정보가 실사 이미지로 구성되어 있되, 내용을 풀어가는 방식은 이야기가 있는 책을 읽어주는 것이 좋다.

⑪ 사람은 누구나 자신과 비슷한 경험을 한 대상이나 인물에 동질감을 느낀다. 또한 즐거웠던 자신의 체험을 반추하고 싶은 욕구가 있다. 이 점을 활용하면 지식·정보 위주의 책을 좋아하는 아이일지라도 이야기책을 좋아하게 할 수 있다

⑫ 변화하는 세상의 흐름과 현실적인 문제들 사이에서 전자책 보여주기를 선택했다면 최대한 부정적인 연구결과들을 상쇄할 수 있는 비판적인 독서나 대화에 신경을 썼으면 한다.

언제부터, 어떻게, 얼마나 읽는 것이 좋을까

아이의 행복한 책 읽기를 위한 몇 가지 조언 | 언제부터, 어디까지, 얼마만큼 읽어야 하나 | 두 아이에게 동시에 책 읽어주기 | 한글 뗀 아이의 읽기독립

"작은 성공부터 시작하라"는 말이 있다. 그런 성공이 반복되면 나중에는 무엇이든 할 수 있다는 자신감이 생기기 때문이다. 책만 읽어주면 될 줄 알았던 책육아가 생각지도 못한 곳에서 암초들을 만나 부딪히고 깨어지기를 반복했다. 삶은 정말 매 순간 문제의 연속이었다.

엄마는 할 일이 너무 많은데 아이는 책을 읽어줬으면 하고, 두 아이가 동시에 책을 읽어달라며 울고불고 하니 나도 어쩔 줄 몰라 같이 울고 싶었던 순간이 많았다. 책을 읽어주면 잘 줄 알았더니 밤을 새버릴 줄 몰랐고, 한글을 다 떼고 나서도 혼자 읽지 않고 엄마에게 읽어달라고 할 줄은 정말 몰랐다.

하지만 뒤돌아보니 삶은 문제의 연속이 아니라 매 순간 답을 찾아낸 성공의 연속이었다. "바람이 불지 않을 때 바람개비를 돌리는 방법은 앞으로 달려 나가는 것"이란 데일 카네기의 말처럼 그저 삶이 내게 던진 미션을 받고 한 걸음씩 걸음을 옮겼더니 지금의 내가 되었다.

이번 장에서는 아이에게 언제부터, 어디까지, 얼마만큼의 책을 읽어주어야 하는지, 두 아이가 동시에 책을 읽어달라고 할 때는 어떻게 하면 좋은지, 읽기독립은 어떤 방법으로 하면 효과적인지 등 아이들의 행복하고 즐거운 독서를 위한 여러 가지 방법들을 소개한다.

아이의 행복한 책 읽기를 위한 몇 가지 조언

아이가 둘이 되고 셋이 되면서 책만 읽어주면 될 줄 알았던 책육아는 생각지도 못한 곳에서 암초들을 만나 부딪히고 깨어지기를 반복했다. 그때마다 느꼈던 상실감에 매여 있기엔 아이를 잘 키우고 싶다는 마음이 너무 강했고, 뒤죽박죽 엉망이 된 상황을 속절없이 지켜만 보는 것도 힘들기는 매한가지였다.

나의 환경에 맞는 새로운 배를 다시 건조하여 언제까지 지속될지 모를 항해일지라도 이어가야 했다. 속상한 마음으로 몇 날 며칠을 울어도 나에겐 쥐를 마부로, 호박을 마차로 변신시켜줄 요정은 나타나지 않았고, 남몰래 찾아와 집안일을 모두 해놓고 사라지는 우렁각시도 없었다. 나를 새로운 환경으로 데려다줄 사람은 오직 나뿐임을 절절히 느낀 후 나는 다시 내가 가고 싶은 곳을 향해 일어났다.

험난한 입덧 과정을 거쳐 잠깐의 평화를 맛보다가 둘째 아이가 태어났다. 한 달간 산후조리를 하고 일어났더니 이제 겨우 2살로 언니가 된 큰아이가 사무치게 눈에 들어왔다. 엄마에게 또 한 명의 아이(동생)가 생겼지만 자신의 사랑을 빼앗기지 않았다고 믿을 수 있게 해주고 싶었다.

다양한 방법으로 사랑을 표현했지만 책을 좋아하는 큰아이가 원하는 만큼 책을 읽어줄 수는 없었다. 동생이 울 때마다 달려가야 했고 그때마다 아이의 집중력은 깨졌으며, 아이의 마음에도 금이 갔다. 최선을 다해 큰아이의 마음을 어루만져주고 함께하는 시간도 확보하여 두 마리 토끼를 모두 잡을 수 있는 방법을 생각해야 했는데 그것은 동생이 잠든 밤 시간뿐이었다.

둘째 아이가 잠들고 나면 기다리고 있던 큰아이에게 다가가 아이가 원하는 만큼 책을 읽어주었다. 예쁘고 사랑스러운 그림을 함께 바라보며, 책 속 주인공들이 겪어내는 스토리에 한껏 감정이입을 하여 같이 웃고, 신나하며 행복해했다. 때로는 등장인물들이 겪고 있는 걱정 속에 같이 빠져들어 함께 슬퍼하고 위로하다가 문제가 해결되고 나면 우리도 눈빛을 교환하며 '씨익' 웃기도 했다. 책과 함께한 순간들은 단순히 아이의 머릿속에 갖가지 어휘력을 채워주는 일보다 훨씬 더 값지고 아름다운 시간이었다.

문제는 큰아이가 그 즐거움을 알아갈수록 잠드는 시간도 그만큼 늦어졌다는 사실이다. 밤 11시나 12시부터 시작된 책 읽기가 새벽 2시를 넘어, 4시, 5시가 되어도 아이는 말똥말똥한 눈을 뜨고 더, 더 책을 읽어달라고 했다.

내가 읽은 수많은 육아서들의 공통점 중 한 가지는 '책을 좋아하는 아이로 키워라'였다. 책에는 무수한 장점이 있고, 아무리 세상이 변해도 바뀌지 않을 소중한 것들이 책을 읽으면 생긴다고 했다. 그렇게 간절히 바라던 것을 내 아이의 모습에서 보게 되었는데, 마음 같아서는 정말이지 밤새도록 읽어주고 싶었지만 그렇게 딱 일주일을 읽어주고 나서는 결국 포기해버렸다. 포기할 수밖에 없는 상황이었기 때문이다.

언제부터, 어디까지, 얼마만큼 읽어야 하나

자정부터 새벽까지 큰아이에게 책을 읽어주던 기간에 아이와 둘이서 새벽 5시쯤, 대중목욕탕에 간 적이 있다. 잠자리 독서를 5시간 넘게 읽어준 지 며칠이 지나니 온몸이 너무 지쳐 있었다. 뜨거운 탕에서 몸을 풀면 피로가 좀 가시지 않을까 싶어 자고 있는 남편과 둘째 아이는 놔두고 큰아이와 둘만의 외출을 했다.

그날 새벽, 동네 목욕탕에서 만난 할머니들이 "아이고, 요 어린아이가 이렇게 일찍 일어나서 목욕탕에 왔네. 예뻐라!" 하시는데 차마 "아직 안 잤어요"라는 말이 입에서 나오지 않았다. '내가 과연 잘하고 있는 것일까?' 많은 생각이 스쳤다.

목욕을 마치고 집으로 돌아온 아이는 그러고도 바로 잠들지 않고 한 시간여를 더 놀며 책을 읽다가 잠들었다. 오전 7~8시에 잠든 아이는 오후 2~3시에 일어났고, 어찌 보면 낮과 밤이 바뀐 생활에 조금씩 익숙해져가는 느낌이 들었다.

문제는 나였다. 큰아이에 맞춰 밤새워 책을 읽어주고 나면 남편을 출근시켜야 했고, 그러고 나면 자고 일어나 방긋거리고 있는 둘째 아이가 기다리고 있었다. 그 시기에 책보다 더 중요한 엄마와의 눈맞춤과 이 세상에 무엇이 있는지 아이의 몸부터 시작해 집 안 곳곳에 있는 여러 가지 물건을 소개해주는 실물 교육을 하기엔 엄마인 내가 무수면 상태였다.

둘째 아이가 아직 태어난 지 얼마 되지 않아 하루의 많은 시간을 자고 있었지만 생각보다 쭉 이어지는 잠이 아니었다. 그리하여 나는 큰아이가 잠든 오전 7~8시에서 잠에서 깨는 오후 2~3시 사이에 둘째 아이의 낮수면 패턴에 맞춰 쪽잠으로 체력을 보충해야 했다. 몸은 점점 물먹은 솜처럼 무거우면서도 발이 땅에 닿지 않는 듯한 몽롱한 상태가 이어졌다. 큰아이의 책 읽기를 우선순위에 두니 점점 둘째 아이에게는 아무것도 해줄 수 없었고, 남편도 너무 아이만 보는 게 아니냐고 투덜댔다. 그럴수록 나는 점점 더 지쳐갔다. 도와주는 사람도 없고, 그렇다고 내 마음을 알아주는 사람도 없는 상황에서 나는 고군분투했다.

그러던 어느 날, 남편을 출근시키고 둘째 아이가 일어나기 전에 어서 빨리 자야겠다고 누워 있는데(언제 잠들어버렸는지 금방 곯아떨어졌다), 둘째 아이의 칭얼거리는 소리가 들렸다. '아, 깼구나' 하지만 몸이 너무 피곤했던 나는 어떻게든 둘째 아이를 다시 재워야겠다는 생각이 들었다. 밤새 자다가 일어난 아이를 어떻게 다시 재울 수 있을까 잠시 고민하다가 옆에 있는 공갈 젖꼭지를 물리고는 다시 잠들라고 아이의 눈을 가려버렸다. 맑게 눈뜬 아이의 시야 앞에 내 손바닥을 펼쳐 아무것도 보지 말고 그냥 자라고 한참 동안 시선을 가렸다. 그러자 아이가 다시 눈을 감고 잠이 들었다. 순간 나는 소름이 끼쳤다. '내가 방금 무슨 짓을 한 거지?'

하지만 그 소름도 일주일간 제대로 자지 못한 까마득한 정신 앞에 사라지고 나는 다시 잠이 들어버렸다. 하지만 깨고 나니 점점 더 또렷하게 내가 한 일이 떠올랐다. 유리구슬처럼 투명하고 영롱한 아이의 눈이 계속 떠올랐고, 세상을 향한 호기심 가득한 눈을 엄마인 내가 가로막은 것이 자꾸 되살아났다.

그때 나는 결심했다. 누군가의 행복이 또 다른 사람의 희생 위에 세워진다면 그건 옳지 않은 것이라고. 책을 볼 때 세상 행복한 표정을 짓는 큰아이와 그런 아이를 바라보는 내 마음이 정말 뿌듯하고 황홀했지만 그것이 남편과 둘째 아이의 인내와 희생으로 이루어지는 것이라면 올바르지 않다고 판단했다.

그래서 나는 큰아이의 책 읽기 패턴을 조금씩 바꾸기로 했다. 오전 6시까지 책을 읽는 아이에게 자초지종을 설명하고 새벽 4~5시, 새벽 3~4시, 그러다 새벽 2시 정도까지만 읽을 수 있도록 시간을 조절해나갔다.

시간이 흘러 21살이 된 큰아이를 보며 정말이지 똑똑한 아이를 키우고 싶던 나에게 그때 다른 방법을 써서라도 책 읽기에 대한 아이의 욕구를 더 채워주지 못한 것이 아쉽냐고 누가 물어본다면, 나는 한 치의 망설임도 없이 아니라고 대답할 것이다. 그렇게 밤새 읽어주지 않아도 큰아이는 책을 아주 많이 사랑했고, 정말 많이 읽었으며, 때론 책만큼 중요한 삶의 다양한 경험을 했다고 이야기하고 싶다.

간혹 밤늦게까지 아이에게 책 읽어주는 것으로 인해 부부 관계가 소원해지는 경우도 있다. 하지만 한 가지 꼭 기억해야 할 사실이 있다. 책을 읽어주는 행위가 똑똑한 아이를 열망하는 내 결핍된 욕망 때문인지 아니면 아이를 위한 순수한 동기인지 생각해보는 것이다.

아이의 안정된 정서는 행복한 부부 관계에서 시작된다. 정서가 흔들리는 천재는 오래갈 수 없다. 그러므로 육아라는 과정에서 우리가 경험하고 판단하며 실천하는 행위 아래에 숨어 있는 나의 내밀한 의식을 들여다보는 일은 아주 중요하다. 그렇지 않을 경우 어쩌면 '내가 안다' '내가 옳다'는 것은 허울 좋은 껍데기일 수 있음을 깨닫지 못하기 때문이다.

강연이나 워크숍에서 아이에게 언제부터, 어디까지, 얼마만큼 책을 읽어주어야 하느냐고 묻는 분들이 있다. 그럴 때마다 나는 역설적이게도 최대한 빨리, 최대한 많이, 최대한 다양하게, 최대한 오랫동안 책을 읽어주라고 말씀드린다.

아이의 성장은 결코 사랑만으로는 부족하기 때문이다. 왜냐하면 부모가 아이에게 주려는 사랑은 이미 녹이 끼어 아이를 있는 그대로 바라보고 비춰줄 수 없기 때문이다. 그러므로 아이가 스스로의 힘으로 날아오를 수 있도록 부모는 아이의 몸과 마음, 그리고 머리를 채울 수 있게 도와주어야 한다. 독서는 그 여정에서 아주 귀한 도구가 된다.

문제는 내가 그랬듯이 최대한 빨리, 많이, 다양하게, 오랫동안 읽어주는 것이 각자 처한 현실에 따라 달라질 수밖에 없다는 것이다. 맞벌이라 밤새 읽어줄 수 없거나 남편과 교육관이 다르거나, 몸이 아파 어쩔 수 없이 아이와 떨어져 지내는 등 상황이 여의치 않을 수 있다. 그럴 땐 각자의 현실 안에서 우리가 정한 삶의 목표에 맞게 세부내용을 수정하면서 나아가면 된다.

삶에는 정답이 없고, 육아는 무의식과 의식, 논리와 비논리, 옳고 그름, 무지와 앎, 가야 할 방향과 현실 사이를 가로지르는 줄타기와도 같다. 그 사이에서 균형을 잘 잡고 나아가는 여정이지만 그 답 없는 길 위에서 함께 갔으면 하는 방향이 있다. 아이와 나, 우리 모두가 함께 행복해지는 곳으로 말이다. 눈은 별을 바라보고 발은 땅을 딛고서, 그렇게 한 걸음씩 우리 모두 함께 나아갔으면 한다.

Q **아이에게 독서습관을 길러주기 위해 조금은 힘들어도 아이가 책을 읽을 때 엄마도 같이 책을 읽는 것이 효과를 볼 수 있을까요?**

A 두 가지 마음이 공존하고 있는 것 같습니다. 아이에게 좋은 독서습관을 심어주고 싶은 마음과 그럼에도 아이가 책을 읽는 동안 옆에서 같이 책을 읽는 것은 조금 힘들다는 감정이 교차하는 듯합니다.

이 질문에 대한 답변은 아이의 나이와 상태, 엄마가 현재 어느 정도 힘이 드는지에 따라 다른 대답을 드릴 수 있을 것 같습니다. 그렇더라도 약간의 조언을 드리자면, 우선 질문에서 '아이가 책을 읽을 때 엄마도 같이 책을 읽는 것이 효과적이냐'고 물으셨습니다. 즉 아이가 한글을 떼고 혼자서 책을 읽을 수 있는 상태이며 또한 엄마가 굳이 책을 읽어주지 않아도 아이가 엄마에게 책을 읽어달라고 보채는 것 같지 않습니다. 하지만 아이가 한글을 뗀지 얼마 되지 않고, 자신이 책을 읽는 동안 엄마가 곁에 있어주길 원한다면 가급적 아이의 의견을 수용해줄 필요가 있습니다. 아이는 책을 읽는 재미도 좋지만 엄마의 숨결과 체취, 옆에서 엄마와 함께하는 즐거움도 느끼고 싶어 하니까요.

문제는 현재 그것이 힘들다는 것입니다. 책 읽는 아이 옆에서 같이 책을 읽는 것이 왜 힘이 드는지 그 이유를 잘 살펴보시기 바랍니다. 해야 할 집안일이 너무 많아서라면 아이에게 30분이나 1시간만 곁에 있어줄 수 있다고 이야기하고 약속한 시간만큼은 옆에 있어주시기 바랍니다. 또 아이가 엄마가 읽고 싶은 책을 읽지 못하게 하고 책 읽는 자신의 모습만 지켜봐달라고 하는 것이 답답하고 지루하며 통제처럼 느껴질 수 있습니다. 그렇다면 아이에게 솔직하게 그러한 마음을 이야기하고 엄마도 읽고 싶은 책을 읽어야 힘든 감정이 덜 느껴져서 네가 원하는 만큼 곁에 있어줄 수 있다고 이야기해보세요. 제 경험에 의하면 의외로 아이들은 쿨하고 현명한 대답을 들려주더라고요. 문제에는 늘 답이 있습니다. 어렵다고 생각하지 말고, 혼자서 해결하려 하지 말고, 아이와 남편과 함께 그 답을 찾아보세요.

#독서습관 들이기

#아이가 책을 읽을 때 엄마가 언제까지 아이 곁에 있어야 할까

#책 읽는 아이 옆에 있어주는 것이 힘들 때

두 아이에게 동시에 책 읽어주기

두 아이를 키우는 일도 정신없이 벅찼는데 셋째 아이의 임신 소식을 알게 되었다. 녹록지 않은 입덧도 입덧이지만 이번에는 그것보다 셋째 아이가 태어난 그 후가 더 걱정이었다. 지금도 두 아이에게 내가 알고 있는 것들(사랑, 존중, 대화, 함께하는 시간, 경험, 책 읽기 등)을 제대로 주지 못하고 헉헉거리는데, 고만고만한 아이가 셋이 된다면! 아, 그건 그냥 하루하루가 전쟁터일 것 같았다. 어떻게든 막내가 태어나기 전에 그 상황을 최소화할 방법을 찾아야 했다.

내가 찾은 답 중에 가장 유의미했던 것은 큰아이의 한글 떼기와 읽기 독립이었다. 한 명이라도 스스로 책을 읽는 아이가 있어야만 매일 밤 서로의 책을 읽어달라고 실랑이를 벌이며 결국은 삐침과 눈물, 속상함으로 끝나고 마는 네버엔딩 스토리를 반복하지 않을 것 같았다.

큰아이와 둘째 아이는 18개월 터울로 연년생이었지만 두 아이의 책 읽기 수준은 큰 차이가 났다. 큰아이가 한 페이지에 4~5줄짜리 책을 읽을 때 둘째 아이는 사물인지 책을 보았고, 큰아이가 5~7줄짜리 책을 읽을 땐 1~2줄짜리 책을 소화했다. 큰아이가 전래동화와 명작동화를 읽을 때 둘째 아이는 1~2줄짜리 창작 그림책을 좋아했고, 큰아이가 〈그리스 로마 신화〉를 읽을 땐 이제 겨우 스토리가 좀 이어지는 3~4줄짜리 창작 책을 읽었다.

큰아이가 좋아하는 책을 둘째 아이는 집중할 수 없었고, 둘째 아이가 재미있어하는 책은 큰아이에게 시시했다. 엄마가 읽어줘야만 책을 읽을 수 있었던 두 아이는 싸울 수밖에 없었고, 묘하게도 남편은 나의 육아법을 찬성하면서도 아이들에게 책을 읽어주지는 않았다. 두 명의 아이를 한 엄마가 돌보는 소위 독박육아를 하면서 더군다나 책 읽기에 관한 한 무심한 남편과 가끔이라도 도움을 받을 수 있는 친정과 시댁도 멀리 있는 상황에서 아이들에게도 좋고 나도 좀 수월하려면 한 아이라도 한글을 알고 스스로 책을 읽어야 했다. 한글을 알아도 엄마에게 책을 가지고 와서 읽어달라고 할 줄은 꿈에도 모른 채 말이다.

두 아이 모두 만족할 만한 책 읽기를 위해 내가 사용했던 방법들을 소개하면 다음과 같다. 아이가 둘 이상인 부모들에게 조금이라도 도움이 되었으면 한다.

① 다양한 방법으로 번갈아 가며 읽어준다

큰아이가 가지고 온 책 한 권, 둘째 아이가 가지고 온 책 한 권, 다시 큰아이가 가지고 온 책 한 권 이런 순서대로 번갈아 읽어주면 된다. 두 권씩 반복해서 읽어줘도 좋고, 15분이나 30분씩 시간을 기준으로 읽어줘도 좋다. 또 엄마가 알아서 아이들의 수준과 성향에 맞는 책을 뽑아와 읽어줘도 좋고, 아이들 각자에게 읽고 싶은 책을 가지고 오라고 한 뒤 읽어줘도 좋다. 스스로 골라왔기에 엄마와 1대 1로 읽지 못하는 아쉬움을 자기 차례가 될 때까지 기다릴 수 있고, 그 시간을 통해 엄마는 아이가 어떤 책을 좋아하고 무엇에 관심이 있는지 확인할 수도 있다.

아이들이 특정 시스템에 만족하면 그 방식으로 계속 읽어주면 된다. 하지만 대부분의 경우 얼마 못 가서 또 티격태격할 가능성이 크다. 어떻게든 룰의 불공정성을 찾아내기 때문이다. 가령, 언니의 책은 길고 자신(동생)의 책은 짧기에 한참을 기다려 겨우 자기 차례가 왔는데 책 읽기가 언니에 비해 금방 끝나버리고 마는 것이 동생 입장에서는 억울할 만하다. 이럴 때는 동생의 답답함을 큰아이에게 이야기해서 서로의 공감을 이끌어낸 뒤 큰아이의 책을 한 권을 읽을 때 동생의 책은 몇 권을 읽는 것이 좋을지 함께 상의하고 새로운 룰을 만들어 이어가면 된다. 또 왜 잠자리 독서를 늘 동생 책부터 시작하는지 반기를 드는 큰아이가 있다면, 그 역시 동생에게 이야기해서 매일매일 시작하는 순서를 바꿔보는 것도 도움이 된다.

② 채워지지 않는 욕구는 다른 타이밍을 이용한다

아이들이 책을 좋아할 경우에는 사실 번갈아가며 읽기가 감질나게 느껴진다. 잠자리에 드는 시간이 정해져 있기에 조금이라도 더 내가 좋아하는 책을 엄마가 읽어주길 바라고, 또 두 아이의 책 읽기 성향이 다른 경우라면 서로의 욕구가 부딪혀 씨름을 하게 될 가능성이 크다.

예를 들어, 한 아이는 책 속 이야기가 궁금해서 빨리 다음 장을 읽어주길 원하는데 다른 아이는 페이지가 넘어가기 어려울 정도로 책 속 그림과 내용으로 끝없이 질문을 쏟아낸다. 이럴 때는 지금은 잠자리 독서시간이므로 계속 이야기를 주고받기보다 책을 읽고 바로 잤으면 좋겠다고 솔직히 말하고(물론 그 반대도 좋다) 지금의 아쉬움은 다음 기회에 채워주겠다고 약속하면 된다. 이를테면 아침에 일어나자마자 혹은 어린이집이나 유치원에서 돌아온 직후, 주말을 앞둔 금요일 밤은 평소보다 더 늦은 시간까지 읽어주고, 주말을 최대한 이용하는 등 다른 시간을 활용해 아쉽게 남아 있는 아이의 욕구를 해소시켜주면 된다.

③ 솔직하게 이야기하고 아이의 의견을 묻는다

서로 다른 욕구가 부딪혀 팽팽한 기싸움을 할 때는 해결점을 찾기가 늘 어렵다. 하지만 어쩌면 이 문제는 모든 것을 엄마 혼자 해결하려 하고, 아이들이 너무 어려 대화가 잘 되지 않을 거라는 엄마의 잘못된 믿음 때문인지도 모른다. 아무리 어린아이라도 반복적으로 상황을 설명하면 몇 개월이 지나지 않아 엄마의 말에 수긍하고 대체로 따라온다. 물론 엄마가 이랬다저랬다 자꾸 말을 바꾸어서는 안 되지만 말이다.

또 엄마도 두 아이 사이에서 어떻게 해야 할지 모를 때는 아이들에게 솔직하게 이야기하는 것이 좋다. 내가 많이 사용했던 방법인데 "엄마는 한 명이고, 너희는 둘인데 동시에 서로 자기 욕구만 들어달라고 하니 몸이 하나인 엄마는 어떻게 해야 할지 모르겠어. 좋은 생각이 있으면 이야기해줘. 그 방법대로 한번 시도해볼게" 그러면 놀랍게도 아이들은 한참을 골똘히 생각한 후 대안을 제시해왔다.

둘째 아이와 막내는 독서 수준이 비슷해서 책 한 권을 읽어주면 동시에 들었다. 하지만 둘째 아이는 책을 계속 읽어주길 원했고, 막내는 자꾸 책 속 내용으로 이야기하길 원했다. 그래서 그 사이에 낀 엄마가 어떻게 해야 할지 모르겠다고 의견을 달라 하니 오늘 밤은 그냥 읽어주고, 내일 밤은 이야기를 하면서 읽자고 했다. 그렇게 그날 밤은 잘 넘어갔는데 다음 날 막내가 좋아하는 방식으로 책 한 권을 두고 30분 넘게 대화를 하다 보니 기다리기 힘들었던 둘째 아이가 그만 잠이 들고 말았다.

그러한 상황이 몇 차례 반복되다 보니 막내가 선호하는 방식대로 책을 읽을 때마다 잠이 들었던 둘째 아이가 어느 날 억울했는지 목 놓아 우는 것이 아닌가. 그 마음을 공감해준 뒤 이런 문제가 생겼다며 다시 의견을 내보자고 했다. 두 아이가 서로 다른 의견을 내면 가위바위보를 해서 이긴 사람의 의견을 먼저 시도해보는 방식으로 끊임없이 대화하고 조율해나가며 방법을 찾았다. 지나고 보니 이러한 모든 순간이 아이를 키운 것 같다.

아이가 너무 어려 의견을 내기 힘들다면 상황 설명을 하고 엄마가 몇 가지 의견을 낸 뒤 아이에게 선택권을 주면 된다. 그보다 더 어린 연령이라면 상황 설명 후 오늘은 A방법을 써보고, 그래도 안 되면 다음엔 B방법을 시도해보자고 말하면 된다. 중요한 것은 이 상황을 아이들도 듣고 이해할 수 있게 설명하는 것이다. 못 알아들을 것 같지만 다 알아들으니 걱정하지 말고 꾸준히 실천해보자.

④ 다른 누군가에게 도움을 요청한다

엄마는 한 명이고 아이는 둘 이상일 때 엄마가 분신술을 사용하지 않는 한 서로 다른 두 아이의 마음을 동시에 충족시켜줄 수 없다. 이럴 경우 타인에게 도움을 적극적으로 요청하는 것이 좋다. 아빠가 육아의 장으로 들어오는 것이 가장 좋은데 엄마가 아이 한 명에게 먼저 책을 읽어주고 재우는 동안 아빠가 다른 아이와 놀아주거나 책을 읽어주면 된다.

물론 이 경우에도 아이가 아빠와 함께 있고 싶지 않다고 거부할 수도 있다. 아이를 키우는 일은 늘 변수와의 싸움이므로 정답이 없다. 하지만 ①~⑥까지 참고하다 보면 힌트를 얻을 수 있을 것이다(그러므로 절대 포기하지 마라).

그런데 이상하게도 아빠의 육아 참여가 잘 이루어지지 않는 가정이 많다. 아이에게 가장 좋은 환경은 부부 관계가 좋고, 부모가 자녀교육에 적극적이며 비슷한 육아관을 가지고 있는 것이다(독서와 놀이의 힘을 엄마아빠 모두 알고 있다면 더욱 좋다). 서로 자신의 생각이 무조건 옳다고 우기지 말고, 대화와 타협으로 합의점을 찾아 육아의 길을 같이 걸어간다면 아이는 독서교육보다 더 중요한 안정된 정서 속에서 밝게 자랄 것이다. 만약 그게 조금 어렵다면 시댁과 친정 찬스를 적절하게 쓰거나 '아이돌봄서비스'를 이용하는 것도 좋다. 그들에게 나의 쉼을 요청하거나 엄마 대신 아이에게 책 읽어주기를 요청해보자.

⑤ 여전히 너를 사랑하고 있다는 믿음을 준다

둘 이상의 아이에게 책을 읽어주기 힘든 가장 큰 이유는 아이의 욕구가 책에 있는 것이 아니라 엄마에게 있기 때문이다. 아이들은 엄마의 사랑을 확인하고 싶은 것이다. 엄마가 다른 아이와 책을 읽으며 둘만의 시간을 보내면 혼자 떨어져 있는 아이는 소외감이 들고 질투가 난다. 질투는 인간이라면 누구나 가지게 되는 당연한 감정으로 '나는 없다, 부족하다'는 결핍의 감정 때문에 주로 생긴다. 그러므로 엄마의 사랑을 빼앗길까 염려하는 아이의 마음을 안아주고 풀어줘야 한다.

"엄마가 언니(동생)하고만 책을 읽어서 속상해? 너도 읽어줄까? 아니면 엄마랑 놀고 싶은 거야? 잠시만 있어줘, 지금은 언니와 책 읽는 시간이니까. 몇 시까지 혼자 잘 놀고 있으면 엄마가 약속 지킬게. 무슨 놀이 하면서 기다릴래? 블록을 줄까? 퍼즐을 줄까? 아니면 찰흙? 공룡인형?"

처음에 아이는 엄마가 약속을 지킬 것인지 알 수 없기 때문에 계속 울며 투정을 부릴지도 모른다. 그럴 때는 "엄마가 너랑 둘이서 재미있게 책을 읽고 있거나 놀고 있는데 갑자기 언니가 나타나서 엄마에게 책을 읽어달라고 울고 떼를 쓰면 너는 기분이 어떨 것 같니?"라고 반문하며, 지금은 엄마가 언니에게 책을 읽어주기로 약속했다며 단호하게 이야기하면 된다. 그런 후 책 읽기 시간이 끝나면 "기다려줘서 정말 고맙다"고 말하며 함께 놀자는 작은 아이와의 약속도 꼭 지키면 된다.

엄마의 노력에도 불구하고 아이들이 다툴 때는 대부분 각자에게 필요한 사랑이 덜 채워졌다는 의미다. 더 많이 안아주고, 사랑한다고 표현하고, 함께하는 시간도 가지면서 아이의 욕구를 채워주자. 간혹 엄마들 중에 독서는 중요하니까 책 읽어주는 약속은 꼭 지키려 하는 반면 놀이는 그만한 가치가 없다는 생각으로 놀이 약속은 그냥 넘어가는 경우가 있는데, 그러면 계속 경쟁하고 떼쓰는 아이와 발전적인 관계를 가지기 어렵다. 아이의 성장엔 놀이의 힘도 무척 중요하다는 것을 기억하면 좋겠다.

⑥ 둘째 아이에게도 책을 읽히자

터울이 비슷하거나 두 아이 모두 한글을 모를 경우 엄마들은 자주 큰아이에게 기울던 관성을 유지한 채 큰아이 위주의 책 읽기를 한다. 큰아이에겐 지성을 계속 키워주려 하고, 작은 아이는 가만히 있어도 예뻐서 그냥 둔다. 내 경우엔 둘째 아이에게도 책을 읽어주고 싶어서 부단한 노력을 기울였지만 책보다 놀이를 더 좋아했던 아이의 성향과, 둘째 아이와 막내가 쌍둥이처럼 붙어 다니며 즐겁게 놀았기에 그 틈을 파고들어 책으로 유도하기가 어려웠다.

둘째 아이가 운 좋게 과학고와 원하는 대학에 입학했지만 그래도 가끔씩 아쉬움은 있다. 좀 더 아이가 책과 가까워질 수 있도록 내가 더 노력했다면 어땠을까 하고 말이다. 왜냐하면 둘째 아이는 시험공부에 매달리는 시간이 길었고, 고등학교를 다니는 내내 넘사벽 같은 친구들을 보며 좀 더 자신의 머리가 좋았으면 좋겠다는 푸념을 했는데, 내가 보기엔 책의 힘으로 충분히 해결될 수준인 것 같았기 때문이다.

화살처럼 날아간 시간은 다시 돌아오지 않는다. 그래서 방법을 찾았으면 좋겠다. 단 하루만 먹히는 방법일지라도 계속 찾고 찾으면 그 시간이 쌓이고 쌓여 아이들은 자라기 때문이다. 어떤 노력과 투자보다 후회가 없으리라 생각한다.

⑦ 언제나 답은 내 안에 있다

엄마들 중에 ①~⑥까지 이런저런 방법들을 시도해보기도 전에 화가 치밀어 올라 "이럴 거면 책 읽지 마!" 하고 끝내버리는 경우가 있다. 아이들이 서로 자기 책을 읽어달라고 하거나 혹은 언니나 동생에게 읽어주지 말라고 떼를 쓰며 울고 서로 싸우는 모습을 보는 순간 참기 힘든 감정에 빠져 그 상황을 끝내버리는 것이다.

격한 감정 이면에는 대부분 상처받은 내면 아이가 있다. 경우에 따라 다르지만 아이의 우는 소리가 듣기 싫거나 서로 싸우는 모습이 참기 힘든 것이다. 어린 시절 울거나 징징거리지 못했던 기억을 가지고 있는 엄마는 아이의 그런 모습을 받아주기 어렵다. 또한 엄마아빠가 싸울 때마다 중간에서 어떻게 해야 할지 몰라 마음 졸였던 상처를 갖고 있는 엄마는 아이의 다툼이 벅차기만 하다.

아이들의 모습을 보며 내가 왜 이다지도 감정적인 대응을 하는지 내면을 들여다보고 그 마음을 달래주고 나면 한결 수월하게 아이들을 볼 수 있다. 그때마다 앞서 소개한 다양한 방법으로 아이들의 책 읽기를 도와주면 된다(상처받은 내면 아이를 달래는 방법은 나의 전작인《엄마 공부가 끝나면 아이 공부는 시작된다》의 열 번째 씨앗을 참고해보길 바란다).

한글 뗀 아이의 읽기독립

셋째 아이의 임신 소식을 알았을 때 다행히 큰아이의 한글 떼기는 거의 진행이 된 상태였다. 문제는 읽기독립이었다. 한글은 거의 알았지만 도무지 혼자서는 책을 읽지 않고 계속 엄마가 읽어주길 바랐다. 막내가 태어나기 전에 어서 빨리 읽기독립이 되어야 할텐데 싶어 좀 더 적극적으로 방법을 모색했다. 세 아이에게 큰 도움이 되었고, 18년간 많은 분들의 육아 질문에 답하면서 알게 된 방법들을 소개한다.

읽기독립 시작 단계에 도움이 되는 책들

글씨가 크고, 글밥은 적고, 음률을 살려 읽어줄 수 있는 책을 선택한다.

아이가 처음 읽기에 자신감이 생길 수 있도록 쉽고 재밌는 이야기로 시작한다.

〈미네르바 세계창작 그림동화집〉, 레오 리오니 외, 세종문화사

글씨가 매우 커서 읽는 부담이 적으면서도 이야기가 있다는 장점이 있다.

〈탄탄 테마동화〉, 스텔라 블랙스톤 외, 여원미디어

색깔 있는 글자가 있고, 의성어·의태어가 있어 음률을 살려주면 읽는 재미를 안겨줄 수 있다.

〈데이비드 시리즈〉, 데이비드 섀넌, 주니어김영사

장난기 많은 데이비드의 이야기를 통해 대리만족과 궁금증을 유발하는 책이다.
아이의 호기심을 이끄는 책도 읽기독립에 도움이 된다.

〈신기한 한글나라 책과 놀이〉, 김은하 외, 한솔교육

글밥이 적고, 글씨가 커서 아이가 처음 읽기에 만만한 느낌이 든다.

① 낮은 단계로 내려가기

한 걸음 앞으로 나아가기 위해 때로는 뒤로 물러날 줄도 알아야 한다. 이 말은 아이의 읽기독립에도 해당된다. 첫 시작은 현재 아이가 듣고 이해 가능한 수준의 책보다 훨씬 더 쉬운 책을 보여주는 것이다.

그동안 엄마가 읽어주는 이야기에 익숙한 아이들은 듣는 귀는 발달했지만 아직 자신이 책(글자)을 읽을 수 있을지는 자신이 없다. 물에 뜰 줄 안다고 해서 모두 수영을 잘하는 것이 아니듯 큰 글자와 적은 내용으로 채워진 만만한 책으로 '읽기'에 조금씩 익숙해지도록 도와주는 것이 좋다. 아이의 연령이 어릴수록 더 그렇다. 충분히 읽어서 이미 내용을 알고 있는 책보다는 새로운 책을 통해 아이의 호기심을 자극한다. 글 양이 적은데도 아이가 스스로 읽지 않을 때는 엄마가 전체적으로 쭉 한번 읽어주는 것도 좋다. 그러고 나면 엄마가 바쁠 때도 책이 읽고 싶어서 자신이 알고 있는 한글과 대강의 내용을 맞춰가며 점차 읽기독립을 하게 된다. 앞에 소개한 책들이 이때 도움이 되는 책들이다.

② 양 채우기

양이 채워져야 질도 변한다. 단 몇 권의 만만한 책으로는 아이 스스로 글자를 읽을 수 있다는 자신감과 글을 읽는 익숙함을 느끼기 쉽지 않다. 글씨가 크거나 글밥이 적어서 읽기에 만만한 책들이 쌓이고 쌓여 충분히 채워지면 자연스럽게 읽기독립이 된다.

이 시기에 나는 아이들과 서점을 많이 이용했다. 지금까지 읽어보지 않은 낮은 단계의 책을 구입하는 것도 좋지만 경제적인 부분도 고려해야 했기에 매일 서점에 가서 한두 줄짜리 책을 마음껏 읽고 돌아왔다. 몇 시간씩 서점에 앉아 실컷 책을 읽고 나오기가 민망한 동네 서점을 이용할 때는 아이의 듣기 수준에 맞는 소장할 만한 책을 한두 권씩 구입하기도 했다.

책의 양과 수를 늘리는 일은 도서관을 이용하거나 책 대여 사이트를 이용해도 좋고, 50권에 2~3만 원 정도 하는 오래된 중고도서를 알아봐도 좋다. 지금은 중고도서일지 몰라도 그 책이 새 책이었던 시절이 있고, 그 책을 읽고 멋지게 자란 아이들도 많으니 새 책만 선호하지 않는다면 양을 채워주는 일은 그리 어렵지 않다.

③ 아이가 좋아하는 것은 늘 옳다

가끔 낮은 단계의 책은 스토리가 짧기 때문에 아이에 따라서는 '시시하다'며 반복해서 읽지 않는 경우가 있다. 이럴 때는 아이가 좋아하는 영역의 책을 안겨주면 된다.

공룡을 좋아하는 아이의 경우 공룡들이 등장하는 〈공룡유치원 시리즈〉와 같은 책을, 공주를 좋아하는 아이들의 경우에는 예쁜 그림이 그려져 있는《공주박물관》과 같은 책을 선물해주면 된다. 이러한 책들은 글밥이 꽤 있기 때문에 책을 주고 바로 혼자서 읽으라고 하기보다 엄마가 먼저 재미있게 읽어주면 좋다. 그렇게 읽다가 슬쩍 설거지를 해야 한다거나 이런저런 핑계를 대며 사라지면 뒷이야기가 궁금한 아이들이 스스로 읽기를 시도한다.

아이에 따라 전체적으로 한두 번 읽어줘도 좋다. 아이들이 좋아하는 영역은 끊임없이 반복하려는 마음이 있어 충분한 양을 채워주기보다 마음껏 반복할 수 있는 시간을 주는 것이 좋다.

④ 칭찬은 아이를 춤추게 한다

아이가 조금이라도 더듬더듬 책을 읽으면 두 눈과 입을 크게 확장시킨 뒤 물개처럼 박수를 치며 환호해주자.

"우와, 대단하다! 책도 읽을 줄 알아? 와, 어떻게 읽었어? 진짜 멋지다! 정말 대단해!"

그러면서 아빠에게도 네가 책을 읽을 줄 알게 되었다는 멋진 소식을 전해주자고 말한다. 그런 후 퇴근하고 돌아온 아빠에게 아이가 책 한 페이지를 읽어줄 수 있도록 환경을 마련해주자(처음부터 끝까지 읽게 할 필요는 없다). 미리 짠 엄마아빠는 아이가 책 읽어주는 소리를 듣고 나서 격렬하게 호응해주면 된다.

사실 이 방법은 남편이 큰아이에게 써먹은 후 일사천리로 읽기독립이 진행된 방법이다. 막내가 태어나기 전에 적어도 큰아이는 읽기독립이 되어야 하는데 될 듯 말 듯 하면서도 똑부러지게 되지 않는다고 남편에게 하소연을 한 적이 있다. 그러던 어느 날 아이의 책 읽기에 신경을 쓰지 않던 남편이 아이를 불러 아주 쉬운 책 한 권을 가운데 놓고는 아빠랑 번갈아 한 페이지씩 읽어보자고 제안했다. 비록 더듬더듬 읽었지만 남편은 책 읽는 아이의 모습을 보면서 뜨거운 반응을 보여주었고, 엄마에게도 책 읽는 모습을 보여주자고 얘기했는데 그 방법은 정확하게 먹혀들었다.

그 후 약 일주일간 남편과 아이는 때로는 한 페이지, 때로는 한 줄씩 번갈아 읽기를 하더니 어느 순간 아이 혼자 책을 읽기 시작했다. 아이 입장에서는 늘 책을 읽어주던 엄마가 아닌 아빠와 함께 책을 읽어보는 새로운 시도가 신선하고 매우 즐거웠을 것이다.

⑤ 다양한 방법으로 글자를 노출한다

아이가 완전히 읽기독립을 하기까지 단 하나의 방법이 유효했다고는 생각하지 않는다. 아주 많은 방법을 시도했고, 그 모든 방식이 읽기독립으로 이어진 징검다리였다고 믿는다. 아이에게 글자 읽는 즐거움을 주기 위해 우리 집 우체통을 만들어 사랑이 담긴 짧은 엽서와 편지를 전해준 일, 차를 타고 이동하며 새롭게 나타나는 '간판 이름 빨리 말하기' 놀이는 지금도 미소가 지어지는 즐거운 추억으로 남아 있다.

또 아이의 어린 시절 모습이 담긴 책을 만들어《연수가 할머니 집에서 놀아요》,《연수가 강아지를 보며 웃어요》,《연수가 비 오는 날 장화를 신어요》라며 아이가 주인공이 되는 책을 만들어준 적도 있다. 또 아이가 좋아하는 캐릭터로 만든《백설공주는 난쟁이와 친하게 지내요》,《인어공주는 왕자가 보고 싶어요》,《벨은 책 읽기를 좋아해요》라는 책은 한동안 아이의 보물 1호로 간직될 정도로 아이가 좋아했다.

뿐만 아니라 동네 산책을 할 때마다 우리 가족의 이름과 같은 글자가 들어간 간판 읽어주기, 책꽂이의 책을 다시 배치하여 어릴 때 읽었던 책을 다시 발견하게 해주는 즐거움으로 자연스레 낮은 단계의 책 읽기를 유도한 것도 좋은 시도였다고 생각한다.

읽기독립 마무리 단계에 도움이 되는 책들

취학 전 읽기독립 시기에는 만화책을 접하는 시기와 맞물린다.

아이가 좋아하는 영역이라면 만화책도 좋으니 그 양을 맘껏 채워준다.

〈공룡유치원 시리즈〉,
스티브 메쩌, 크레용하우스

공룡을 좋아하는 아이들(특히 남아들)을 읽기독립의 세계로 이끈 대표적인 시리즈 책이다.

《공주박물관》,
서안정, 초록아이

공주를 좋아하는 아이들(특히 여아들)이 끼고 산다는 책이다. '공주'로 검색해서 더 많은 단행본을 노출해줘도 좋다.

〈EQ의 천재들 시리즈〉,
로저 하그리브스, 아이다움

7세 전후의 아이들이 읽기독립 시기에 많이 이용하는 책이다.
통통 튀는 재기발랄한 스토리가 특징이다.

〈전략 삼국지〉,
요코하마 미쓰테루, 대현출판사

〈텐텐북스 시리즈〉
최효림 외, 글송이

⑥ 독립보다 사랑이 필요한 때

아이가 글자를 다 알아도 혼자 책을 읽기보다 엄마와 함께 책을 읽으며 허기진 사랑을 채우려 할 때가 있다. 그럴 땐 가급적 그런 아이의 마음을 충족시켜주었으면 한다. 읽기독립보다 더 중요한 것은 사랑의 충만함이기 때문이다.

나이가 많으신 분들을 제외하고 현재 우리나라의 문맹률은 제로에 가깝다. 대부분의 아이들은 취학 전후로 한글을 알게 되고, 머지않아 스스로 글자도 읽을 수 있게 된다. 멀리 보면 중요한 것은 글자를 얼마나 빨리 읽어내느냐가 아니라 책 읽기를 얼마나 좋아하고 즐기며, 그로 인해 얼마나 깊이 있는 삶을 살아가느냐 하는 것이다. 엄마가 아이와 함께 책을 읽고, 대화를 나누고, 서로의 생각과 경험을 공유하며 시간이 지나도 오래도록 좋은 기억으로 남을 수 있는 시간을 가지길 바란다.

가끔 아이가 게임이나 놀이 등 기타 다른 것에 빠져 읽기독립이 더디게 진행될 수도 있다. 하지만 그 또한 괜찮다. 엄마가 바라고 의도하는 방향으로 가고 있지 않더라도 더 중요한 것은 있는 그대로 내 아이를 바라보고 그 모습을 인정해주는 것이다. 읽기독립이 하루빨리 이루어지길 바라지 말고, 오늘 하루 더 아이와 깊고 진한 추억 쌓기를 했으면 한다. 어떤 의미에서 독서는 하나의 수단일 뿐이기 때문이다.

⑦ 할 만큼 한 뒤에는 놓아버리기

아이가 혼자 책을 읽으면 좋은 점이 참 많다. 우선 스스로 원할 때 원하는 만큼 책을 읽으면서 행복할 수 있다. 또 누군가가 알려주지 않으면 마냥 기다리는 것이 아니라 자신의 힘으로 혼자 알아가며 배움의 즐거움과 성취감을 느낄 수 있다. 엄마의 입장에서도 아이가 혼자 책을 읽게 되면 여유가 생겨 엄마의 몸과 마음이 한결 가벼워진다.

하지만 일찍 읽기독립을 한 아이는 이제 스스로 책 읽는 힘을 가지게 되면서 자신이 원하는 영역의 책만 읽을 가능성도 높아진다(아이의 성향이 한 가지 분야만 좋아한다면 더욱 그렇다). 이는 문·이과 통합의 시대, 융합과 통섭의 시대에서 다양한 분야의 책 읽기가 주는 이로움으로부터 멀어지는 결과를 낳을 수도 있다. 뿐만 아니라 이른 독립으로 인해 엄마와 공유하는 추억이 줄어들면서 엄마와도 일찍 멀어지게 될 가능성이 높다. 책 읽기를 방해하는 동생이 없다면 나는 가급적 오랫동안 엄마가 책을 읽어주길 권한다.

하지만 환경에 의해 읽기독립을 해야 하는 순간이 왔다면 내가 제시한 ①~⑥까지 시도를 해보면 좋을 것이다. 그리고 아이의 읽기독립을 위해 엄마가 노력할 만큼 했다면 남은 것은 놓아버리는 것도 방법이라는 것을 알았으면 좋겠다. 오랜 상담 경험에 의하면 엄마가 아이의 읽기독립을 마음에서 놓아버릴 때 의외로 많은 아이들이 읽기독립의 길을 걸었다. 집착이 좋은 결과를 가져오지 않는다는 것은 삶의 아주 많은 영역에 있어서 적용되는 듯하다.

Q 7살, 3살인 두 아이를 키우고 있습니다. 둘째 아이를 임신하기 전까지 첫째 아이에게 항상 책을 읽어주었습니다. 그런데 둘째 아이가 생기면서 심한 입덧으로 병원에 입원하며 힘들게 출산했고, 그 뒤에도 책을 읽어줄 수 있는 상황이 아니었습니다. 어느 순간 혼자서 책을 읽기 시작하던 첫째 아이는 그렇게 읽기독립이 되었는데, 어느 날 옆에서 보니 후루룩 그림만 보는 것 같은 느낌이 들었습니다.
아이에게 물어보니 해맑게 "난 이렇게 대충 보는데"라고 말해서 더 충격을 받았습니다. 그런데 또 어떤 날은 질병에 관심이 많은 아이가 그림은 거의 없고 글자만 있는 문고판 책을 한참 동안 보는 걸 봤습니다. 제가 궁금한 건 대충 보는 것이 습관이 되지 않을까 하는 것입니다. 만약 아이가 책을 대충 훑어본다면 어떻게 해야 할까요?

A 아이를 키우다가 아이의 어떤 행동이 문제처럼 느껴지는 상황이 올 때가 있습니다. 예를 들면, 저는 둘째 아이를 6살에 어린이집에 보냈을 때 선생님께서 이렇게 부족한 6살 아이는 처음 본다고 말씀하시는 것을 듣고 너무 심란해 잠도 제대로 잘 수 없었습니다. 육아를 하면서 우리는 아주 여러 번 문제 상황에 직면하게 되는데 문제의 대부분은 '지금 우리 아이가 잘 크고 있는 것이 맞나? 내가 아이를 잘못 키우고 있나?'에 관한 것일 겁니다.
20년간 아이를 키우면서 아이들이 부족하다는 이야기를 들을 때마다 또는 저 스스로 그렇게 느껴질 때마다 숱하게 다짐했던 것이 하나 있습니다. '이

건 과정일 뿐 결과가 아니다'라는 것입니다. 아이의 모습은 단지 지금 상황에서 그러한 것이니 이 기회에 아이와 나의 현재 모습을 한번 점검한 뒤 더 나은 방향으로 수정해나가면 된다는 것이었습니다. 그 다짐의 시간들이 이어져 오늘의 저와 세 아이들이 있다고 생각합니다.

우선 질문해주신 내용만으로 확답을 드리기에는 무리가 있습니다. 동생이 생긴 이후로 책을 읽어주지 않으셨다고 했는데 책 구입도 시들해지셨는지, 아이가 대충 훑어보는 책들이 기존에 엄마가 열심히 읽어주어 내용을 충분히 알고 있는 책인지 등 구체적인 정보가 더 필요합니다.

다만 질문에서 느껴지기로 정말 열심히 육아를 해오신 것 같습니다. 책도 열심히 읽어주시면서요. 아마 아이는 대충 본다고 했지만 제대로 보고 있을 것입니다. 어쩌면 이미 속독을 시작하는 과정일 수도 있습니다. 그동안 엄마가 아이에게 신경 써주지 못한 부분이 마음에 걸리신다면 이 책의 부록에 실어놓은 책들을 매개로 아이와 대화를 나눠보시길 바랍니다. 아이가 좋아하는 책으로 묻고 답하는 시간을 가지다 보면 현재 아이가 책을 얼마나 잘 소화하고 있는지도 감을 잡으실 수 있을 겁니다.

하지만 엄마가 아이에게 던지는 질문이 결코 '네가 책을 제대로 읽고 있는지 확인 한번 해보자'는 마음이 담겨 있는 것이라면 곤란합니다. 이 역시 점검의 기회로 삼고 그저 즐거운 대화를 주고받다 보면 어느 순간 아이는 보다 꼼꼼히 책을 읽어나갈 것입니다. 걱정하지 마세요.

#대충 읽는 습관 바로잡기

#동생이 생긴 뒤로 혼자 책을 읽는 아이

빨리, 다양하게, 오랫동안 읽어준다

❶ 누군가의 행복이 또 다른 사람의 희생 위에 세워진다면 그것은 옳지 않다.

❷ 어쩌면 부모가 아이에게 주려는 사랑은 이미 녹이 끼어 아이를 있는 그대로 바라보고 비추기 어렵다. 그래서 아이가 스스로의 힘으로 날아오를 수 있도록 아이의 몸, 머리, 마음을 채울 수 있게 도와야 한다. 독서는 그 여정에 있어서 아주 귀한 도구다.

❸ 정서가 흔들리는 천재는 오래갈 수 없고, 아이의 안정된 정서는 행복한 부부관계에서 시작된다.

❹ 아이에게 언제부터, 어디까지, 얼마만큼 책을 읽어주어야 하느냐고 묻는다면 나는 최대한 빨리, 최대한 많이, 최대한 다양하게, 최대한 오랫동안 읽어주라고 말하고 싶다. 아이의 성장은 결코 사랑만으론 부족하기 때문이다.

❺ 책 읽는 아이 옆에서 같이 책을 읽는 것이 왜 힘들까? 그 이유를 잘 살펴보아야 한다. 해야 할 집안일이 너무 많아서라면 아이에게 30분이나 1시간만 곁에 있어 줄 수 있다고 이야기하고 약속한 시간만큼 옆에 있어 주면 된다. 또는 아이가 엄마의 욕구를 통제하는 듯 느껴져 답답하고 힘이 든다면 아이에게 그 마음을 솔직하게 이야기하는 것이 좋다. 경험에 의하면 아이들은 의외로 쿨하고 현명한 대답을 들려준다.

❻ 아이들이 책을 좋아할 경우에는 잠자리에서 엄마가 한 명씩 번갈아가며 책을 읽어주는 것이 감질나게 느껴질 가능성이 크다. 그럴 때는 아침에 일어나자마자 혹은 어린이집이나 유치원에서 돌아온 직후, 주말을 앞둔 금요일 밤에 평소보다 더 늦은 시간까지 읽어주거나 주말 이용하기 등 다른 시간을 활용해 아쉽게 남아 있는 아이의 욕구를 해소시켜주면 된다.

❼ 서로 다른 욕구가 부딪혀 팽팽한 기싸움을 할 때는 해결점을 찾기가 늘 어렵다. 하지만 어쩌면 이 문제는 모든 것을 엄마 혼자 해결하려 하고, 아이들이 너무 어려 대화가 잘 되지 않을 거라는 엄마의 잘못된 믿음 때문인지도 모른다. 엄마가 두 아이 사이에서 어떻게 해야 할지 모를 때는 아이들에게 솔직하게 이야기하는 것이 좋은 방법이다. "엄마는 한 명이고, 너희는 둘인데 동시에 서로 자기 욕구만 들어달라고 하니까 몸이 하나인 엄마는 어떻게 해야 할지 모르겠어. 좋은 생각이 있으면 이야기해줘. 그 방법대로 한번 시도해볼게" 그러면 놀랍게도 아이들은 한참을 골똘히 생각한 후 멋진 대안을 제시해온다.

❽ 둘 이상의 아이에게 책을 읽어주기 힘든 가장 큰 이유는 아이의 욕구가 책에 있는 것이 아니라 엄마에게 있기 때문이다. 엄마가 다른 아이와 책을 읽으며 둘만의 시간을 보내면 혼자 떨어져 있는 아이는 소외감이 들고 질투가 난다. 그러므로 엄마의 사랑을 빼앗길까 염려하는 아이의 마음을 안아주고 풀어줘야 한다.

⑨ 한 걸음 앞으로 나아가기 위해 때로는 뒤로 물러날 줄 알아야 한다. 이 말은 아이의 읽기독립에 있어서도 해당된다. 읽기독립의 첫 시작은 현재 아이가 듣고 이해 가능한 수준의 책보다 훨씬 더 쉬운 책을 보여주는 것이다.

⑩ 가끔 낮은 단계의 책은 스토리가 짧기 때문에 아이에 따라서는 '시시하다'며 반복해서 읽지 않는 경우가 있다. 이럴 때는 아이가 좋아하는 영역의 책을 안겨주면 된다. 공룡을 좋아하는 아이의 경우 공룡들이 등장하는 〈공룡유치원 시리즈〉와 같은 책을, 공주를 좋아하는 아이들의 경우에는 예쁜 그림이 그려져 있는 《공주박물관》과 같은 책을 선물해주면 된다.

⑪ 가끔 아이가 게임이나 놀이 등 기타 다른 것에 빠져 읽기독립이 더디게 진행될 수 있다. 하지만 괜찮다. 엄마가 바라고 의도하는 방향으로 가고 있지 않더라도 더 중요한 것은 있는 그대로 내 아이를 바라보고 그 모습을 인정해주는 것이다. 읽기독립이 하루빨리 이루어지길 바라지 말고, 오늘 하루 더 아이와 깊고 진한 추억 쌓기를 했으면 한다. 어떤 의미에서 독서는 하나의 수단일 뿐이기 때문이다.

몸마음머리가 자라는 독서 이력

아이의 성장 단계에 맞는 책 지도 | ①창작 책에 바탕을 두다 | ②비슷한 단계를 충분히 반복하다 | ③아이의 관심 영역을 지지해주다 | ④수학·과학·전래·명작동화로 1차 확장을 하다 | ⑤전집과 단행본을 병행하다 | ⑥신화의 세계로 2차 확장을 하다 | ⑦본격적으로 연계 독서를 하다 | ⑧세계 전래동화, 삼국유사, 삼국사기로 3차 확장을 하다 | ⑨위인전, 삼국지, 역사, 철학, 문화, 추리, 예술 분야 등으로 뻗어가다 | ⑩아이에게 스스로 책 고를 기회를 주다 | ⑪담장 밖 세계로 발길을 돌리다 | ⑫그림책에서 줄글 책으로 자연스럽게 넘어가게 하다 | ⑬잡지로 4차 확장을 하다 | ⑭독후활동에 신경 쓰다

+ 책육아의 모든 것 Q&A 8 #전래동화와 명작동화의 잔혹성
+ 책육아가 기적이 되는 법 6 책 읽기 수준은 아이가 결정하고, 연계 독서로 확장해간다

“가장 좋은 출구는 그냥 통과하는 것이다”라는 말이 있다. 하지만 그냥 통과하는 것이 말처럼 쉽지는 않다. 어디로 가야 할지, 어떻게 지나가야 할지 모르겠고, 가는 길 어디쯤 놓여 있을지 모를 장애물이 두렵거나 가야 할 곳이 정확하지 않아 막막하게 느껴질 수도 있다. 이럴 때 복잡한 길을 안내해줄 지도 한 장쯤 손에 쥘 수 있다면 얼마나 든든한 위안이 될까.

아무 것도 몰랐던 내가 아이를 잘 키우고 싶다는 열망만 가진 채 누구도 알려주지 않는 육아의 길을 찾아 떠난 느낌은 망망대해를 건너는 듯 아득했다. 그 길 위에서 독서를 중심에 두고 걸어오기까지, 또 어떤 책을 읽어주고, 어떻게 독서 환경을 만들어주어야 하는지 깨닫기까지 그 여정은 결코 만만치 않았다. 하지만 감사하게도 그 속에서 큰아이는 정말 책을 좋아했고, 사랑했으며, 책을 통해 깊어지고 넓어졌다.

이번 장에서는 그렇게 뻗어나갈 수 있었던 세 아이의 ‘독서 이력’을 정리해볼까 한다. 아이가 자람에 따라 어떤 책을 보여주면 좋을지 고민하는 부모들에게 좋은 길잡이가 되었으면 좋겠다.

아이의 성장 단계에 맞는 책 지도

책과 실물 교육, 경험(경험은 곧 놀이와 대화로 확장된다)이 아이의 일상이 되면서 큰아이는 어느 순간 놀랄 만큼 다양한 분야에서 깊이 있는 책 읽기를 하게 되었다. 글의 행간의 의미를 파악해내고, 맥락을 완전히 이해하며, 책 속의 오류를 발견해 출판사에 전화를 걸기도 했다(직원을 통해 작가에게 의견을 전달했고 다음 출판부터는 내용을 수정하겠다는 소식도 들었다). 뿐만 아니라 저자의 주장을 전적으로 동의하는 것이 아니라 비판적, 분석적, 추론적 사고를 해나가며 멋지게 자신의 세계를 만들어나갔다.

책을 통해 다분히 깊어지고 단단하게 성장한 큰아이의 '독서 이력'을 바탕으로 아이가 자라는 과정에 따라 어떤 책을 보여주면 좋을지 고민하는 부모들에게 도움이 될 수 있는 몇 가지 노하우를 공유한다.

① 창작 책에 바탕을 두다

사물인지 책부터 시작해서 창작 책을 책 읽기의 기본 바탕이 되게 했다. 창작 책에는 수없이 많은 어휘가 있고, 기승전결의 이야기 구조, 등장인물들의 관계와 갈등, 다채로운 빛과 색, 터치가 있다. 그 많은 표현들을 보면서 아이는 이해력과 공감력을 기르고, 다양한 상황과 갈등에 대한 문제해결력과 호기심을 키우며, 상상력을 북돋우고, 감성을 키우는 데 있어 도움을 받는다.

게다가 어떤 책은 재기 발랄하고, 어떤 책은 아이의 일상생활과 매우 밀접하다. 소중한 사람과의 사랑과 이별, 자연과 우주의 신비로운 이야기 등을 보고 들으며 아이는 자신의 세계를 점점 더 넓혀 간다. 무엇보다도 다채로운 그림과 다양한 이야기를 통해 '즐거운 책 읽기'의 세계로 들어갈 수 있다.

사물인지 책에서 1~3줄의 창작 그림책을 보여주는 동안 자연관찰 전집도 노출했는데, 앞서 언급했듯이 책 속의 이미지를 손가락으로 꼭 가리키며 읽어주었다. 아이가 어릴수록 이미지와 내용을 매치시키려면 스키마가 필요한데 아직 어휘력과 이해력이 부족하므로 단순하고 선명한 그림이 아이의 이해도를 높이는 데 좋다는 글을 읽고 손가락 읽기를 해주었다.

② 비슷한 단계를 충분히 반복하다

창작 책 몇 십 권, 전집 한두 질로 아이의 듣고 읽는 수준을 올리지 않았다. 특히 유아기 때는 차고 넘칠 정도로 같은 단계의 책을 반복했다.

예를 들어, 3~4줄짜리 창작 그림책을 읽는다면 서점, 도서관, 전집 할인매장 등을 이용해 약간의 과장을 섞는다면 그 길이에 해당하는 내가 보여줄 수 있는 모든 책을 노출해주었다. 이렇게 쓰고 보니 아주 많은 책을 읽어준 것 같지만(물론 아이의 호불호를 따라가는 것이 더 중요하다) 의외로 같은 단계의 책이 많지 않다. 영유아기 때는 여러 단계의 책을 시도하기보다 비슷한 수준의 책(굳이 권수로 생각을 해보자면 100~200권인데 아이마다 다를 수 있다)을 아이가 원하는 만큼 충분히 되풀이하여 읽어주는 것이 좋다.

아이의 책 읽기 수준은 엄마가 높이는 것이 아니라 아이가 결정한다. 예전 같으면 충분히 잘 듣고 있었을 책을 어느 날부터 밀어낸다거나 처음에는 집중하고 바라보다가 점차 시야가 다른 곳으로 넘어가며 딴짓을 한다면 이제 책 내용이 시시해졌다는 신호로 받아들이고 단계를 올려도 좋다. 물론 수준을 올리기 전에 비슷한 단계의 다른 책을 먼저 구입해서 '다지기 독서'를 시도하는 것도 아주 좋다. 기본이 튼튼하면 엄마가 단계나 수준을 올리지 않아도 아이가 알아서 치고 나가기 때문이다.

③ 아이의 관심 영역을 지지해주다

아이가 원해서 가져오는 책은 부정하지 않고 읽어주는 것이 좋다. 큰아이를 통해 책 읽기에도 단계가 있음을 알았고 여러 전문가들도 아이의 나이에 맞게 책을 읽어주라고 했기에 그 말을 지키고자 노력했다. 하지만 세상엔 죽어도 따라야 하는 절대 규칙이란 존재하지 않는다.

큰아이가 15개월 즈음 한 페이지에 8~10줄이나 되는 빽빽한 전래동화를 가지고 와서 읽어달라고 했다. 한 권만 읽어도 목이 잠기기에 숨겨두었더니 찾아와서 또 읽어달라고 했다. 태교를 해보겠다고 사두었다가 몇 권 못 읽고 시들해져서 한구석에 놓아둔 책인데 용케도 가지고 와서 계속 읽어달라고 했다. 아직 말도 제대로 못하는 아이여서 "너 정말 이 긴 책을, 이 스토리 구조를 이해한다는 거니? 읽어주기도 힘들어. 네가 이해를 못한다면 나도 굳이 읽어주면서 힘 빼고 싶지 않아"라고 말하고 싶었지만 아이가 너무 어려서 대화가 되지 않았다. 어쩔 수 없이 읽어주었는데 나중에 아이가 말문이 트인 후 내가 읽어준 내용을 기억하고 그 책을 읽는 것을 보며 아이를 따라가길 잘했다고 생각했다.

막내도 5살쯤 얼토당토않게 내가 읽는 육아서를 그렇게 가지고 와서 읽어달라고 하는데 참 어이가 없었다. 셀 수 없이 도망 다니다가 이유가 있겠거니 싶어 읽어주었더니 재미없다며 그냥 가버리는 것이 아닌가. 아이가 원하면 일단 읽어주자. 읽어줬는데 좋아하면 계속 읽어주면 되고, 읽어줬더니 싫다고 하면 안 읽어주면 된다. 아이의 수준은 아이 스스로 결정한다.

④ 수학·과학·전래·명작동화로 1차 확장을 하다

아이가 창작 그림책을 바탕으로 1~2줄 길이의 내용을 시시해하면 2~3줄짜리로 단계를 올려 충분히 읽을 수 있게 해준다. 그다음 3~4줄로 또 단계를 올려서 충분히 반복해주는 가운데 조금씩 영역을 넓혀가는 것이 좋다.

처음엔 자연관찰 종류로 그다음엔 과학·수학·전래·명작동화로 영역을 확장해주자. 창작동화 듣기 수준이 5~7줄 정도 된다면 그 정도 수준이나 살짝 낮은 단계의 과학·수학·전래·명작동화를 읽어주면 된다.

내 경우에는 과학·수학·전래·명작동화 역시 한 질로 끝내지 않고 글밥이 적은 것부터 길이가 긴 순서로 단계를 올려주었고, 최대한 다양하게 노출해주려고 했다. 이를테면 전래동화 전집이라도 출판사별로 제목이 겹치는 것도 있고 새로운 내용의 전래동화도 있다. 나는 50퍼센트 정도 새로운 내용이 담긴 전래동화라면 가급적 아이가 읽어볼 수 있는 기회를 주고자 했다. 제목이 같더라도 출판사별로 이야기를 풀어둔 문체나 그림체가 다를 수 있고, 결말이 판이하게 다를 수도 있고, 무엇보다도 새롭게 추가된 50퍼센트의 이야기가 있기 때문이다.

예를 들어, 〈선녀와 나무꾼〉의 경우 어떤 책은 선녀가 하늘로 올라가면서 끝나는 책이 있고, 어떤 책은 나무꾼이 닭이 되어 울부짖는 것으로 끝나는 책이 있다. 내겐 과거에 읽었던 《보통 엄마의 천재 아들 이야기》에서 이길순 님이 했던 말이 오래도록 깊은 울림을 남겼고, 그 말을 실천함으로써 '다지기 독서'를 참 잘했다고 생각한다.

전집을 구매할 때는 일단 인터넷 도서 사이트를 이용해 특정 분야의 유명한 책이 뭐가 있는지 검색하고 나서 아이와 함께 전집 할인매장을 방문했다. 그런 다음 검색으로 알아본 궁금한 책과 매장에서 권하는 책을 두루 살펴본 다음 아이가 읽고 싶다고 고르는 책 위주로 구입했다. 전래동화를 예로 들면 '옛이야기 요술항아리'와 '인의예지 전래동화' 전집 중 같은 내용의 〈해와 달이 된 오누이〉와 〈견우와 직녀〉를 아이에게 읽어주고, 이런 그림과 이야기 풀이 형식 중에 어떤 전집이 마음에 드는지 직접 골라보게 했다. 아이는 자신이 직접 골라와서 그런지 즐겁게 잘 읽었다.

⑤ 전집과 단행본을 병행하다

가끔씩 "전집이 좋나요, 단행본이 좋나요?" 묻는 분들이 있는데 이 질문을 들을 때마다 나는 늘 가장 중요한 요소가 빠져 있다는 생각이 든다. 바로 그 책을 읽을 '내 아이의 성향'이다. 육아는 과학이기도 하고 예술이기도 해서 일반적으로 적용할 수 있는 전체적인 맥락은 있지만 구체적으로 들어가면 모든 가정의 아이가 전부 다르다.

또 같은 아이라고 해도 아이가 좋아하는 분야에 따라 특정 범주의 비슷한 책을 모아둔 전집을 완전히 선호할 때가 있고, 아이의 취향과 맞지 않아 전집 중 일부만 보기도 한다. 그리고 이런 성향 또한 아이의 연령대에 따라 달라질 수 있다. 따라서 '전집이 좋냐, 단행본이 좋냐'는 질문보다는 각각의 장점을 알고 아이의 성향과 상황에 맞게 활용하는 것이 좋다.

일단 책 편식이 없는, 책이라면 다 좋아하는 아이들이 있는데 이럴 때는 전집이 좋다. 엄마가 아이의 수준에 맞는 책을 일일이 검색하거나 내용을 발품 팔아 아이의 양을 채워주기에 단행본은 너무 비싸고, 엄마가 맞벌이 등의 이유로 바쁠 때도 시간 부족을 초래할 수 있다. 그런데 유명한 전집이라고 해서 샀는데 아이가 일부만 본다면 아이가 보는 몇 권의 책이 어떤 종류인지 그 특성을 파악해 비슷한 느낌을 가진 책을 단행본으로 구입해 읽어주면 된다.

내 경우 첫 전집에 보기 좋게 실패하고 난 후 아이의 나이와 성향에 맞는 책을 찾기 위해 거의 매일 서점에 갔다. 그렇게 단행본으로 책을 고르고 읽어주면서 아이의 성향을 알아가게 되었고, 세상에 어떤 책이 있는지도 살펴보면서 실패하지 않고 책을 고르는 안목을 길러갔다. 그러다가 큰아이 첫돌 때 자연관찰 전집을 들였고, 하루에 한 권씩 읽어주기를 하면서 전집의 맛(엄마 몸이 편하고, 양도 채워지며, 가격도 저렴함)을 느꼈고, 전집과 단행본의 비율을 3:7, 4:6, 5:5 정도로 하다가 읽기독립 시기부터 전집의 양을 확 늘렸다. 전집을 많이 보던 시기에도 아이가 좋아하는 것이 생기면 단행본으로 채워주었는데, 예를 들어 아이가 〈오페라의 유령〉에 꽂혔을 때 서점, 도서관을 이용하며 단행본으로 된 《오페라의 유령》을 참 많이 보여주었다.

참고로 어떤 전집이 유명하고 인기가 있는지는 집 근처 전집 할인매장에서 책을 구입하면서 정보를 얻어도 좋고, '리틀코리아'나 '개똥이네'와 같은 인터넷 전집 대여·판매 사이트를 활용해도 좋다. 그곳에는 연령대별로 또 분야별로 다양하고 많은 책들이 있는데, 각각의 책에 대한 구매자들의 평점이 있으니 참고해볼 만하다.

⑥ 신화의 세계로 2차 확장을 하다

큰아이는 정말 많은 책을 읽었다. 서점에서 일주일에 세 번 이상, 적게는 20권, 많게는 100권의 책을 읽었고(한 페이지에 몇 줄 없는 책들은 100권도 금세 읽을 수 있다), 한 달에 한두 질 정도의 새 책을 구입했으며, 일주일에 한두 번 도서관에서도 25권씩 책을 빌려왔다.

단계를 밟아가며 창작 그림책, 전래동화, 명작동화를 읽었고, 그 사이사이 과학동화와 수학동화도 아이의 수준에 맞게 다지기 독서를 했으며, 자연관찰 전집도 업그레이드를 시켜주었다. 그러는 동안 아이의 반복 주기가 급격히 짧아지기 시작했다. 보통 새 책이 들어오면 그 책을 다 읽고 난 후 집에 있는 책들도 다시 훑어보다가 또다시 새 책 읽기를 반복했는데, 그 주기가 짧아지고 횟수도 줄어드는 것이 보이기 시작했다.

그때 당시 왠지 직감적으로 전래동화와 명작동화처럼 스토리 라인이 있는 〈그리스 로마 신화〉를 읽히면 어떨까 싶은 생각이 들었다. 그림책 형태로 된 〈그리스 로마 신화〉가 있고 당시 선풍적인 인기를 끌었던 만화로 된 〈그리스 로마 신화〉가 있었는데 아이는 후자에 퐁당 빠져버렸다.

아이는 수없이 반복하며 〈그리스 로마 신화〉에 몰입했고, 신들의 계보를 달달 외우고 다녔으며, 신들에 대해 이야기 나누는 것을 무척 좋아했다.

⑦ 본격으로 연계 독서를 하다

비가 오는 날이면 우리 집에 있는 '비'와 관련 책들을 찾아서 읽어주고, 호랑이 이야기가 나오면 '호랑이'와 관련된 책들을 모아서 읽어주었지만 가끔 생각날 때 한 번씩이었다.

하지만 아이가 〈그리스 로마 신화〉를 읽으면서부터 본격적인 연계 독서, 가지 뻗기 독서를 시작했다. 〈그리스 로마 신화〉를 충분히 반복했다고 생각한 어느 날 중국 신화, 이집트신화, 한국신화, 북유럽 신화 등 세계 여러 나라의 신화가 담긴 책을 보여주었고, 〈그리스 로마 신화〉 안에 등장하는 수많은 꽃과 그 꽃의 전설, 별자리와 별자리의 전설이 담긴 책들을 노출해주었다.

뿐만 아니라 명화로 된 〈그리스 로마 신화〉, 그림책 〈그리스 로마 신화〉, 만화와 줄글로 된 〈그리스 로마 신화〉 등 내용을 풀어둔 다양한 책 형태의 〈그리스 로마 신화〉를 접하게 해주었다. 또 〈그리스 로마 신화〉 색칠북, 퍼즐, 전시회(미술작품과 유물), 놀이, 애니메이션, 영화 등 매체와 도구 면에서도 풍부한 환경을 노출해주려고 노력했다.

⑧ 세계 전래동화, 삼국유사, 삼국사기로 3차 확장을 하다

〈그리스 로마 신화〉로 인해 만화책에 입문했지만 아이가 여전히 자주 보며 익숙한 책은 그림책이었다. 신화로 다양한 분야에 대한 맛을 보면서 본격적인 스토리 구조를 가진 책들도 소화할 수 있을 것 같아 전래동화의 연장선에서 〈삼국유사〉와 〈삼국사기〉를 노출했고, 명작동화의 연장선에서 오페라 전집 〈동화로 읽는 오페라〉, 〈뮤지컬 스토리즈〉를 보여주었다. 다행히 아이는 정말 좋아했다(〈삼국유사〉와 〈삼국사기〉, 오페라 전집을 같은 시기에 노출한 것은 아니다. 거의 대부분 충분한 반복이 끝난 후에 새로운 전집을 구입했다).

〈삼국유사〉와 〈삼국사기〉도 여러 출판사에서 출간된 책을 번갈아가며 충분히 읽은 후 자연스럽게 위인전으로 넘어가도 좋을 것 같다는 생각이 들었고, 그 생각은 맞아떨어졌다. 비슷한 이유로 한국 전래동화에서 세계 전래동화로 넘어갔는데 이 또한 아이는 참 좋아했다.

⑨ 위인전, 삼국지, 역사, 철학, 문화, 추리, 예술 분야 등으로 뻗어가다

자연스럽게 꼬리에 꼬리를 무는 가지 뻗기 독서가 이어졌다. 〈삼국유사〉와 〈삼국사기〉에서 넘어간 한국 위인전은 한국사를 접하게 해주었고, 한국사는 우리나라 문화와 전쟁사, 전쟁사는 세계사로, 세계사는 그렇게 다시 위인전과 세계문화로 물 흐르듯 옮겨가게 되었다. 그리고 위인전을 읽으니 철학자를 알게 되고, 철학자를 통해 그들이 주장했던 세계관과 철학들도 만나게 되었다.

그러한 긴 여정 속에서 부분적으로 〈삼국지〉를 보았고, 여러 출판사의 〈삼국지〉를 거쳐 〈수호지〉, 〈초한지〉, 〈항우〉와 〈유방〉으로 건너가고, 명작동화는 세계문학 전집으로, 전래동화는 한국고전문학 전집으로, 〈이솝 이야기〉와 〈탈무드〉는 또 다른 철학으로 확장되었다.

⑩ 아이에게 스스로 책 고를 기회를 주다

아이가 어릴 때부터 서점 나들이를 자주 했지만 완전한 읽기독립 후에는 서점과 도서관에서 아이 스스로 읽고 싶은 책을 마음껏 골라 읽을 수 있도록 해주었다. 물론 그 초기에는 너무 어린 나이에 생각지도 않은 만화책이나 추리소설을 넋 놓고 읽어서 걱정도 했고, 서점에도 뜸하게 가보았다. 하지만 엄마의 어설픈 몸짓에도 아이가 계속 그 세계를 기웃거리면 못하게 말리기보다 그로 인해 아이가 또 한 계단 성장할 수 있게 도우려 했다.

예를 들면, 만화책을 통한 '하브루타(두 명이 서로 논쟁을 통해 진리를 찾는 것)'가 그것이다. 그 자유로운 탐색의 시간을 통해 아이는 추리소설을 접하면서 논리와 추론의 세계에 눈을 뜨고, 판타지 소설을 통해 상상력을 키워나갔다. 뿐만 아니라 자신이 원하는 판타지가 없다며 직접 글을 쓰고 개인지 형태로 묶어내 소수의 독자들에게 판매하는 경험도 했다. 또한 과학, 수학, 한자, 사회 등 세상의 많은 것에 관심을 가지고 살피게 되었고, 그것들을 공부인 듯 놀이인 듯 탐구하며 자유롭게 성장했다.

⑪ 담장 밖 세계로 발길을 돌리다

〈그리스 로마 신화〉에서 시작된 연계 독서는 한국 역사로 넘어오면서 더욱 확장되었다. 역사를 읽는다는 것은 아무리 스토리 구조를 즐겨 읽는 아이라도 그것이 그저 이미 지나가버린 단순한 옛이야기로 그치지 않기를 바랐다. 역사란 할머니와 할아버지가 어린 시절 경험한 이야기이고, 증조할머니가 어렸을 때 겪었던 내용이며, 그렇게 내 할머니의 할머니, 할아버지의 할아버지가 체험했던 경험임을 알려주고 싶었다.

그래서 나는 아이들과 박물관이나 고궁, 유적지를 참 많이 다녔다. 그곳에서 단순히 유물들을 휘리릭 둘러보고 나오지 않고 조금이라도 멈춰서 상상하고, 이야기 나누며, 때론 유물을 그림으로도 그려보며 선조들의 발자취에 머물러 있으려고 노력했다.

또한 과학관과 천문대, 미술관과 공연장, 다양한 체험 전시회 등을 다니며 아이가 책에서 보았던 지식과 내용들이 머릿속에만 머물지 않고 보다 깊고 선명하게 가슴속에 다가가길 바랐다.

⑫ 그림책에서 줄글 책으로 자연스럽게 넘어가게 하다

몇 년간 그림책에 익숙하던 아이가 글자로 빼곡한 책을 읽기까지는 시간이 꽤 걸렸다. 한글을 떼고 읽기독립을 했을 때처럼 줄글 책으로 넘어가는 기간을 줄이려면 약간의 노력이 필요할 것 같았다. 따라서 늘 그랬듯이 익숙함을 활용하기로 했다.

전체적으로 그림이 그려져 있고 그 안에 부담되지 않을 정도의 글이 몇 줄 들어 있는 그림책을 읽던 아이가 책의 판형도 달라지고, 두께도 두꺼워지고, 글자도 많아진 책은 읽기를 시도하기도 전에 어렵다는 마음을 줄 수 있을 것 같았다. 그래서 그 진입장벽을 하나씩 낮춰주기로 했다.

우선 일반적인 그림책 크기보다 훨씬 작은 손바닥만한 크기의 읽기 책으로 시작했다. 책의 크기가 작아진 것 외에는 책을 펼치면 여전히 그림이 가득하고 글자도 몇 줄 되지 않는다. 하지만 책의 크기가 줄어든 덕분에 글자의 크기가 매우 작다. 그러나 작아진 글씨는 얼마 되지 않는 글밥에 의해 아이에게 읽어볼 만한 느낌으로 다가갈 것 같았다. 이런 나의 생

그림책에서 줄글 책 읽기로 넘어가게 하는 방법

아이에게 익숙한 부분과 새로운 부분을 잘 섞어 줄글 책 읽기에 대한 진입장벽을 낮춰준다.

◀ 손바닥 크기의 작은 판형 책으로 글씨가 아주 작지만 내용도 짧아 읽어 보기에 만만하다는 느낌을 준다.

◀ 그림책 판형이지만 한쪽에는 그림, 한쪽에는 글로 빼곡 차 있는 책을 활용한다.

◀ 여러 출판사에서 책 읽기 시리즈로 나온 책과 문고판 책들, 아이의 관심 분야 책을 모두 활용해볼 만하다.

◀ 도서전에서 무료로 배포하는 출판사별 책자를 훑어 보며 책 제목과 줄거리, 수상내역 등을 참고하여 책을 선택한다.

각은 정확히 들어맞았다. 전체적으로 한번 읽어주고 나니 편안한 마음으로 아이가 혼자 읽기 시작했다.

또 하나의 방법은 책의 판형은 그림책 그대로인데 그림이 한 페이지에만 있도록 구성된 책들을 노출하는 것이었다. 처음엔 그림책인 줄 알고 신나게 펼치다가 그 안에 가득 들어찬 글자를 보고 아이는 좀 놀라는 표정이었지만 이 역시 처음에 잠깐 읽어주고 나니 별 게 아니라고 생각하는 듯했다.

글의 길이가 길어질수록 읽어야 할 글씨도 많겠지만 그만큼 더 스토리가 단편적이지 않고 흥미로울 가능성도 높다. 그 맛을 알게 되면 아이는 또 한 단계 나아간다. 뿐만 아니라 《가방 들어주는 아이》와 《화요일의 두꺼비》 책처럼 판형과 두께가 완전 달라졌지만 글씨 크기가 커진 초등 문고판 책 형태에도 익숙해지게 해주었다.

단행본은 전집과 다르게 입소문도 많지 않고 책 정보를 알기가 쉽지 않아 책 구입 시 1년에 한 두 차례 열리는 서울국제도서전과 같은 여러 도서전에 참여하여 그 갈증을 해소했다. 각 출판사마다 무료로 배포하는 책자들을 훑어 보며 지금 아이의 수준에 읽기 좋은 책이나 그보다 수준이 조금 높아도 아이가 흥미로워하는 분야의 책 가운데 수상경력이 있는 책들을 골라 아이에게 주었다.

이 시기에 〈와글와글 읽기책〉과 같은 전집도 좋았지만 비룡소의 〈난 책 읽기가 좋아 시리즈 1, 2단계〉나 시공주니어의 〈시공주니어 문고 1단계〉, 또는 테드 아널드나 로알드 달 등의 작가별 책 읽기도 도움이 되었다.

⑬ 잡지로 4차 확장을 하다

세상엔 정말 다양한 분야의 책이 있다. 하지만 오랜 시간 동안 여러 종류의 책을 읽다 보면 한편으로는 비슷한 느낌이라는 생각도 든다. 그래서 조금씩 살을 보태어가며 창작, 전래, 명작, 신화, 위인, 과학, 역사, 철학, 예술로 이어가기보다 '현재 우리 주변에서 일어나는 좀 더 시기적절하면서도 읽을거리가 있는 것이 없을까' 고민할 즈음 과학관에서 그 답을 찾았다. 과학관 한편에 꽂혀 있던 과학 잡지에 열광하는 아이를 보며 잡지를 구독해야겠다고 생각한 것이다.

그렇게 시작한 잡지 정기구독은 꽤 오랫동안 과학 분야 한 권과 논술 분야 한 권 이렇게 총 2권의 잡지를 통해 아이의 시야를 또 한 뼘 확장시킬 수 있었다. 잡지에는 웬만한 책 한 권이나 전집보다 더 최신의 재미있는 이야기들이 소개되어 있어 아이는 한 달에 한 번 잡지가 오는 날을 손꼽아 기다리곤 했다.

⑭ 독후활동에 신경 쓰다

큰아이가 〈삼국지〉를 한창 좋아할 때였다. 늘 책으로만 경험하는 것을 지양했던 나는 〈삼국지〉를 볼 때마다 등장하는 어마어마한 병사의 수를 보면서 아이가 과연 그 수의 장대함이나 위용을 제대로 느끼고 있을지가 의문이었다. 그래서 어떻게 하면 그 느낌을 잘 전달할 수 있을까 고민하던 끝에 시침핀을 활용해보기로 했다. 장비가 혼자서 1,000명과 싸운 적이 있다는 내용을 책에서 보고 간접 체험을 해보기로 한 것이다(실제로는 800명과 싸웠는데 와전이 되어 1,000명과 싸운 장수로 이름이 나 있다고 한다).

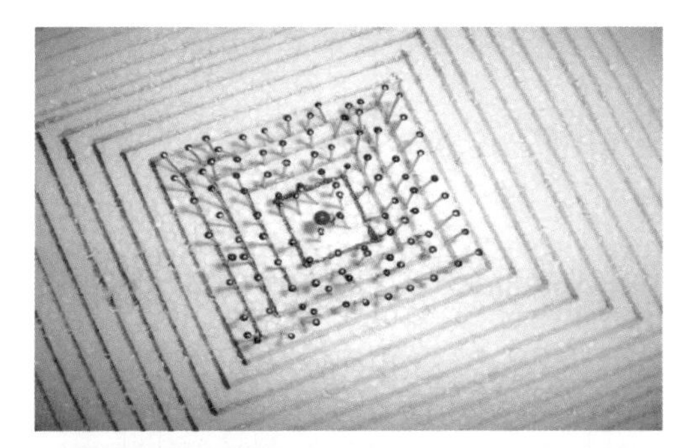

◀ 스티로폼 중간에 꽂힌 빨간색 핀이 '장비'이고, 그 주변의 시침핀은 장비를 에워싸고 있는 일반 병사 즉 군사들이다. 노란색 핀은 일반 병사 중에서도 싸움을 꽤 잘하는 사람들을 표현했다.

◀ 단순히 핀을 꽂는 작업이었지만 아이는 중간에 핀끼리 부딪히는 것으로 장비가 병사들과 싸우는 장면을 연출하며 즐거워했다. 완성 후 핀 하나하나를 사람으로 상상하고 다시 바라보니 말 그대로 장관이었다.

스티로폼 위에 장비와 1000명의 군사를 나타내는 시침핀을 모두 꽂고 난 후 아이가 말했다. "와, 엄마! 정말 놀라워! 나는 지금까지 책에서 장비를 볼 때마다 대단하다거나 뛰어난 장수라는 생각이 전혀 들지 않았어. 늘 술독에 빠져 있거나 제멋대로 굴고, 툴툴거리며 화도 잘 내서 주변 사람들이 장비를 최고의 장수라고 하는 말들이 별로 와닿지 않았거든. 그런데 이렇게 장비를 에워싸는 1,000개의 핀을 꽂고 보니 장비가 얼마나 용맹했는지 느껴지고 장비가 다시 보여. 나라면 내 주변에 겨우 두세 명의 병사만 있어도 다리가 후들후들 떨릴 것 같거든."

나는 이것이 독후활동의 진정한 힘이라고 생각한다. 책만 읽어도 되지만 책 속 내용을 보다 깊이 있게 이해하고 수용하게 된다는 것이 정말 멋지지 않은가!

어렵게 생각할 필요는 없다. 그저 책 내용을 '말을 통해' 현실과 연결시키면 된다. 책 속에 사과가 나오면 실제로도 사과를 보여주며 "와, 이게 뭘까? 《사과가 쿵》에 나오는 사과가 여기에도 있어!"라고 말하면 그것이 곧 독후활동이 된다. 책을 읽다 보면 동물 친구들이 생일 준비를 하며 케이크를 만들어 먹는 장면이 나온다. 우리 아이들도 자신의 생일이 되면 케이크를 먹는다. 이 두 개의 사건이 따로 떨어져 있을 땐 각각의 개별적인 경험으로 끝나버리지만 아이의 생일날 케이크를 먹으면서 "우와, 우리도 캐스터와 페페처럼 생일 케이크를 먹게 되었어!"라고 한마디만 하면 그 즉시 독후활동이 되어버린다.

이러한 방식으로 책의 내용을 우리의 일상과 현재에 이어가다 보면 어렵지 않게 멋지고 대단해 보이는 독후활동들을 할 수 있다. 시작은 그저 가볍게 가볍게 입(말)으로 연결해보자.

Q **전래동화나 명작동화가 지금 보니 좀 잔인한 것 같습니다. 〈해님달님〉에서는 호랑이가 엄마를 잡아먹고, 〈늑대와 일곱 마리 아기 염소〉에서는 늑대의 배를 갈라 염소를 꺼내고 돌을 넣으며, 〈빨간 구두〉는 다리를 자르고, 〈인어공주〉에서는 인어공주가 왕자를 칼로 찔러야 하잖아요. 아이가 이러한 내용들을 무서워합니다. 읽어줘도 괜찮을까요?**

A 언제나 아이를 따라가는 것이 옳다고 생각합니다. 아이가 책을 통해 재미와 즐거움을 느끼는 것이 아니라 두려움과 공포를 느끼고 있는데 그것을 굳이 엄마가 나서서 읽어줄 필요는 없습니다. 아직은 아이의 감성이 그 내용을 소화할 준비가 되지 않은 것이니 조금 더 기다렸다 다시 시도해보시기 바랍니다.

큰아이가 두 돌이 되기 전에 전래동화를 즐긴 것에 비해 둘째 아이는 6살이 넘어 전래동화를 읽었습니다. 책보다 놀이를 더 좋아하는 아이라 어떻게 하면 책을 즐겁게 받아들여 많이 읽게 할 수 있을까 고민하고, 적용하고, 좌절하고, 다시 고민하고, 실천하기를 반복하던 어느 날이었습니다. 또래의 많은 아이들이 전래동화와 명작동화를 재미있어 한다기에 재미있는 책을 읽어주겠다며 전래동화 몇 권을 읽어주었는데, 한참을 듣고 있던 둘째 아이가 저에게 말하기를 "엄마는 이 책이 재미있어? 나는 닭으로 변한 나무꾼이 너무 불쌍해. 견우와 직녀는 왜 1년에 한 번밖에 못 만나? 나, 너무 슬퍼. 하나도 재미없어"라고 하더군요. 한 번도 그런 관점에서 생각해본 적이 없었지만 한편으론 아이의 말이 틀린 것 같지 않아 더 이상 전래동화를 읽어주지 않았습니다.

그런데 어느 날 그렇게 슬프다던 전래동화를 아이가 먼저 스스로 읽는 일이 생겼습니다. 참 놀라운 경험이었습니다. 좋아하는 공주를 통해서 다양한 책 읽기를 하고 대화를 나누다가 둘째 아이가 그렇게 좋아하는 덕만공주(선덕여왕), 선화공주, 평강공주는 이미 죽어서 만날 수 없다는 이야기를 한 적이 있습니다. 너무도 좋아하는 공주들을 만날 수 있을 거라고 생각했던 둘째 아이는 그 말을 듣자 한 시간여를 대성통곡했습니다. 그런데 놀랍게도 그 다음 날부터 재미있게 전래동화를 읽더라고요.

감성의 결이 섬세한 아이들이 있습니다. 지금 있는 그대로 아이 모습을 따라가다 보면 아이만의 속도로 잘 자랄 테니 당분간 아이가 무서워하는 책은 읽어주지 마시길 바랍니다.

다만 아이들 중에는 슬프거나 무서워서 못 읽겠다고 하지 않고 재미있게 내용을 받아들이는 경우도 있습니다. 그런데 엄마 쪽에서 내용이 잔인한 것 같다, 폭력적인 것 같다, 시대에 맞지 않는 성 역할을 가르치는 것 같다, 가령 〈그리스 로마 신화〉의 경우 선정적인 것 같다며 아이가 좋아하는 책을 의도적으로 지금 나이에는 맞지 않다며 주지 않는 경우가 있습니다. 저는 이 또한 어쩌면 근시안적일 수 있다고 생각합니다. 아직 어린아이에게 가급적 좋은 환경, 안전한 환경, 건전한 환경을 주기 위한 일환으로 책 역시 선별하여 주고자 하는 마음은 충분히 이해합니다.

하지만 아이들은 책에서 영향을 받기도 하지만 결코 책만으로 성장하지 않습니다. 오히려 아이들이 더 많은 영향을 받는 것은 부모의 삶에 대한 태도, 부모가 살아가는 뒷모습, 부모의 말과 행동을 통해 가치관을 형성하며 몸과 마음을 성장시킵니다.

만약 아이가 좋아하는 책의 내용 중 우려되는 부분이 있다면 그에 대해 아이와 솔직하게 이야기를 나누며 보다 다양하고 성숙한 시선을 가질 수 있는 기회로 만들어보는 것이 좋지 않을까 생각합니다.

#전래동화와 명작동화의 잔혹성

#전래동화 권장 나이

#전래동화를 읽어주면 무섭다며 우는 아이

#어린이 책의 폭력성과 선전성을 어떻게 볼 것인가

책 읽기 수준은 아이가 결정하고 연계 독서로 확장해간다

❶ 사물인지부터 시작한 책 읽기는 창작 책을 기본 바탕으로 했다. 창작 그림책에는 수없이 많은 어휘가 있고, 기승전결의 이야기 구조, 등장인물들의 관계와 갈등, 다채로운 빛과 색, 터치가 있다. 그 많은 표현을 보면서 아이는 이해력과 공감력을 기르고, 다양한 상황과 갈등에 대한 문제해결력과 호기심을 키우며, 상상력을 북돋우고 감성을 키우는 데 도움을 받는다.

❷ 유아 시기에는 차고 넘칠 정도로 같은 단계의 책을 반복했다.

❸ 아이의 책 읽기 수준은 엄마가 아니라 아이가 결정한다.

❹ 전집을 구매할 경우 먼저 인터넷 도서 사이트를 통해 특정 분야의 유명한 책이 무엇이 있는지 검색한다. 그런 후 아이와 함께 전집 할인매장에 방문해 검색으로 알아본 책과 매장에서 권하는 책을 두루 살펴본 다음 아이가 읽고 싶다고 고르는 책 위주로 구입하면 된다.

❺ '전집이 좋나요, 단행본이 좋나요?'라는 질문에는 가장 중요한 한 가지 요소가 빠져 있다. 바로 그 책을 읽을 내 아이의 성향이다. 따라서 전집과 단행본의 장단점을 알고 자신의 상황과 아이의 성향에 맞게 활용하면 된다.

❻ 아이의 읽기독립 후에는 서점과 도서관에서 스스로 읽고 싶은 책을 마음껏 골라 읽을 수 있도록 해주었다. 물론 그 초기에는 너무 어린 나이에 생각지도 않은 만화책이나 추리소설을 넋 놓고 읽어서 걱정도 했다. 하지만 엄마의 어설픈 제지보다 아이가 빠져드는 책을 통해 한 계단 더 성장할 수 있게 돕고자 했다. 예를 들면 만화책을 통한 '하브루타'가 그것이다.

❼ <그리스 로마 신화>에서 시작된 연계 독서는 한국 역사로 넘어오면서 더욱 확장되었다. 박물관과 고궁, 유적지 등을 다니며 전시된 유물 앞에 멈춰 서서 상상하고, 이야기 나누며, 또 때론 유물을 그림으로도 그려보며 선조들의 발자취에 머물러 있으려고 노력했다.

❽ 책을 읽다 보면 동물 친구들이 생일 준비를 하며 케이크를 만들어 먹는 장면이 나온다. 우리 아이들 역시 자신의 생일이 되면 케이크를 먹는다. 이 두 개의 사건이 따로 떨어져 있을 땐 각각 개별적인 경험으로 끝나버리지만 아이의 생일날 케이크를 먹으면서 "우와, 우리도 캐스터와 페페처럼 생일 케이크를 먹게 되었어!"라고 한마디 하면 그 즉시 독후활동이 된다. 이처럼 독후활동은 어렵지 않다.

❾ 아이들은 책에서 영향을 받기도 하지만 결코 책만으로 성장하지는 않는다. 오히려 아이들이 더 많은 영향을 받는 것은 부모의 삶에 대한 태도, 부모의 말과 행동을 통해 자신의 몸과 마음을 성장시킨다. 만약 아이가 좋아하는 책의 내용 중 우려되는 부분이 있다면 그에 대해 아이와 솔직하게 이야기를 나누어보자. 아이에게 보다 다양하고 성숙한 시선을 가질 수 있는 기회가 될 것이다.

책 읽기의 완성은 독후활동이다

아이를 더 깊고 넓어지게 하는 독후활동 | 초기 독후활동과 유아기의 독후활동 방법_ 아이가 좋아하는 책으로 시작하라 | 중기 독후활동 방법 1_ 그리고, 만들고, 이야기하고, 즐거워하라 | 중기 독후활동 방법 2_ 정답이 없는 열린 질문을 하라 | 중기 독후활동 방법 3_ 어떤 질문을 어떻게 할 것인가 | 엄마의 배경지식을 키우는 방법 | 완기 독후활동과 초등 시기의 독후활동 | '다중지능이론'을 바탕으로 한 독후활동

+ 책육아의 모든 것 Q&A 9 #독후활동의 성공비결
+ 책육아의 모든 것 Q&A 10 #게임을 통한 교육
+ 책육아의 모든 것 Q&A 11 #모른다고 답하는 아이
+ 책육아의 모든 것 Q&A 12 #정독하지 않는 아이
+ 책육아가 기적이 되는 법 7 독후활동을 통해 넓고 깊은, 그리고 단단한 아이로 자란다

6

가장 두려운 순간은 항상 시작하기 전이라고 한다. 독후활동을 꼭 해야 할까? 무언가를 '해야 한다'는 생각은 그 자체만으로도 부정적인 압박감을 준다. 왜냐하면 이 말은 해야 하는데 못했거나 또는 잘 못하고 있거나 혹은 해야 해서 억지로 힘들게 하고 있다는 말과 호응을 이루기 때문이다. 그리하여 때론 시작도 하기 전에 그 무게감에 짓눌려 하기 싫거나 할 수 없다는 마음을 갖게 한다.

하지만 그렇지 않다. 해보면 별 게 아니다. 그러니 부담을 내려놓고 아주 편하게, 그저 책 내용을 '말을 통해' 우리의 일상과 현실에 연결시킨다는 단순한 생각으로 간단한 재료를 사용해 시작해보자.

개인적으로 독후활동은 '책 읽기의 완성'이라고 생각한다. 책만 읽어줘도 좋지만 책만으로는 다 채워지지 않는 아이의 따스한 정서와 빛나는 지성, 부모와 자녀간의 소통을 원한다면 이번 장에서 제시하는 독후활동 과정과 방법을 읽고 꼭 한번 실천해보았으면 한다.

아이를 더 넓고 깊어지게 하는 독후활동

세상에 죽어도 해야 하는, '꼭' 해야만 하는 그런 일은 없다고 생각한다. 그래서 누군가가 "독후활동, 꼭 해야 하나요?"라고 묻는다면 "아이가 원해서 한다면 정말 좋지만 하기 힘들어 하면 굳이 안 하셔도 됩니다"라고 대답할 것이다.

하지만 독후활동을 하면 책으로만 접하는 것과는 또 다른 감각을 사용하므로 그만큼 느끼고 경험하고 배울 가능성이 커진다. 또 그런 순간들이 쌓여서 더 넓고 깊어진 나 자신과 세상을 만나게 된다. 게다가 책 자체에 대한 소화력도 커질 뿐 아니라 활동하는 내내 사고를 하기 때문에 사고력과 이해력, 표현력과 공감력 등 정말 놀라운 능력들을 키울 수 있다.

그럼에도 불구하고 독후활동이 하기 힘들면 굳이 하지 않아도 된다고 말하는 이유는 아이가 느끼고, 배우며, 표현하고, 이해하고, 사고하고, 공감하며 더 넓고 깊은 세상을 만나는 방법이 독후활동에만 있는 것은 아니기 때문이다. 하지만 한 권의 책을 읽고, 그것이 학원이어도 좋고 학교여도 좋지만 아이가 사랑하는 엄마와 함께 책 한 권을 매개로 대화를 나누고 소통하며 즐거운 추억을 공유한다면 아이는 지성뿐 아니라 감성이란 정서를 채우며 인생이란 긴 여정을 따스함 속에서 출발할 것이다.

물론 아이의 지성에 도움이 된다는 이유로 엄마와 아이 모두가 힘들게 독후활동을 진행하면서 '왜 그것밖에 못하니? 더 멋진 생각을 해봐. 그게 뭐야? 속 터져! 내가 무슨 부귀영화를 누리겠다고 쉬지도 못하고 이러고 있는지 모르겠네'라는 생각이 계속 떠오른다면, 그리하여 아이 역시 '그냥 책만 읽었으면 좋겠어. 엄마가 자꾸 묻는 거 싫어. 생각하라는 거 싫어'라는 반응을 보인다면 아이와 함께 책을 읽는 것만으로도 충분할지 모른다.

그러니 부담을 내려놓고 아주 편하게, 그저 책 내용을 '말을 통해' 우리의 일상과 현실에 연결시킨다는 단순한 생각으로 간단한 재료를 이용해 시작해보자. 세 아이를 키우며 경험한 다양한 독후활동의 방법들이 독후활동을 어렵게 생각하는 부모들에게 좋은 예시가 되었으면 한다.

초기 독후활동과 유아기의 독후활동 방법

아이가 좋아하는 책으로 시작하라

우선 독후활동 초기에는 거창하고 많은 준비물이 필요 없는 단순한 활동이 좋다. 특히 유아들의 독후활동은 아이가 몸을 많이 사용하는 신체놀이가 1순위여야 한다. 그것이 지금 시기에 가장 발달시켜야 할 과업이며 그로 인해 두뇌와 지능이 함께 자라고, 무엇보다 아이들은 온몸으로 노는 것을 좋아하기 때문이다. 이것은 초등학교 저학년 시기에도 마찬가지일 것이다.

또한 연령에 상관없이 독후활동은 아이가 좋아하는 책으로 접근하는 것이 옳다. 독후활동은 아이의 지성을 키우기 위해 하는 것이 아니라 아이가 좋아하는 책을 통해 엄마와 아이가 함께 소통하고 더 많은 즐거움과 행복한 추억을 쌓는 데 우선순위가 있다. 그 과정에서 일어나는 사고력과 이해력, 표현력 등은 너무 값지지만 부산물에 불과하다. 그 우선순위가 전도되면 부산물의 형태 역시 달라질 가능성이 크다. 즉 아이가 좋아하지 않는 책으로 아이의 세상을 더 깊어지게 해주려 한다면 아이는 시작부터 재미와 흥미를 잃고 집중하기도 어렵다. 게다가 하기 싫은 생각을 계속해야 하고 표현해야 하기에 결국은 책을 읽고 무언가를 하는 활동뿐만 아니라 엄마와의 관계까지 멀어질 가능성이 있다. 그러니 무조건 독후활동의 시작은 아이가 좋아하는 책으로 하길 바란다.

《구리와 구라의 소풍》, 《소풍가기 좋은 날》, 《알밤 소풍》 등 소풍과 관련된 책을 읽고 "우리도 소풍갈까?"란 엄마의 질문에 아이들이 "네!"라고 대답한다면 "소풍갈 땐 뭐가 필요하지?" "우리는 어떤 것들을 챙겨갈까?"라고 다시 물으면서 아이와 함께 신나고 즐거운 상상의 나래를 펼쳐보자. 그 순간 이미 독후활동은 시작되는 것이다. 김밥이 필요하다고 얘기하는 아이에게 "그러면 김밥 재료들을 사서 직접 만들어볼까, 아니면 오늘은 김밥가게에서 주문하고 다음에는 김밥 싸기에도 도전해볼까?" 하고 물어보면 된다. 혹은 엄마가 현재의 상황을 고려해 오늘은 김밥을 사서 가고 다음엔 직접 만들어보자고 의견을 제시해도 좋다. 이 짧은 대화만으로도 아이의 가슴은 커다랗게 부풀어 올라 김밥을 직접 만들어도 좋고, 바로 소풍을 떠나도 좋고, 모든 것이 그냥 좋을 것이다.

어린이집이나 유치원, 학교에서 충분히 소풍을 다녀오니 그러한 경험은 충분하다고 생각하지 않았으면 한다. 짜인 프로그램에 의해 단체생활 중에 하는 체험과 사랑하는 엄마와 함께하는 놀이활동은 완전히 다르기 때문이다.

이렇게 소풍을 다녀온 날 밤에는 잠자리에서 우리 집에 있는 '소풍'과 관련된 책을 모두 다 꺼내와 읽으며 잠들어도 좋다. 그 과정에서 여름엔 낚시터로 소풍을 떠나고, 가을엔 우리도 알밤을 주우러 소풍을 떠나자고 이야기하면 더 좋을 것이다. 또 오늘 소풍은 너무 급하게 다녀와서 다른 준비물들을 챙기지 못했는데, 다음번엔 책 속 친구들처럼 비눗방울도 준

▲ "얘들아, 우리도 구리와 구라처럼 소풍을 갈까? 우리는 소풍가서 뭐하고 놀까?" '소풍'과 관련된 책을 읽고 책 속의 주인공 이름이나 상황을 얘기하면서 우리도 그런 활동을 해보자고 얘기해보자. 아이들의 생각과 호기심 가득한 이야기를 듣다 보면 '아이가 스승'이란 말의 의미를 절감하게 된다. 그렇게 엄마와 아이는 함께하는 시간을 통해 서로가 서로를 키워낸다.

비해보자고 얘기하면 아이는 엄마의 생각을 이어받아 공도 준비하자 하고, 색종이도 준비해가서 종이접기도 하자며 더 부푼 꿈을 꾸며 행복한 책 읽기, 경험, 사랑을 채우며 성장할 것이다.

아이를 학습지로, 학원으로 또는 배워야 할 것들을 미리 계획하여 스케줄대로 움직이며 키울 것인지 아니면 이렇게 책과 함께 놀면서 키울 것인지는 온전히 우리의 선택이다. 혹시 이렇게 놀기만 하면 아이들이 배우는 것이 없어 뒤처질까 두렵기도 하고, 또 한편으로는 앞서 제시한대로 다양하고 깊이 있는 독후활동을 엄마로서 해줄 자신이 없다고도 생각할지 모른다.

물론 이 책에서 제시하는 나의 육아 방법만이 옳다고 생각하지 않는다. 하지만 정말 아름다운 방법이고 효과적인 방법이라는 점은 자신한다. 그 결과가 지금 당장 눈앞에 보이진 않을지라도 이렇게 쌓아간 순간들은 정말 후회 없고 소중한 시간이 될 것이라고 확신한다.

처음에는 나 역시 아무것도 몰랐다. 아이에게 잠자리에 책을 읽어주는 것이 좋은지도 몰랐고, 가장 효율적인 학습 방법이 독서라고 해도 그 책 읽기 역시 아이마다 다르다는 것도 몰랐다. 그저 세 아이들과 함께 핑퐁처럼 다양한 시도와 노력들을 주고받다 보니 여기까지 오게 되었을 뿐이다.

독후활동이 너무 부담스럽다면 혹은 상황이 도저히 여의치 않는다면 이런 활동을 매일 할 필요는 없다. 일주일에 한 번, 주말에 단 한 번도 충분히 좋다. 주중에 책을 읽다가 아이의 반응이 뜨거운 책의 내용을 엄마의 '입말'을 통해 현실에 연결시키면 된다. 만약 아이의 반응이 시큰둥하다면, 그럼 안 하면 그만이다!

◀ 주변의 물건들을 활용해 공주처럼 꾸민 아이들의 모습.

◀ 개천절에 케이크 앞에서 우리나라의 생일을 축하하는 모습.

이러한 모든 여정 속에서 아이와 엄마가 자란다. 육아는 정말 더할 나위 없는 축복의 시간이다. 무지개를 만들기 위해서는 햇볕과 비 둘 다 필요하다고 한다. 육아가 정말 만만치 않은 일임은 충분히 알고 있지만 그 속에서 내가 바라던 무지개 역시 볼 수 있음을 알았으면 좋겠다.

다음은 세 아이들과 함께했던 독후활동의 초창기, 특히 유아기에 해보면 좋을 몇 가지 활동을 예로 들어본 것이다.

《신데렐라》, 《인어공주》, 《춤추는 12공주》 등 다양한 공주 책들을 읽으며 "우리도 공주처럼 파티를 해볼까?"라고 물으면 아이들은 그야말로 입이 귀에 걸린다. 파티를 하려면 일단 드레스가 필요하고, 예쁜 장신구도 필요하다. 어떻게 드레스와 장신구를 마련할까? 이때 바로 드레스를 사주고, 예쁜 유아용 보석들을 사주는 것도 좋지만 '성장'과 '육아'의 관점에서 보자면 덜컥 화려한 완성품을 아이에게 주기보다는 우리 주변의 물건들로 아이에게 필요한 것들을 만들어주는 것이 도움이 된다.

엄마의 한복 속옷과 보자기를 이용해 아이의 드레스를 만들어주면 아이는 엄마의 그러한 뒷모습을 보고 자라는 동안 자신의 욕구를 주변의 물건을 이용해 스스로 채우고, 그 과정에서 사고하고 응용하고 문제해결력을 키우며 엄마의 상상 이상으로 멋지게 자란다. 그런 경험을 한 후 정말 멋진 기성품 드레스도 보여주면 아이의 세계는 한층 더 넓고 깊어지게 될 것이다.

한번은 〈단군신화〉를 읽다가 "며칠이 지나면 단군 할아버지가 우리나라를 세운 '개천절'이야"라고 말해준 적이 있다. 우리나라가 처음 만들어진 날, 즉 '생일'이라는 말에 아이들이 "그럼, 생일 축하도 해?"라고 말해왔다. 케이크가 먹고 싶은 아이들의 마음이 헤아려져 우리나라의 생일인 개천절에 함께 모여서 생일 축하도 해주고 케이크도 먹자고 하니 몇 날 며칠 동안 개천절이 오기를 기다렸다.

"생일 축하합니다. 생일 축하합니다. 사랑하는 우리나라, 생일 축하합니다." 노래를 부르고 케이크를 먹으면서 아이들에게 우리나라 나이는 자그마치 4,300살이 넘었다는 이야기를 들려주었다. 나이를 다른 말로 '역사'라고도 하는데 우리나라의 역사가 다른 나라보다 훨씬 더 오래되었다는 이야기도 전해주었다. 그날 밤 다시 읽어주는 《단군 이야기》 책을 아이들은 초집중하며 무척 좋아했다.

독후활동이 여전히 어렵게 느껴지는가? 할 수 있을 것 같지 않은가? 책 속 주인공이 파티를 하면 우리도 파티를 하면 되고, 책 속 누군가의 생일이라면 우리도 케이크를 사거나 만들어 먹으면서 생일 축하를 하면 된다. 다만 파티를 하자고 한 후 파티 준비를 어떻게 해야 할지 모르겠다면 아이에게 물어보면 된다. "파티 준비를 어떻게 해야 할까?" "파티에 필요한 것이 뭐가 있을까?" "어떤 파티를 하면 좋을까?" 그러면 아이가 답을 알려줄 것이다.

따라서 독후활동이 재미있을 나이는 아이 스스로 의사표현이 가능한 5살 이후가 좋다. 다만 그 전에 많은 책을 읽고, 엄마와 다양한 이야기를 나누며 경험을 쌓아왔다면 5살 전에도 충분히 즐거운 활동들이 가능하다.

초기 독후활동에 해보면 좋을 몇 가지 놀이들

◀ 《난 자동차가 참 좋아》 책을 읽고 우리도 블록으로 여러 가지 자동차를 만들어서 타보자고 하니 아이들이 무척 신나했다.

◀ 《까만 크레파스》 등 불꽃과 관련된 책을 읽고 문구점에서 산 간단한 불꽃놀이 도구로 야외에서 즐거운 시간을 보냈다. 새로운 경험에 아이들이 정말 좋아했다.

◀ 《도깨비를 빨아버린 우리 엄마》 책을 읽고 우리도 빨래를 널어보자며 온 방에 줄을 달아 빨래를 널었다. 단순한 활동이지만 아이들은 책 장면을 상상하며 참 좋아했다.

◀ 《물고기는 물고기야》라는 책을 읽고 아쿠아리움, 수산시장, 동네 생선가게에 가서 물고기를 구경했다. 실제로 물고기는 어떻게 생겼는지, 또 헤엄치는 방법은 어떠한지 자세히 관찰해보았다.

Q 책육아를 하며 책과 놀이를 연계하는 부분이 항상 고민스럽습니다. 보통 아이가 책 한 권을 읽으면 다음 책을 가져오지 놀이로는 연결되지 않습니다. 예를 들어 '호랑이' 책을 읽으면 호랑이가 나오는 다른 책을 찾아서 읽어주는 것은 자연스럽게 되는데, "호랑이 책을 봤으니 호랑이를 만들어볼까?"라든지 "호랑이가 되어 볼까?" 등의 놀이로 연계하는 것이 어색하고 억지스러운 느낌이 듭니다. 또 육아서를 보면 놀이도 아이가 주도적으로 해야 한다고 하는데, 호랑이 책을 읽었다고 부모가 호랑이 놀이를 제시하면 아이가 스스로 하자고 하는 놀이보다 재미가 없을 것 같다는 생각도 듭니다. 그래서 책 따로 놀이 따로가 되는데 괜찮을까요? 어떻게 하면 책과 놀이를 자연스럽게 연결할 수 있을까요?

A 우선 책 따로 놀이 따로가 된다고 하셨는데 괜찮습니다. 아이에게 책과 놀이를 모두 신경써주시는 모습이 이미 충분히 좋은 환경을 만들어주고 계시고, 노력하는 엄마인 것 같습니다. 만약 책과 놀이가 연계되지 않고 책은 책대로 놀이는 놀이대로 끝나버리는 것이 조금 아쉬운 생각이 드신다면 아이가 좋아하는 책으로 시작하여 책과 놀이 사이에 입으로(말로) 연결시켜주는 활동을 추가하면 좋을 듯합니다. 다만 이 부분에서 '호랑이' 책을 읽고 난 다음 "호랑이를 만들어볼까?" "호랑이가 되어볼까?"라는 질문은 굉장히 좋은 '연결'의 시도인데 그럼에도 불구하고 그게 억지스럽고 어색하다고 느끼는 것에는 이유가 있을 것입니다.

아이에 따라 한 권의 책을 읽고 나서 책과 관련하여 대화를 나누고, 그 내용으로 놀기를 원하는 성향의 아이가 있는가 하면 책 읽는 즐거움이 너무 커서 계속 책 읽기를 원하는 경우가 있습니다. 후자의 아이들에게는 엄마가 아무리 좋은 의도를 가지고 놀이와 연계하더라도 계속 책을 읽어주는 것이 맞습니다. 아이 역시 후자에 속한다면 엄마의 마음속에서 아이의 의도를 따르지 않고 놀이활동으로 방향을 돌리는 것이 억지스럽다고 느낄 수 있습니다. 또 엄마가 아이에게 책을 읽어주는 것과는 달리 놀이에 대해서는 왠지 모를 저항감이 있는 건 아닌지도 살펴보시기 바랍니다. 책을 잘 읽다가 이것저것 준비해야 하는 놀이활동이 부담스러울 수도 있고, 혹은 놀이 자체에 대한 마음의 짐이 있을 수도 있습니다.

그리고 놀이를 아이가 아닌 엄마가 먼저 제시하면 아이의 주도성과 재미적인 측면에서 부정적인 결과가 생기지 않을까 염려하시는 것 같은데 그것은 걱정하지 않으셔도 됩니다. 놀이를 아이가 주도한다는 것은 아이가 먼저 이런저런 놀이를 하자고 시작하는 것을 뜻하지 않습니다. 엄마가 놀이를 먼저 제시했더라도 그 놀이를 아이가 재미있게 참여하고, 자신의 의도대로 진행한다면 충분히 주도적으로 논다고 할 수 있습니다. 하지만 엄마가 먼저 제시하는 놀이들을 아이가 즐거워하지 않는다면 아이가 재미있어 할 만한 놀이활동이나 아이가 좋아하는 책으로 접근하는 것이 효과적일 듯합니다.

마지막으로 드리고 싶은 말씀은 책을 읽고 나서 관련된 독후활동을 곧바로 하지 않아도 된다는 것입니다. 몇 시간이 지나서 혹은 며칠이 지난 후에 "그 책, 기억나니? 우리 그때 읽었던 이야기처럼 이거 한번 해볼까?"라고 이야기해도 책과 놀이를 연결하는 활동이랍니다.

#책 따로 놀이 따로인 아이의 '책과 독후활동'의 자연스러운 연결

#아이가 주도하는 놀이와 엄마가 이끄는 놀이

#독후활동의 성공비결 #독후활동에 대한 저항감

중기 독후활동 방법 1

그리고, 만들고, 이야기하고, 즐거워하라

독후활동 초기에 책 속의 경험을 아이와 나누는 시간을 계속 가지다 보면 차츰차츰 독후활동에 대한 감을 잡아가게 된다. 그리고 조금 더 다양하고 살짝 깊어진 업그레이드된 활동을 해보고 싶은 마음이 들면 독후활동 중기로 넘어갈 때가 되었다는 뜻이다.

이 시기에는 최대한 많이, 다양하게, 다채로운 도구와 방법들을 동원하여 책을 매개로 놀면 된다. 다양한 놀이방법이 제시되어 있는 놀이 육아서, 요리책, 과학 실험책 등은 독후활동의 아이디어와 방법을 구하고 싶은 엄마들에게 많은 도움이 될 것이다.

그렇게 양이 채워지면 질도 변하게 되는데 자연스럽게 고급 과정, 독후활동의 마지막 단계로 나아가게 된다. 그때가 되면 아이의 성장은 봇물이 터지듯 이루어지며 아이와 함께하는 모든 순간이 즐거움과 감사, 행복감이 샘솟는다. 하나라도 더 보여주고 싶고, 한 가지라도 더 들려주고 싶고, 한 번이라도 더 경험하게 해주고 싶고, 조금이라도 더 배워서 아이와 다양한 이야기를 나누고 싶은 마음이 든다. 그렇게 마지막 단계까지 나아가면 엄마가 아이에게 해줄 수 있는 것은 이제 아이의 선택을 믿고 지켜보며 아이를 지지하고 응원해주는 것이다.

◀ 크레파스와 다리미, 색종이와 색도화지로 만든 우주.

◀ '우주의 신비' 전시회에 가서 우주복 입기 체험을 한 아이들.

독후활동 중기에 세 아이와 함께해본 몇 가지 활동들을 소개해본다.

《아빠가 우주를 보여준 날》이란 책을 참 좋아하는 아이들과 함께 집에서 어떤 활동을 해보면 좋을까 고민하다가 여러 가지 엄마표 미술놀이를 담아둔 '놀이 육아서'를 뒤져보았다. 거기에 몽땅 크레파스를 더 잘게 잘라 다리미질을 한 놀이를 보는 순간 이걸로 수많은 별이 있는 우주를 표현해보면 좋겠다는 생각이 들었다. 그리고 종이 위에 표현하는 우주라면 우주선 역시 종이로 만들어보면 좋겠다는 생각이 들었고, 곧 아주 간단한 색종이 접기 방식으로 우주선을 만들어 크레파스 우주 위에 붙이면 되겠다는 아이디어가 떠올랐다.

아이들에게 "《아빠가 우주를 보여준 날》이란 책 기억나지? 우리도 우주를 한번 만들어볼까? 크레파스를 이용해서 만들어보려고 하는데 너희 생각은 어때?"라고 물었다. 기대에 부푼 눈으로 놀이를 시작한 아이들과 책 이야기, 천문대에 다녀온 이야기 등을 나누면서 우리는 금세 우주를 만들었다.

다 만들고 난 뒤에도 영 아쉽다는 아이들의 말을 들으며 혼자 있는 밤 시간에 인터넷 검색을 해보니 마침 과학관에서 '우주의 신비'란 전시회가 열린다는 것을 알게 되었다. 그 순간 당장 아이들과 전시회로 달려가고 싶은 마음을 꾹 누르느라 무진 애를 먹었다. 전시회에서 아이들은 예상한 대로 뜨거운 반응을 보여주었고, 그날 밤 아이들은《아빠가 우주를 보여준 날》 책 외에도 엄마가 읽어주는 난이도 있는 우주 관련 과학동화를 들으며 잠이 들었다. 책을 읽어줄 때 몰입하던 아이들의 빛나는 눈동자가 아직도 선명하다.

아이들은 또《엄마 옷이 더 예뻐》란 책을 좋아했다. 엄마가 외출한 동안 안방에 있는 옷장 문을 열고 엄마의 옷을 꺼내 '패션쇼' 놀이를 하다가 일어난 일을 그려낸 책인데, 어릴 적 향수도 떠오르며 나 역시 참 공감이 갔다. 우리도 이 책처럼 '엄마 옷(내 옷)'으로 리폼 놀이를 해보면 좋겠다는 생각이 들었다.

"얘들아, 이 옷 봐봐. 엄마가 너희들 낳기 전에 입었던 옷인데 예쁘지? 이걸로 드레스를 만들어보면 재미있을 것 같아. 너희가 직접 가위질도 하고, 디자인도 하고, 간단하게 바느질도 해서 너희 마음에 드는 드레스를

≪엄마 옷이 더 예뻐≫란 책으로 놀아본 중기 독후활동 방법

이 시기에는 최대한 많이, 다양하게, 다채로운 도구와 방법으로 책과 놀면 좋다.

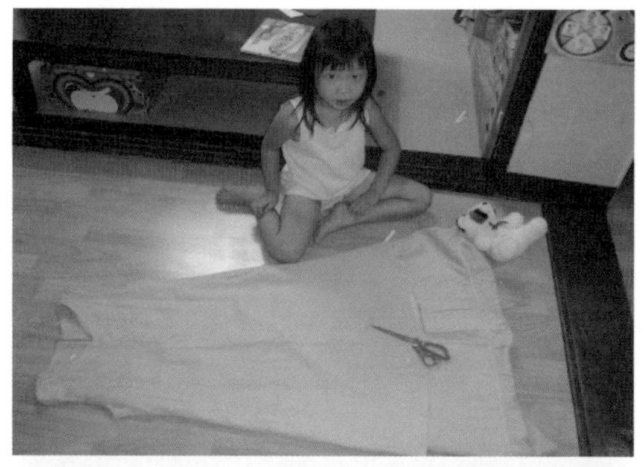

◀ 아이의 키에 맞춰 긴 원피스의 아랫단을 잘라내고 남은 천으로 어떤 디자인을 연출할 것인지 상의했다.

◀ 신데렐라의 드레스처럼 원피스의 아랫단을 주름지게 만들어주기로 하고 바느질을 시작했다.

◀ 오려낸 치마 아랫단으로 리본을 만든 후 원피스 앞쪽에 바느질로 고정했더니 아주 근사한 드레스가 완성되었다. 신나하는 아이의 표정이란!

완성해보는 거지, 어때?”

너무 좋아서 방방 뛰는 아이들과 함께 하나하나 옷 만들기 단계를 밟아나갔다. 나의 긴 원피스를 아이들에게 입혀 드레스의 길이를 재단해보고 잘라낸 원피스의 밑단으로 본격적인 디자인을 고민했다.

그렇게 완성된 드레스를 입고 아이들이 얼마나 좋아했는지 모른다. 입이 귀에 걸리고, 시종일관 거울 앞에 서서 자신의 모습에 감동하고, 급기야는 클래식 음악을 선곡하여 오디오에 넣어 본격적인 놀이를 시작했다. 바로바로 파티놀이! 원피스를 리폼하는 것만 해도 시간이 한참 걸렸기에 드레스가 완성되면 독후활동이 끝날 줄 알았는데 역시나 아이들은 그다음부터 본격적인 독후활동을 시작했다. 음악에 맞춰 각자 독무대를 선보이고, 둘이서 손을 마주 잡고 춤을 추기도 하면서 마냥 행복하고 즐겁게 그 순간을 즐겼다.

아이가 아직 어리거나 이런 독후활동을 접한 기간이 짧으면 아무래도 놀이에 엄마의 아이디어가 많이 들어간다. 초기에는 그럴 수밖에 없다. 인풋이 부족한데 아웃풋이 있을 수는 없기 때문이다. 하지만 다양한 놀이와 경험을 쌓아가다 보면 엄마의 아이디어에 아이도 점차 자신의 생각을 보태며 때론 엄마도 상상하지 못한 기막힌 방법으로 사고를 하고 스스로 문제를 해결하며 멋지게 자라난다.

또한 초기 독후활동에는 활동 하나에 기껏 2~3분, 5분, 10분 정도만 집중하다 다른 곳으로 가버리던 아이들이 어느 순간부터 한 가지 활동에 몰두하는 시간이 점차 길어진다. 이 모든 과정이 책을 읽고, 이해하고, 사고하고, 상상하며, 표현하는 가운데 더 책을 사랑하게 되고, 배움을 즐기며, 아름답게 성장하는 여정이다.

한 가지 기억해야 할 것은 엄마의 과도한 열정은 금물이란 것이다. 이곳저곳에서 알아온 놀이방법과 체험 장소에 데리고 갈 기대에 부풀어서 아이의 마음은 지금 이 순간에 있는데, 엄마 혼자 한 박자 빨리 앞서서 어서 오라고 손짓을 하게 되면 결국 엄마는 자기 마음대로 따라오지 않는 아이를 보며 화를 내게 될 확률이 높다. 어디까지나 아이를 따라가야 한다.

엄마는 크레파스로 만든 우주가 진짜 우주처럼 더 넓고 광활하길 바라는 마음에 더 많은 크레파스를 잘게 부수고, 더 많은 다림질을 하고 싶더라도 참아야 한다. 또한 원피스 밑단을 잘라낸 천으로 더 많은 리본을 만들어 치마 여기저기에 매달고 싶어도 아이가 하나면 된다고 주장하면 내 생각이 더 멋져 보일 것 같아도 아이의 말을 따라가야 한다. 이것만 기억하면 중기 독후활동은 다양한 경험 속에서 미래에 발아될 보석 같은 시간을 보내게 될 것이다.

중기 독후활동으로 좋은 몇 가지 놀이들

▲ 《나무는 좋다》 책을 읽고 커다란 나무를 만들었다. 전지 위에 신문지로 나무줄기를 표현한 다음 아이들과 나뭇잎을 주워와 다양한 색으로 스크래치를 하여 표현했다.

▲ 《선덕여왕》의 모란꽃 일화를 만화책에서 본 후, 화선지와 네임펜, 사인펜을 이용해 모란꽃을 그려보았다. 책 위에 화선지를 올리고 네임펜으로 따라 그린 후, 사인펜과 물로 색을 입혔다.

◀ 《소금이 온다》 책을 읽고 집에서 '미니 염전 체험'을 해보았다. 굵은 김장용 소금을 찧어서 물에 녹인 후 소금물을 볕에 놔두었더니 일주일이 채 지나지 않아 물이 증발하고 소금만 남았다. 아이들이 염전의 원리를 온전히 이해했던 독후활동이었다.

◀ 《꽃은 왜 피어요?》를 읽고 씨앗이 자라는 데 무엇이 필요한지 실험을 해보기로 했다. 똑같은 씨앗을 준비해놓고 한쪽은 빛, 공기, 물을 모두 주며 기르고, 다른 한쪽은 차례대로 빛, 공기, 물을 주지 않고 길렀다. 사진은 모든 환경을 마련해준 씨앗의 성장 모습이다.

◀ 《이슬이의 첫 심부름》을 읽고 아이들에게 종이 위에 사야 할 목록을 적어준 뒤 마트에서 직접 장을 볼 수 있게 했다. 안 그래도 아이들은 엄마아빠의 심부름을 한번쯤 해보고 싶어 하던 때였다. 나는 일절 참견하지 않고 먼 거리에서 따라다녔는데 비누가 어느 코너에 있는지, 우유와 참치통조림은 어느 코너에 있는지 찾아다니며 신나하는 아이들을 보며 나까지 즐거웠다.

◀ 《아기 곰의 생일 케이크》를 읽은 후 우리도 집에서 꼬마 케이크를 만들어보기로 했다. 조심조심 밀가루를 덜어 그 양을 저울로 재어보고, 달걀을 깨뜨려 저어도 보고, 미니 오븐기에 반죽을 넣고 타이머를 맞춘 후 요리가 완성되기를 기다리는 모든 순간이 행복했다. 케이크 만들기는 아이들의 로망이기도 했고 아무리 반복해도 질리지 않던 독후 활동이었다.

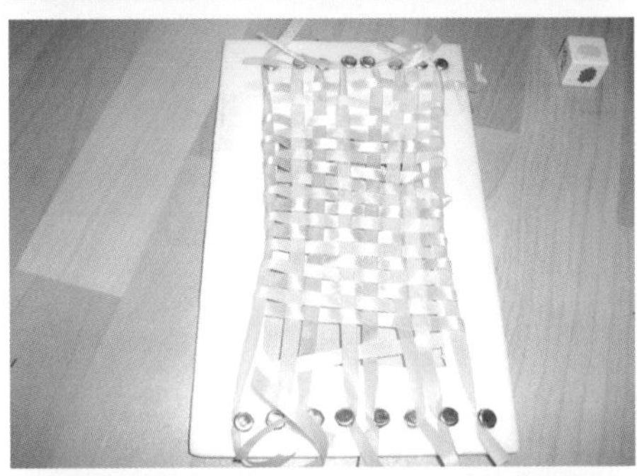

◀ 〈견우와 직녀〉를 읽고 우리도 직녀처럼 베틀을 짜보자고 했다. 커다란 베틀은 없지만 씨실과 날실이 어떻게 엮여서 옷감이 되는지 보여줄 수 있었다. 이 활동을 통해 아이들은 옛날 사람들은 옷을 만들어 입기가 아주 힘들었겠다는 소감을 들려주었다.

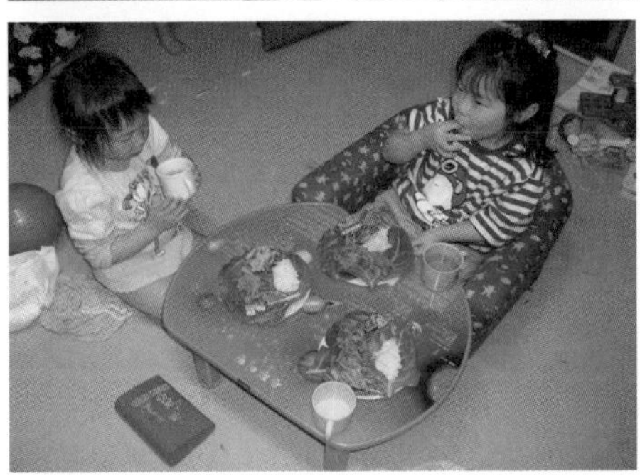

◀ '지구별 문화여행' 전집을 읽다가 우리도 인도인들처럼 커다란 식물 잎 위에 밥과 반찬을 담아 먹어보자고 했더니, 이왕이면 음식도 손을 사용해 먹어보고 싶다고 했다. 아이들과 손으로 한 끼 식사를 하며 새로운 즐거움에 빠져보았다.

Q 7살, 9살 남매를 키우는 엄마입니다. 지금까지 두 아이 모두 책을 육아의 가장 중심에 두고 지내왔습니다. 큰아이는 책을 좋아하고 즐겨 읽는 아이로 자라고 있고, 둘째 아이는 날마다 꾸준히 한두 권씩 읽고 있습니다.
저는 책이 없는 가정에서 자랐지만 책을 알게 된 후 책을 좋아하는 아이로 자랐고, 남편은 책이 많은 환경에서 자랐지만 게임을 좋아하는 사람으로 성장했습니다. 남편은 게임이 너무 재미있어서 게임을 만든 사람과 게임의 역사, 게임 사업 등을 어린 시절 혼자 연구하고 공부했다고 합니다.
제가 궁금한 건 책을 통한 즐거움과 지식 확장 등으로 자녀를 교육하고자 하는 제 마음과 아이들에게 게임의 세계를 알려주고 싶어 하는 남편과의 사이에서 계속 갈등과 고민이 생긴다는 것입니다. 앞으로 아이들의 독서교육 방향성은 어떻게 가져가는 게 좋을까요?

A 저는 사람이 책만으로 성장한다고 생각하지 않습니다. 그럼에도 불구하고 책을 아주 중요하게 생각하는 이유는 책만큼 다양한 분야에서 사람을 깊이 있게 성장시켜주는 도구가 없다고 생각하기 때문입니다. 책은 정말이지 거의 모든 분야의 기본이고 바탕입니다. 책은 아주 쉽게 그 많은 효과를 얻을 수 있는 열쇠입니다. 물론 쉽다는 것의 의미가 거저 얻게 된다는 뜻은 아닙니다. 독서의 효과가 나타나는 것은 양도 중요하지만 사람의 기질과 성향에 따라 아주 긴 시간의 채워짐 뒤에 오기도 하므로 어쩌면 '기다

림의 미학'이 아주 많이 요구되는 수단입니다.

독서가 사람을 성장시키는 아주 중요한 도구는 맞지만 한 사람이 어떤 모습으로 살아가느냐 하는 것은 개인의 기질과 개인이 어떤 환경에서 어떤 말을 듣고, 어떤 경험을 하며 자라왔느냐가 더 큰 변수가 된다고 생각합니다. 그러므로 내가 어린 시절 책이 없는 집 안에서 컸으나 책을 좋아하는 사람으로 성장했고, 남편은 그 반대가 된 것은 조금도 이상한 일이 아닙니다. 하지만 제가 확신할 수 있는 것은 남편 분이 유년기에 책이 많은 환경에서 성장했기에 게임에 빠져도 그 즐거움만 탐닉하는 것이 아니라 게임의 역사와 게임을 만든 사람, 게임에 관한 사업으로 그 호기심을 넓혔고 따라갈 수 있었다는 것입니다.

두 아이의 경우 책이 있는 환경에서 성장하고 있고, 게임을 단순히 스트레스 해소용으로만 보지 않고 게임에 대한 이해도가 높은 아빠와 함께하고 있기에 걱정할 부분은 없다고 생각합니다. 다만 둘째 아이의 경우 좀 더 책 읽기에 신경을 써주시기 바랍니다. 저희 아이들도 정말 열심히 게임을 했고, 지금도 게임을 하며 즐거움을 느끼고 있습니다. 책은 실질적인 경험을 만났을 때 그 깊이가 더해지고, 경험을 통해 더 확장될 수 있습니다. 그런 이유로 제가 중요하게 생각하는 것이 책, 경험(놀이), 대화(질문하고 답하기)입니다.

#책을 통한 교육 #게임을 통한 교육

#책과 게임 #아들에게 게임을 알려주려는 남편

#어린 시절의 환경이 아이에게 미치는 영향

중기 독후활동 방법 2

정답이 없는 열린 질문을 하라

독후활동 중기에 또 하나 신경 썼으면 하는 활동은 바로 책을 매개로 대화를 나누는 것이다. 대화는 정말 아무리 강조해도 지나침이 없는, 유년 시절에 책이 있다면 학령기에는 대화가 있었으면 하고 바라는 아이의 성장을 도와줄 강력한 치트키이다.

전 세계에서 불과 0.2퍼센트의 인구 비율로 역대 노벨상 수상자들의 22퍼센트를 차지하는 유대인, 그들에게는 특별한 자녀교육 방식이 있고 그 가운데 가장 널리 알려진 것이 앞서 언급했던 '하브루타'다. 둘씩 짝을 지어 묻고 답하는 토론을 통해 진리를 찾아가는 교육법으로 소크라테스도 진리탐구의 방편으로 삼았다. 우리도 이와 같이 '질문하고 답하는 시간'을 아이들과 함께 가져보자.

이것은 전혀 어렵지 않다. 노벨상, 하브루타, 토론, 소크라테스, 진리탐구 등 어렵게 느껴지는 단어들이 나열되었지만 알고 보면 그냥 '수다 떨기'와 같다. 대부분의 엄마들은 이야기하는 것을 좋아하니 그 능력을 십분 발휘하면 된다. 처음에 무슨 질문을 해야 할지 어렵게 느끼는 사람도 약간의 스킬만 배우면 정말 쉽고, 아이들도 그 시간을 무척 기다리며 즐거워한다. 부담 없이 가볍게 시작하면 된다.

즐겁고 재미있어서 계속하고 싶고, 계속하다 보면 학원에서 돈을 주고 배워도 다 채울 수 없는 창의적이고, 유연하며, 비판적 또는 논리적으로 생각하는 힘을 기르고 표현할 수 있게 된다. 아이가 5~7살이 되면 좋아하는 책을 매개로 조금씩 시도해보자. 위대한 역사는 평범한 매일의 축적으로 이루어진다.

묻고 답하기의 시작은 질문하는 것에서부터 시작한다. 준비가 되었으면 나의 안내를 조금만 더 따라와보길 바란다.

> 흰 눈이 솜사탕처럼 쌓이던 겨울이었어요.
>
> 눈처럼 하얗고 예쁜 공주가 태어났어요.
>
> 왕비는 아기를 백설공주라고 불렀어요.
>
> 하얀 눈이라는 뜻이지요.

〈백설공주〉의 첫 대목이다. 이 부분을 읽고 아이에게 어떤 질문을 해볼 수 있을지 밑줄에 한번 적어보자.

____

____

____

나의 강연과 워크숍, 톡 놀이 수업에서는 '질문 뽑기'에 대한 기초를 배우고 익히는 시간을 가진다. 이때 대부분의 엄마들이 뽑은 질문을 보면 "왜 공주의 이름을 백설공주라고 지었을까?" "백설공주는 어느 계절에 태어났지?" "눈이 내리는 이유는 뭐야?" 등 정답이 있는 질문들인 경우가 많다.

내 경험에 의하면 이러한 질문은 좋은 질문이 아니다. 답이 있는 질문을 소위 '닫힌 질문'이라 하고, 무엇이든 답이 될 수 있는 질문을 '열린 질문'이라 하는데 가급적 엄마는 아이에게 열린 질문을 던져야 한다. 질문에 답이 있는 순간 사람은 경직되기 때문이다. 몸과 마음이 딱딱하게 굳은 상태에서는 자유롭고 창의적인 사고가 나오기 어렵다. 또 자신의 생각을 말로 뱉어봄으로써 자연스럽게 습득할 수 있는 표현력과 설득력도 키우기 힘들다.

엄마가 아이에게 건네는 질문은 무조건 정답이 없는, 그래서 아이가 하는 모든 말이 정답이 되는 그런 질문을 던져야 한다. 유치원만 가도 아이들은 선생님으로부터 질문하고 답하는 시간을 갖는 동안 '정답'을 강요받는다. 그 후 초등학교, 중·고등학교를 지나 대학에 가기 전까지 학교에서, 학원에서, 학습지와 시험을 통해 아이들은 끊임없이 정답이 있는 질문들을 들으면서 자란다. 굳이 엄마까지 아이에게 두 팔 걷어붙이고 정답을 말해보라고 숟가락을 얹을 필요가 있을까.

적어도 엄마와 나누는 대화는 가볍고, 재미있고, 무슨 대답을 해도 엄마가 "와, 좋아. 맞아! 멋진 생각이야"라고 칭찬해주는 시간을 갖는 것이 좋다. 그 시간을 통해 아이는 말하는 재미를 느끼고, 사고력과 창의력을 키우며, 엄마와 소통하고 연결된 느낌, 모든 생을 살아가는 데 있어 가장 바탕이 되는 엄마의 사랑을 느끼며 자라게 된다.

물론 처음에는 저 짧은 문장 안에서 대체 어떤 질문을 던져야 할지 몰라 막막하지만 그건 단지 우리가 익숙하지 않아서, 해보지 않아서일 뿐이다. 해보면 된다. 하면 별 게 아니라는 것을 알게 된다. 익숙하지 않아서 두려운 것이다. 그러니 익숙해질 때까지 시도해보자. 그 열매를 먼저 먹어본 육아 선배로서 꿀보다 더 달콤한 그 맛을 꼭 전하고 싶다.

그렇다면 앞서 제시한 〈백설공주〉의 첫 대목에서 뽑을 수 있는 '열린 질문'들의 예시를 몇 가지 살펴보자.

- 흰 눈이 내리는 겨울에 태어난 공주를 백설공주라고 불렀잖아. 봄에 태어났으면 뭐라고 부르면 좋을까? 여름과 가을엔? 왜 그렇게 이름을 지었어?
- 눈처럼 하얀 건 또 뭐가 있을까?
- 봄, 여름, 가을, 겨울 사계절 중에 네가 가장 좋아하는 계절은 뭐야? 왜 그 계절이 제일 좋아?
- 겨울하면 너는 눈 이외에 또 뭐가 생각나니?
- 혹시 네 이름의 뜻을 너는 알고 있니?
- 흰 눈이 내리는 겨울날 너는 무얼 하고 싶어?
- 책에서는 눈처럼 하얗고 예쁜 공주를 백설공주라고 불렀어. 그러면 세상에서 가장 예쁘고 사랑스러운 아이는 뭐라고 부를까?(이 질문만 정답이 있다. 바로 아이 이름인데, 그렇게 답을 말해주고 나면 아이가 무척 즐겁고 행복해할 것이다.)

어떤 질문을 하면 좋을지 느낌이 오는가? 단 한 번의 연습으로 무언가를 배우고 감을 잡는 건 쉬운 일이 아니니 〈백설공주〉의 다른 대목에서 '열린 질문'들을 한 번 더 뽑아보자.

백설공주는 행복하게 자랐어요.

다람쥐와 새들과 친구가 되어 놀았지요.

그런데 왕비가 갑자기 하늘나라로 떠났어요.

왕은 슬퍼하는 공주를 위해 새 왕비를 맞이했지요.

질문의 방향을 알았기에 처음보다 질문 뽑기가 조금은 수월해진 느낌이 들지 않는가? 그거면 충분하다. 처음에는 누구나 어렵다. 아이가 좋아하는 책을 읽고 매 페이지마다 질문을 뽑지 않아도 된다. 부담 갖지 말고 책 한 권당 두세 개의 질문을 한다고 생각하자. 그렇게 매일 조금씩 질문을 건네다 보면 2~3개월 후, 그리고 1년 뒤 자신의 질문 뽑기 실력에 깜짝 놀라게 되는 날이 올 것이다. 내가 그랬던 것처럼 말이다.

아이들이 모두 공주를 좋아해서 명작동화 속에 나오는 여러 공주들의 이야기로 대화 놀이를 시작했는데, 1년 뒤에도 우리는 같은 책으로 또 다른 대화를 나누었다. 똑같은 책이어도 책 속에서 질문을 뽑아내는 엄마의 눈이 더 깊어지고 다양해졌기 때문이다. 누구나 그렇게 될 수 있다. 1~2주만 아이와 대화하는 데 시간을 들여도 많은 분들이 다음과 같이 이야기한다.

"아이와 이야기를 나누다 보니 아이가 이렇게 애교가 많은지, 엄마를 이렇게 많이 사랑하는지 새삼 깨닫게 되어 감동이었습니다." "책에 대해 질문하고 이야기함으로써 대화의 폭이 넓어지고, 아이의 관심사도 알게 되었어요." "아이의 생각에 많이 놀랐습니다. 이렇게 멋진 아이를 왜 지금까지 생각이 없는 아이라고 믿고 있었을까요?" "아이의 마음을 알게 되었고 공감할 수 있게 되었어요."

다음은 앞서 두 번째로 제시한 〈백설공주〉의 한 대목에서 뽑아본 '열린 질문'들의 예시다. 참고하여 아이와 소중한 시간을 보내길 바란다.

- 백설공주는 다람쥐와 새들과 친구가 되어 놀며 행복하게 자랐대. 넌 행복해? 언제 가장 행복하니?
- 네 친구는 누구야?
- 왕은 슬퍼하는 공주를 위해 새 왕비를 맞이했어. 네가 왕이었다면 어떻게 했을 것 같아? 왜 그렇게 생각해?
- 슬퍼하는 공주를 위해 또 무엇을 할 수 있을까?
- 슬퍼하는 사람을 본 적 있니? 본 적이 있다면 언제 보았니?(슬퍼하는 사람을 본다면 넌 어떻게 해주고 싶어?)
- 너도 슬펐던 적이 있어? 언제? 왜?
- 동물과 친구가 되어 말을 할 수 있다면 넌 어떤 동물과 친구가 되어 무슨 말을 나누고 싶어?
- 넌 친구와 어떤 놀이를 할 때 즐거워?

질문하고 답하는 '대화 놀이'에서 알아두면 도움이 될 만한 팁 몇 가지를 소개한다.

① 아이가 얼마나 알고 있는지 확인하는 질문은 하지 말자

정답이 없는 '열린 질문'을 던져야 한다. 그것이 질문하고 답하는 '대화 놀이'에서 가장 중요한 핵심 포인트다. 누군가 나에게 '너를 위해서'란 이유를 앞세워 얼마나 알고 있는지를 계속 확인한다면 결코 상대에게 좋은 감정을 가질 수 없다. 또한 얼마나 알고 있는지 떠보는 느낌, 나의 부족을 계속 일깨우는 느낌, 그 불쾌함과 긴장감 속에서 자유롭고 창의적인 두뇌 회전은 더욱 요원해진다.

② 아이에게 묻고 싶은 질문을 나에게 먼저 해보자

'대화 놀이' 시간을 처음 가질 때는 어떤 질문을 하는 것이 좋을지 헷갈리고 어렵게 느껴진다. 이럴 때는 내가 아이에게 하고 싶은 질문을 미리 나에게 던져보자. 그때 나에게 느껴지는 감정, 생각, 기분이 그 질문의 가치를 말해준다.

"오늘 유치원 어땠어?" "이 책 어때?" "오늘 하루는 어땠어?"

이런 질문들은 너무 광범위해서 아이가 답을 찾는 것이 무척 애매하다. 그래서 고민 끝에 "좋았어, 재밌었어. 몰라" 등의 단답형 대답이 돌아올 가능성이 크다. 내가 힘들면 아이도 힘들다. 아이에게 묻기 전에 나에게 먼저 물어보자. 질문이 너무 막막하게 다가온다면 "오늘 유치원에서 기뻤던 일 있었어?" "이 책에서 가장 기억나는 장면은 어디야?"와 같이 좀 더 구체적인 질문을 던져보자.

③ 아이의 대답이 없다면 내 생각과 경험을 들려주자

아이에게 질문했을 때 5~10초가 지나도 대답이 없는 경우가 있다. 이때는 "좀 더 생각해봐"라는 말로 아이의 대답을 강요하기보다 엄마의 생각이나 경험을 먼저 들려주면 좋다. 그러면 엄마의 이야기가 힌트가 되어 자신의 경험과 생각이 떠오를 수도 있고, 엄마의 말에 꼬리를 물고 다른 대화가 이어질 수도 있다.

열린 질문이든 닫힌 질문이든 아이가 질문에 답을 하는 것뿐만 아니라 엄마와 함께 이야기를 나누는 행위에 큰 의미가 있다. 때로는 엄마의 이야기로 끝이 나도 좋다. 그 시간들이 쌓여 아이는 '대화의 맛'을 알아가게 될 것이기 때문이다.

④ 아이가 단답형으로 답하면 이유를 물어보자

'대화 놀이' 초기 단계에는 나름 멋진 질문을 던졌지만 아이가 "응/아니" 또는 "좋아/싫어"로 단답형 대답을 하기도 한다. 아직 엄마의 질문 스킬이 살짝 부족한 것인데 계속 시도를 하다 보면 어떤 질문이 아이의 말을 많이 이끌어낼 수 있는지 알게 된다.

예를 들어, "솜사탕을 먹어 보니 기분이 어땠어?"라는 질문보다는 "솜사탕을 먹었을 때의 기분을 또 언제 느껴봤어?"라는 질문이 아이의 말을 끄집어낼 수 있는 더 좋은 질문이다.

하지만 이런 질문을 던질 준비가 되지 않았다면 "왜?"라는 말로 꼬리에 꼬리를 무는 질문도 도움이 된다. 가령, "솜사탕을 먹어보니 별로였구나. 왜?" 이런 식으로 아이의 말을 이끌어내면 된다.

⑤ 엄마도 함께 참여하자

엄마는 질문하는 사람, 아이는 대답하는 사람이 아니다. 서로 함께 이야기를 나누며 대화를 통해 즐거운 시간을 가지는 것이 더 중요하다.

예를 들어, "생일날 어떤 선물을 받고 싶어?"라고 질문했다면 아이의 이야기를 다 듣고 나서 엄마가 받고 싶은 생일 선물도 이야기를 하는 것이다. "오래 전부터 갖고 싶은 것이 있었는데 아무도 선물해주지 않는 거야. 이번 생일에는 꼭 받았으면 좋겠어"라고 그냥 친구와 수다를 떨 듯 가볍고 편안하게 이야기하면 된다. 엄마는 논술 선생님도 면접관도 아니다. 그저 이야기를 하며 아이와 같이 놀아주면 된다.

⑥ 교훈을 주거나 엄마의 생각을 주입하지 말자

초등학교 고학년이 되었음에도 공부보다는 노는 것에 빠져 있고, 갈수록 게임만 더 많이 하려는 세 아이를 보면서 답답했던 적이 있다. 질문을 빙자하여 '그렇게 살면 안 된다'는 말을 하고 싶었다. 제4차 산업혁명 시대가 도래했고, 너희 세대는 평생 하나의 직업만으로는 살 수 없다고 질문과 대화 속에 그러한 메시지를 전달했다. 하지만 시간이 흐르고 나서야 그때 아이들의 가슴에 남은 것은 내가 전하고자 했던 조언 또는 교훈이 아니라 말 아래 숨어 있던 '엄마의 불안'이었음을 알게 됐다. 그저 묻고 답하며 서로를 알아가면 된다. 모든 것은 그 끝에 선물처럼 기다리고 있으니 말이다.

⑦ 아이마다 다르다는 것을 염두에 두자

정답이 있는 질문은 지양했으면 좋겠다고 했지만 아이에 따라서는 그런 질문을 좋아하는 아이가 있다. 내가 얼마나 많이 아는지 엄마에게 보여주고 싶거나 최근에 알게 된 자신의 관심사를 이야기하면서 마음을 터놓고 소통하고 싶어 하기도 한다. 그럴 때는 아이가 원하는 대로 따라가면 된다.

또 책을 매개로 묻고 답을 하는데, 잠자리에서 책을 읽으며 "넌 어때?"라고 묻는 것을 달가워하지 않는 아이들도 많다. 책을 읽을 때는 책 내용에만 집중하고 싶은 성향 때문인데 이 경우 질문하고 답하는 시간을 싫어하는 것이 아니라 그저 타이밍이 좋지 않은 것이다. 이럴 땐 식탁에서 밥을 먹거나 차를 타고 이동할 때 다시 한 번 질문을 시도해보자.

⑧ 꾸준히 실천하자

꾸준히 묻고 답하는 시간을 가진다는 것의 의미가 매일 그래야 한다고 말하는 것은 아니다. 그저 오랫동안 멈추지 말고 아이와 대화하는 시간을 갖자는 뜻이다. 작심삼일도 좋고, 작심이일만 성공해도 된다. 그 작심을 실천한 후에 이틀 쉬고, 다시 성공한 뒤에 이틀을 쉬어도 생의 시간을 두고 보면 꾸준히 실천한 것이다.

그렇게 실천하다 보면 어느 순간 임계점을 지나 노력한 시간과 선택들에 만족한 미소를 띠게 될 것이다. 진짜 소중하고 중요한 것들은 만들어지는 데 오랜 시간이 필요하다. 지치지 말고 선택하고 또 선택해보자.

⑨ 아이의 말에 무조건 긍정적인 반응을 보이자

'대화 놀이'의 초기와 아이의 연령이 4~6세 정도로 어릴 경우, 아이는 엄마의 질문에 동문서답을 할 때가 자주 있다. 특히 둘 이상의 아이와 함께 이야기를 나눌 경우에는 아무래도 어린 동생이 대답을 더 못하고, 부족함이 느껴질 수밖에 없다. 하지만 엄마는 무조건 아이의 대답을 칭찬해야 한다.

"아니, 엄마가 드레스에 어떤 무늬 장식을 하고 싶냐고 물었잖아. 근데 왜 공룡이랑 이야기하고 싶다는 대답을 하냐고!" 이런 식으로 짜증을 내서는 안 된다. "아, 너는 드레스에 무늬를 장식하는 것보다 공룡이랑 이야기하고 싶어?" 또는 "와, 공룡이랑 이야기가 하고 싶구나" 하고 자연스럽게 넘어가면 된다. 머릿속의 말들이 뒤엉켜 입 밖으로 정리되어 나오기 쉽지 않은 나이임을 고려해야 하는 것이다. 어쩌면 아이는 드레스에 공룡 무늬를 넣고 싶다는 생각을 하다가 공룡이 떠오르니 갑자기 공룡과 이야기가 하고 싶다는 데까지 생각이 이어졌을지도 모른다. 그저 칭찬과 오버액션으로 말하고자 하는 아이의 마음에 자신감을 채워주자.

⑩ 아이가 좋아하는 것에서 시작하자

엄마도 질문이 처음이고, 아이도 대답하는 경험이 처음일 때는 서로가 이 상황이 어색해서 이야기가 원활하게 이어지기 어렵다. 이럴 땐 아이의 관심사를 이용해서 질문을 시작하는 것이 효과적이다. 게임이든, 만화책이든, 웹툰이든, 축구든 아이가 좋아하는 것을 매개로 이야기를 시작하면 묻고 답하는 놀이가 금방 익숙해진다. 이렇게 아이와 엄마가 대화를 주고받는 상황에 적응이 되면 그다음부터는 아이가 좋아하는 책을 매개로 수월하게 이야기를 옮겨갈 수 있다.

⑪ 내 마음이 왜 이럴까 스스로에게 물어보자

간혹 아이에게 건넬 질문을 생각하는 것만으로도 힘든 감정이 느껴지고, 아이와 함께 대화한다는 상상만으로도 거부반응을 느끼는 경우가 있다. 질문과 학습에 대한 심리적인 압박감(우리는 주로 학창 시절에 선생님의 질문에 답하며 잔뜩 긴장했던 내면아이나 공부를 잘하지 못했던, 그러나 잘하고 싶었던 상처받은 내면아이를 가슴에 품고 있다)이나 말을 이어나가면서 아이와 연결되는 것이 힘들기 때문이다. 그 이유는 반드시 내 안에 답이 있다. 내가 왜 이토록 아이에게 잘해주고 싶으면서도 잘해주기 싫은지 '왜, 왜, 왜'라는 거듭된 질문으로 상처받은 나의 내면아이를 찾아보고, 그 아이를 달래주고 나면 한결 가벼운 마음이 들게 된다. 내 잘못이 아니라는 것을 깨달아야 한다.

중기 독후활동 방법 3

어떤 질문을 어떻게 할 것인가

아이와 엄마가 모두 질문하고 대답하는 놀이에 익숙해지고 3개월, 6개월,

1년, 2년의 시간이 쌓이게 되면 그때는 어떤 책을 매개로 대화를 나누어도 수준 높고 질적인 대화가 이어진다. 도구는 정말 중요한 요소가 아니다.

다음 소개하는 책은 이르면 6~7살부터 초등 시기의 아이들이 많이 보는《만화로 보는 그리스 로마 신화》1권의 첫 장이다.

Ⓐ 아빠! 엄마가 간식 드시래요.

고맙다.

아빠, 꽃이 참 예뻐요.

그래? 하지만 난 꽃보다 지연이가 더 예쁘단다.

아이… 아빠, 정말? 꽃보다 제가 더 예뻐요?

《만화로 보는 그리스 로마 신화》, 토머스 불핀치, 가나출판사

그럼, 당연하지. 지연이는 세상에 하나밖에 없는 내 딸인걸.

저는, 예쁘다는 말을 들으면 참 좋아요.

'고슴도치도 제 새끼는 함함하다고 한다'라는 속담도 몰라?

그게 무슨 소리야, 오빠?

네가 아빠의 딸이니까 예뻐 보이신다는 뜻이지, 뭐.

아빠, 오빠 말이 사실이에요?

아니야. 지연이는 이 세상에서 가장 예쁜 여자애야.

이 페이지를 보고 아이에게 던질 질문을 뽑아보자.

예시로 뽑아본 질문들은 다음과 같다.

- 네가 좋아하는 간식은 뭐야?(엄마가 어떤 간식을 만들어줬을 때가 좋았어?)
- 책에 나오는 아저씨는 꽃보다 지연이가 더 예쁘대. 넌 요즘 뭐가(누가) 예뻐?
- 넌 어떤 꽃이 제일 예쁜 것 같니?
- 지연이는 예쁘다는 말을 들으면 기분이 참 좋대. 넌 어떤 말을 들을 때 기분이 좋아? 그 말이 왜 좋아?
- "고슴도치도 제 새끼는 함함하다"는 속담을 혹시 아니? 엄마는 "고슴도치도 제 새끼는 예쁘다"로 알고 있었는데 혹시 네가 아는 또 다른 속담이 있니?(우리 속담 대결을 해

볼까?)

- 속담 중에 "천릿길도 한 걸음부터"라는 말이 있어. 무슨 뜻일까?
- "말을 물가로 데려갈 수는 있어도 물을 먹일 수는 없다"는 속담은 무슨 뜻일까?
- 네가 지금까지 만나본 가장 예쁜 사람은 누구야?

이런 대화를 나누면서 아이의 여자친구나 남자친구, 학교생활 이야기를 들을 수도 있고, 아이의 관심과 생각, 지식의 정도를 알 수도 있다. 또 속담을 이야기하면서 충분히 사고력과 추론능력, 이해력과 표현력을 기르며 아이의 배경지식을 확장시켜줄 수도 있다.

같은 책의 다음 페이지를 읽고 한 번 더 아이에게 물어보면 좋을 질문들을 뽑아보자.

B 아빠 말씀은 사실이 아냐.

질투하지 마. 아빤 사실대로 칭찬하셨어.

거울아, 거울아, 이 세상에서 누가 가장 예쁘니?

숲에서 일곱 난쟁이와 함께 살고 있는 백설공주가 제일 예뻐요.

갑자기 백설공주 얘기는 왜 해?

몰라서 물어? 이 세상에서 가장 예쁜 여자는 백설공주잖아.

지우야, 그렇게 생각한다면 이 세상에서 가장 예쁜 여자는 아프로디테란다.

비록 여신이기는 하지만…….

아프로디테라고요?

처음 들어 보는 이름인데, 누구예요?

그리스 신화에 나오는 '아름다움과 사랑의 여신'이야.

영어로는 '비너스'라고 해.

아, 비너스! 그 비너스가 아프로디테라고요?

그래, 우리나라 사람들은 영어의 영향 때문에 비너스라고 많이
알고 있어.

문학 작품이나 텔레비전 광고에도 자주 나오잖아. 자, 이 그림을 봐라.

예시로 뽑아본 질문들은 다음과 같다.

- 너도 질투를 느껴본 적이 있니? 혹시 부러운 사람이 있어?
- 너 말고 다른 사람이 칭찬을 받고 있는데, 네 기분이 별로 좋지 않았던 적이 있어?
- 누군가가 너를 질투한다고 느낀 적이 있니?
- 이 세상에 진실만 말해주는 거울이 있다면 너는 그 거울에 무엇을 물어보고 싶어?
- 엄마가 요술 거울에 질문을 해볼게. 너는 요술 거울이 되어 엄마의 질문에 대답하는 거지. 어때, 해볼까?(반대로도 해볼까?)
- 지우 오빠는 이 세상에서 백설공주가 가장 예쁘다고 대답했는데, 아빠는 아프로디테를 이야기했어. 그 말을 들은 지우의 기분이 나빴다면 이유가 뭘까? 너도 그런 경험이 있니?
- 같은 말을 기분 좋게 전하는 사람이 있고, 기분 나쁘게 표현하는 사람이 있는데 그 차이는 뭘까?
- '그리스 신화'에서 가장 아름답고 또 사랑을 상징하는 신은 아프로디테라고 했잖아. 네가 만약 신이 된다면 어떤 신이 되고 싶어?
- 왜 사람마다 '예쁜 사람(것)'이 다른 걸까?
- 외모가 예쁜 것과 마음이 예쁜 것 중 너는 뭐가 더 중요하다고 생각해?

짧은 만화책 두 페이지에서 이렇게 많은 질문을 뽑아낼 수 있다. 뿐만 아니라 그 시간을 통해 사람마다 예쁘다고 생각하는 대상과 기준이 다름을 확인하게 되고, 자연스럽게 미의 기준이 시대마다 다름도 얘기해볼 수 있다. 불과 얼마 전만 해도 조금 통통한 사람을 예쁘다고 했으며, 그보다 더 오래된 미술작품을 보면 미의 여신 아프로디테를 훨씬 더 통통하게 그렸음을 알 수 있다. 그렇게 여러 화가들의 작품을 구경하며 왜 당시에는 요즘과 다르게 통통한 것을 예쁘다고 생각했을지 이야기를 나눠볼 수도 있는 것이다.

더 나아가 왜 '모나리자'를 미술작품에서 예쁘다고 하는지도 추론해볼 수 있다. 여기서는 배경지식이 참 중요하다. 중세 시대에는 이마가 넓은 사람을 미인이라 여겼다고 한다. 그래서 당시에 최대한 이마가 넓어보이게 눈썹을 미는 것이 유행이었는데, 그런 이유로 모나리자 역시 눈썹이 없다는 주장이 있다. 물론 누군가는 미완성 작품이라고 이야기하기도 하지만 정답은 중요하지 않다. 그저 각각의 질문에 대한 답을 하면서 아주 많은 생각과 느낌, 가치관과 경험, 배경지식을 나눠보는 것만으로도 충분히 의미가 있기 때문이다. 다만 배경지식이 풍부하면 이야기가 더 즐겁고 다채로워진다. 강조하건데, 그 스키마를 키울 수 있는 가장 손쉬운 방법이 바로 '독서'다.

혹시 여러 화가가 그린 수많은 '모나리자'가 있다는 것을 알고 있는가? 이렇게 다양한 화가의 여러 '모나리자' 작품을 아이에게 보여주면서 예전에는 실물을 가장 비슷하게 따라 그린 그림을 잘 그린 그림, 멋진 작품이라고 이야기했지만 이제는 세상이 바뀌었다는 관점에서 이야기를 들려줄 수도 있다. 피카소의 작품처럼, 고흐의 작품처럼, 현대의 다양한 미술작품처럼 작품 속에 나의 생각, 나의 감정, 나의 느낌을 나만의 방식으로 표현하는 것이 더 중요해진 세상이 되었다고 말해보자. '그러므로 너는 다른 사람을 따라 하기보다 너의 생각, 너의 감정, 너의 느낌을 표현하며 온전한 너 자신이면 된다'는 메시지를 준다면 아이가 얼마나 자신감

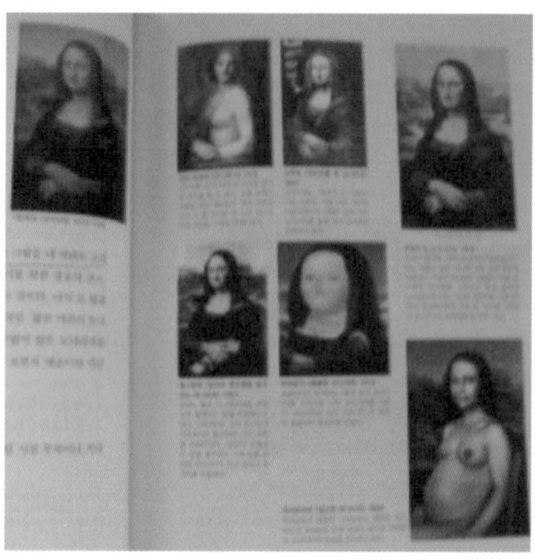

▲《나는야 꼬마 큐레이터》, 이현, 미진사

이 넘치겠는가.

게다가 《만화로 보는 그리스 로마 신화》의 첫 페이지 질문에서 "너는 어떤 꽃이 제일 예쁘다고 생각해?"란 질문을 주고받으며 정순왕후가 왕비 간택 시에 "멋과 향은 빼어나지 않지만 실을 짜내어 백성들을 따뜻하게 해주는 목화 꽃이 가장 예쁘다"고 말한 이야기를 전해줄 수도 있다.

《만화로 보는 그리스 로마 신화》를 매개로 아이가 5살 때도 이야기를 할 수 있고, 10살에도 이야기 나눌 수 있으며, 중·고등학교 때도 대화를 할 수 있다. 따라서 도구는 중요하지 않다. 도구보다 더 중요한 것은 책을 매개로 대화를 나누며 쌓아가는 '스키마'이다. 그러므로 아이가 읽기독립을 했다고 아이 혼자 책을 읽으며 지식을 쌓아가게 하지 말고, 아이가 읽는 책을 일부분이라도 부모가 읽고, 그것을 매개로 아이와 이야기하는 것이 의미 있다는 것을 꼭 염두에 두길 바란다.

엄마의 배경지식을 키우는 방법

① 아이의 책을 함께 읽는다

한 줄짜리 책부터 5~6줄짜리 책까지 매일 밤 아이들에게 책을 읽어주면서 나도 그 책을 같이 읽었다. 창작 그림책부터 자연관찰 책, 위인전과 과학동화, 전래동화와 명작동화까지 그때 읽었던 책들이 나의 배경지식이 되었다.

② 아이의 만화책을 함께 읽는다

아이의 책 수준이 높아지고, 책의 두께가 두꺼워지기 시작하고, 아이의 읽기독립이 완성되면 더 이상 엄마와의 잠자리 독서시간이 필요 없어진다. 즉 엄마는 아이가 어떤 책을 읽는지 그 책 내용이 무엇인지 알 수가 없다. 그러면 대화가 끊기고, 소통과 공감을 나누어볼 소재도 사라지게 된다. 이때 좋은 방법은 아이의 만화책을 엄마도 같이 읽는 것이다. 책 읽기에 대한 부담도 적고, 책도 술술 읽히고, 심지어 재미있다.

③ 아이가 읽는 책의 일부분이라도 읽는다

아무리 만화책이라 해도 아이가 읽는 책을 엄마가 모두 다 읽을 수는 없다. 그렇다고 아예 읽지 않기보다는 단 한 권이라도, 책의 1/10, 1/30, 1/50이라도 읽고 아이와 이야기를 나눠보자. 의외로 많은 것을 알게 되고, 아이와 연결된 느낌을 느낄 수 있다.

④ 부모용 가이드 부분을 읽는다

그림책이든 만화책이든 아이는 스토리가 진행되는 본문 내용만 주로 읽고 넘어간다. 이때 엄마는 책 뒤편에 있는 부모용 가이드처럼 따로 추가된 페이지를 읽어 보면 배경지식을 채우는 데 많은 도움이 된다.

예를 들어, 명작동화나 철학 그림책은 책 뒤에 아이에게 물어보면 좋은 질문도 언급되어 있고, 과학동화에는 과학적 원리가 좀 더 구체적이고 자세하게 나와 있다. 내가 얻은 상식의 90퍼센트는 아이들 책 속에 있었다.

⑤ 내가 읽고 싶은 책을 읽는다

아이들이 어느 정도 읽기독립이 되면 아이들을 위한 책이 아니라 엄마인 나 자신을 위한 책을 읽어보자. 어떤 종류의 책도 좋다. 영화와 관련된 책, 뜨개질 책, 인테리어나 원예에 관한 책, 소설책 등 무엇이든 좋다. 그 모든 것이 아이와 나누는 대화에 배경지식으로 사용될 수 있고, 함께 독서하며 즐거운 시간을 보낼 수도 있다.

Q 지식 책을 좋아하는 8살 남자아이를 키우고 있습니다. 사실적인 내용에 대한 줄거리나 정보는 잘 이야기하고 좋아하는데, 아이의 생각이나 느낌을 물어보면 표현력이 많이 부족합니다. 생각을 물어보면 "잘 모르겠어. 전부 다"라고 대답합니다. 그래도 계속 아이의 생각을 물어봐야 할까요?

A 남자아이들 중에 이런 성향의 아이들이 꽤 있는 것 같습니다. 하지만 이것을 남자아이들의 특성이라고 단정 짓기 전에 엄마가 어떤 태도로 아이에게 질문을 했는지, 어떤 내용의 질문을 던졌는지, 엄마의 평소 모습이 어떠한지를 살펴보는 것이 먼저일 듯합니다.

엄마가 아이에게 물어본다는 '생각을 묻는 질문'이 어떤 형태를 띠고 있나요? 우선 제가 이 책에서 제시한 질문법(대화법)을 참고해서 하나하나 살펴보시기 바랍니다. 나는 아이의 생각을 물었다고 하지만 은연중 엄마가 기대하는 대답이 있었던 것은 아닌지, 아이가 다른 것에 집중하고 있을 때 다가가서 질문을 했던 것은 아닌지 체크해보세요.

또 어려서부터 사실적인 정보를 주고받는 대화에는 익숙하지만 생각과 감정에 대해 물어보고 이야기 나누는 시간이 부족하지는 않았는지 짚어보세요. 그랬다면 이러한 대화가 익숙하지 않아서 그럴 수도 있기에 그럴 경우에는 엄마라면 이럴 것 같다는 엄마의 생각과 감정을 먼저 이야기하면서 모델이 되어주시면 됩니다.

한 가지 더 말씀드리고 싶은 것은 혹시 일상생활에서 엄마 자신이 생각과 감정을 표현하는 말을 잘 쓰지 않는 것은 아닌지도 점검해보세요. 아이들은 부모의 뒷모습을 보고 자라니까요.

#대화 놀이 #하브루타 #묻고 답하기 놀이

#지식 정보에 대한 이야기는 하지만 생각과 감정을 물으면 대답하지 않는 아이

#모른다고 답하는 아이

완기 독후활동과 초등 시기의 독후활동

아이는 자라면서 끊임없이 변한다. 뛰어다니기 좋아하고, 상상놀이, 역할놀이로 하루를 보내던 아이가 어느 순간부터 가만히 앉아 이야기하는 즐거움을 알고, 서서히 글씨를 쓰고, 펜으로 뭔가 끼적이는 활동을 시작했다면 이제 독후활동의 마지막 단계로 나아갈 때가 되었다는 의미다.

사실 독후활동 중기에 소개한 책을 매개로 다양한 방법으로 놀아보거나 이야기를 나누는 시간들은 초등학생 아이들에게도 무척 권하고 싶은 방법이다. 유아들에게 그 활동들이 그저 만지고, 보고, 듣고, 느끼고, 맛보는 것만으로도 오감을 일깨우며 두뇌발달에 도움이 되었다면, 초등 시기에는 각각의 활동을 통해 나누는 대화 속에서 훨씬 더 깊은 사고력과 문제해결력, 자아 성찰과 표현력을 키우게 되기 때문이다. 이전에 그런 경험이 적었다면 더욱 그렇다. 어떤 책인지, 무슨 도구인지는 중요하지 않다.

또한 이 시기는 종합선물세트 같은 시기다. 지금까지 앞에서 한 모든 활동(보고, 듣고, 경험하고, 체험하고, 나들이하고, 대화하고, 만들고, 그리는 것)에 '쓰면서 표현하는' 활동까지 더해진다. 그리하여 한 권의 책으로 무수히 파생되는 다양한 활동을 통해 아이의 세상을 한 차원 더 넓고 다채로운 세계로 옮겨갈 수 있게 한다. 그 모든 과정이 엄마와 함께 소통하며 즐겁고 신나는 시간이 될 수 있고, 거기에 들인 노력은 결코 아깝지 않을 축복의 시간이 될 것이다.

독후활동의 마지막 단계와 초등 시기에 해보면 좋을 몇 가지 독후활동 방법을 제시해본다.

큰아이는 〈삼국지〉를 참 좋아했다. 어린아이가 60권이나 되는 방대한 서사를 다 읽어낸 것이 기특해서 처음에는 독후활동으로 '책 걸이'를 했다. 옛날 서당에서 책 한 권을 뗄 때마다 했다는 책거리에서 착안하여 그저 몸을 움직이며 즐겁고 새로운 경험을 해보라는 의미로 방 안 가득 줄을 매달고 그 위에 책을 걸었다.

그리고 작은 케이크를 사서 초를 꽂아 축하를 해주었는데 빨래처럼 매달린 책들의 물결은 정말이지 장관을 이루었고 아이는 연신 책 파도와 케이크 사이를 오가며 행복한 시간을 가졌다. 그 즐거운 경험 뒤로 아이는 다시 〈삼국지〉 60권을 반복해서 읽었는데 한동안 아이가 무엇을 하고 있나 살펴보면 〈삼국지〉를 읽고 있던 시기가 있었다. 이때 느낀 것이 즐거운 독후활동이 책에 대한 아이의 마음을 더 불타오르게 한다는 사실이었다.

그러던 어느 날, 〈삼국지〉를 애니메이션으로 만든 것이 있음을 알게 되었고 매일 아이와 함께 한두 편씩 영상물을 보았다. 그럴수록 아이는 〈삼국지〉에 더욱 몰입했다. 그러다가 인터넷 검색을 해보니 '마당놀이 삼국지' 공연이 있어 아이와 함께 공연을 보기도 했다.

"엄마, 나는 그 장대한 적벽대전을 어떻게 표현할 수 있을까 몹시 궁금했거든. 그냥 빨간 천을 들고 흔들며 적벽대전이라고 하더라? 정말 실망했어."

그럼에도 불구하고 아이는 그 공연을 보고온 뒤 〈삼국지〉를 더 좋아했고, 더 깊은 상상놀이의 세계로 빠져들었다. 옷걸이를 둥글게 구부리고 보자기를 걸친 다음 말 머리를 그려 고정시킨 뒤 줄을 이용해 목에 매달아주었더니, 자기도 〈삼국지〉에 나오는 장수들처럼 말을 타게 되었다며 장난감 칼까지 손에 쥐고 온 동네를 달리며 즐거워했다.

그 후로 2년쯤 지나 아이는 다시 〈삼국지〉를 읽으며 입가에 미소 지었는데 이때는 쓰는 활동도 어려워하지 않고, 묻고 답하는 대화 놀이도 꽤 진행해온 참이라 조금 더 깊어진 독후활동을 해보기로 했다. 일명 '명대사·명장면 달력 만들기'.

일주일이 넘도록 아이와 달력을 만들면서 얼마나 즐겁고 행복했는지 말로 다 설명할 수 없다. 우선 60권의 책 중에 아이의 뇌리에 강하게 남아 있는 명대사와 명장면이 있는 페이지를 모두 복사했다. 1년은 열두 달이므로 달력에 열두 장의 이미지가 필요했기에 복사한 페이지에서 다시 열두 개로 선별하는 작업을 거쳤다. 그 시간 동안 아이가 언제 이렇게 자랐는지, 어쩜 이런 생각을 다하고 있는지, 아이가 중요하게 생각하는 것은 무엇이고 좋아하는 것은 무엇인지까지 온전히 느낄 수 있었던 정말 가슴 벅찬 시간이었다.

그 후 달력의 날짜를 채우기 위해 요일과 일자를 쓴 용지를 또 만들고, 그 위에 우리 가족의 경조사와 국가 경조사뿐만 아니라 《명절과 24절기》라는 책을 토대로 명절과 절기까지도 채워 넣었다. 이제 달력만 보면 오늘이 팥죽을 먹는 동지인지, 부스럼을 깨는 정월대보름인지, 한글날인지, 설날인지, 할머니할아버지 생신인지 다 알 수 있었다. 그 경험이 너무나 설

초기·중기·완기의 <삼국지> 독후활동 모습

같은 책이라도 아이의 나이나 성장에 따라 다양한 깊이의 독후활동을 시도해볼 수 있다.

◀ 〈삼국지〉를 매개로 한 초기 독후활동 모습. 책거리에 착안하여 방 안 가득 줄을 매달고 그 위에 책을 거는 '책 걸이'를 했다.

◀ 〈삼국지〉를 매개로 한 중기 독후활동 모습. 옷걸이를 둥글게 구부리고, 보자기를 감싼 뒤 말 그림을 그 앞에 붙여주었더니 아이는 말을 타며 즐겁게 전쟁놀이를 했다.

◀ 〈삼국지〉를 매개로 한 완기 독후활동 모습. 60권 분량의 책에 등장하는 가장 기억에 남는 명장면·명대사를 아이와 함께 이야기해본 뒤 책 페이지를 컬러 복사하여 달력을 만들었다. 그 달력은 1년간 우리 집 식탁 옆에서 우리에게 또 다른 추억을 쌓게 해주었다.

레고 행복해서 그 후 몇 년간 12월이 되면 다음 해에 사용할 우리만의 달력을 만들었는데, 아직도 소장하고 있을 만큼 뿌듯한 추억으로 남아 있다.

독후활동 마지막 단계에는 책을 읽고 다양한 활동을 하는 것뿐 아니라 한 권의 책을 가지치기 하며 완전히 다른 분야로 넘어가게 해주었다.

《창가의 토토》라는 책이 있다. 내가 가볍게 읽고 싶어서 구입한 책인데 어쩌다 보니 큰아이가 먼저 읽게 되었다. 다른 아이들과 조금 다른 생각과 행동을 하는 아이를 있는 그대로의 모습으로 바라봐주는 선생님을 만나면서 아이가 성장해나가는 잔잔한 내용인데 묘한 감동이 전해지는 책이다.

이 책을 읽고 '태평양 전쟁'이 궁금해져서《히로시마 되풀이해선 안 될 비극》을 읽었다. 그림책이지만 그 내용은 결코 가볍지 않았다. 이 두 권의 책을 시작으로《핵 폭발 뒤 최후의 아이들》,《줄무늬 파자마를 입은 소년》,《핵과 원자력》,《오펜하이머가 들려주는 원자 폭탄 이야기》,《알베르트 아인슈타인》,《만화 바로 보는 세계사》,《전쟁사 100장면》 등을 읽으며 아이와 참 많은 이야기를 나누었다.

원자 폭탄 이야기, 핵무기의 무서운 피해, 전쟁의 무모함과 폐해, 과학의 발전과 이면성, 과학자들의 윤리의식과 지적 호기심, 판도라의 상자, 정치, 국가주의, 국수주의, 2차 세계대전과 유대인 학살, 세계평화와 한국전쟁, 월드비전이란 단체에서 하는 일에 이르기까지 우리는 수없이 많은 이야기를 하며 스스로의 생각과 가치관을 쌓아나갔다.

또한 그 과정에서 책 이외에도 영화의 도움을 종종 받았다. 인간 복제에 관한 영화 〈아일랜드〉, 멈춰버린 지구 핵을 다시 움직이기 위해 핵폭

<삼국지>를 소재로 아이와 함께했던 독후활동들

◀ <삼국지>를 바탕으로 만들어본 명대사 · 명장면 달력.

◀ <삼국지>로 삼행시를 지어보고, <삼국지>에 등장하는 최고의 병법도 뽑아보았다. 또한 등장인물 중 한 명인 제갈공명에게 편지도 써 보았다.

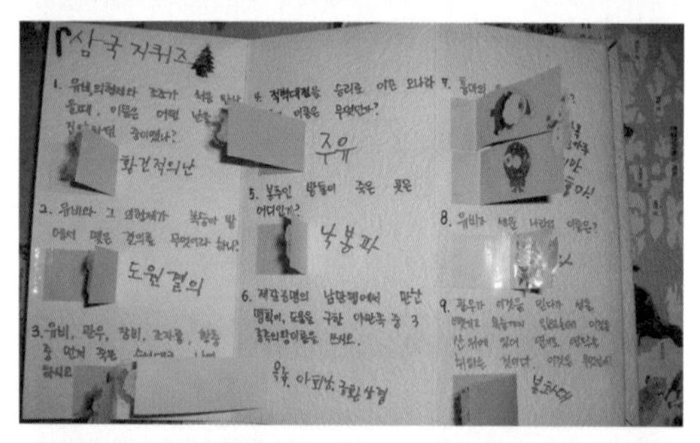

◀ <삼국지>와 관련된 퀴즈 문제를 내고, 아이가 맞힐 수 있게 했다.

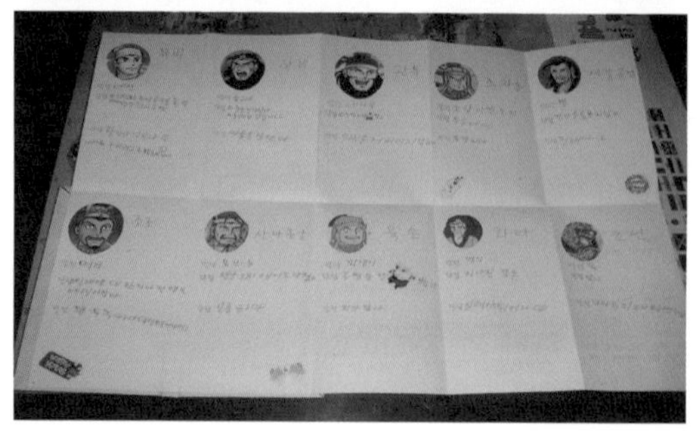

◀ <삼국지>에 등장하는 열 명의 인물을 선정하여 별명 짓기와 그들의 장단점을 적어보았다.

탄을 이용한다는 SF영화 〈코어〉, 홀로코스트 이야기를 다룬 〈줄무늬 파자마를 입은 소년〉과 〈인생은 아름다워〉, 인종차별과 어려운 환경의 아이들에게 멋진 선생님 역할을 해주는 실화 영화 〈프리라이터스 다이어리〉 등 책으로밖에 접할 수 없던 이야기들을 작가와 감독의 체험과 상상력을 통해 그들의 메시지를 간접 경험하면서 우리는 더 자세하고 깊게 또 다른 관점들을 배우며 그 모든 시간과 함께 성장해갔다.

그렇게 아이와 나는 책을 매개로 웃고, 울고, 이야기하고, 미소 짓고, 오리고, 그리고, 쓰고, 보며 무엇과도 비교할 수 없는 시간을 보냈다. 그 모든 순간이 그저 즐거웠는데 아이들은 학교에서 창의적이란 말을 들었고, 공부만 잘하는 것이 아니라 못하는 게 없다는 말을 들었으며(과분한 칭찬이라고 생각한다), 엄마 숙제로 일컬어지는 수행평가를 모두 자신의 힘으로 해내며 자랐다. 엄마아빠가 바쁘면 알아서 알람을 맞추고 일어나 아침식사를 챙겨 먹고 학교에 다녀왔고, 자기주도적이면서도 바른 아이들로 자랐다.

이러한 과정의 혜택을 가장 많이 받으며 성장한 큰아이는 3년 반이란 시간 동안 뜨거운 사춘기를 보내며 공부에 잠시 손을 놓았음에도(이런 유년 시절을 보냈음에도 불구하고 깊고 진한 사춘기를 보낼 수밖에 없었던 이야기는 나의 전작인 《엄마 공부가 끝나면 아이 공부는 시작된다》에 풀어두었다) 1년이란 재수생활을 거쳐 자신이 바라던 대학에 진학했다. 또한 큰아이와 달리 노는 것을 좋아하던 둘째 아이도 언니처럼 많은 책을 읽고, 많은 영화를 보고, 독후활동을 한 것은 아니지만 이런 분위기의 가정환경 속에서 자라며 사교육 없이 과학고에 진학한 뒤 원하는 대학에 갈 수 있었다.

이 책에서 내가 전하고자 하는 이야기를 100퍼센트 실천하지 않아도 된다. 그저 형편 닿는 만큼, 할 수 있는 만큼, 하고 싶은 만큼 시도하면 된다. 아이들이 학교도 제대로 가지 못하고, 미래에는 교실이 사라진다고도 한다. 이러한 때에 어떤 세상이 와도 경쟁력을 가질 수 있는 기본을 탄탄히 다지는 '독서, 놀이(경험), 대화'에 다시 주목해야 할 때라고 자신 있게 말하고 싶다. 어쩌면 지금의 위기는 기회가 될 수도 있다.

완기 독후활동으로 좋은 몇 가지 놀이들

◀ 《트리갭의 샘물》을 읽고 생각의 가지 뻗기, 마인드맵을 해보았다. '트리갭' 하면 '숲'이 떠오르고, '숲'은 다시 '도시'가 떠오르고 그렇게 생각의 가지 뻗기를 하는 동안 다양한 어휘를 떠올리고 연상할 수 있었다.

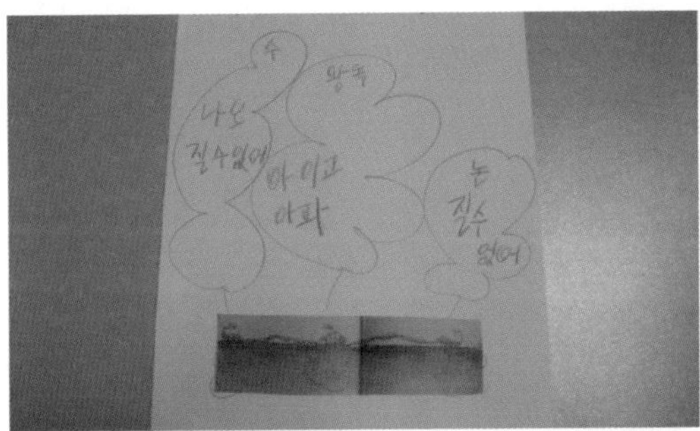

◀ 《동화로 읽는 파브르 곤충기》를 읽고 책 속의 이미지 한 컷을 컬러 복사하여 A4용지에 붙이고, 등장하는 곤충들이 무슨 생각을 하고 있을지 아이에게 말풍선을 채워보라고 했다. 아이는 이 활동을 무척 좋아했다.

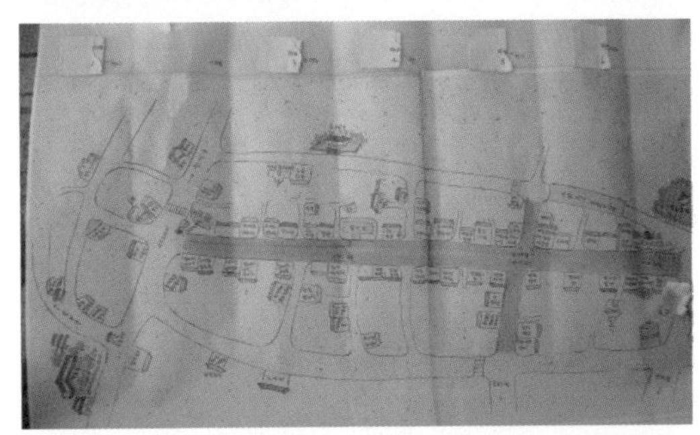

◀ 《인사동 가는 길》을 읽고 책 앞쪽에 나오는 지도를 복사한 뒤 인사동 탐사에 나섰다. 사진 속의 연두색 포스트잇을 떼어내면 미션이 쓰여 있는데, 아이들은 "필방을 찾아라. 그곳에서 비단지를 사라" "쌈지길을 찾아서 그곳의 여러 체험 중 하나를 골라 신나게 해보아라" 등의 미션을 실행했다. 인사동에 다녀오고 나서 한참 동안 아이들은 인사동의 추억을 이야기하며 즐거워했다.

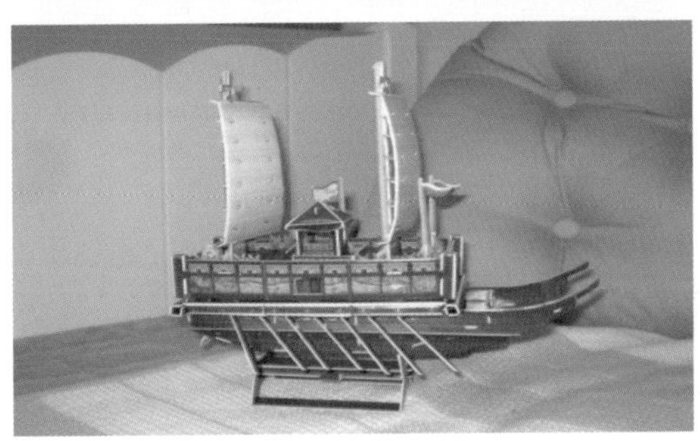

◀ 《불멸의 이순신》을 읽은 뒤 '뜯어 만드는 세상'의 '판옥선 만들기'를 구입하여 완성해보았다. 세 아이들은 초등 시기에 종이, 나무, 플라스틱 등으로 초가집, 첨성대, 노이슈반슈타인성, 경대 등 세계 여러 나라의 역사 유물과 명소 등을 직접 만들어보는 독후활동을 했다.

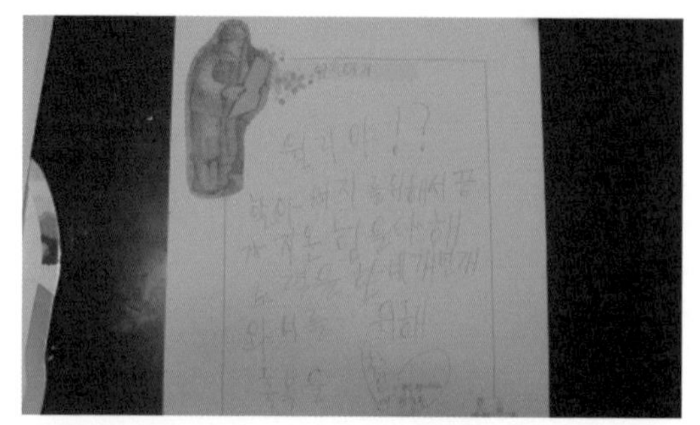

◀ 《조금만, 조금만 더》를 읽고 주인공 윌리에게 편지를 써보는 독후활동을 했다. 이 책과 연계하여 개썰매 이야기가 나오는 영화 〈스노우 독스〉도 보았다.

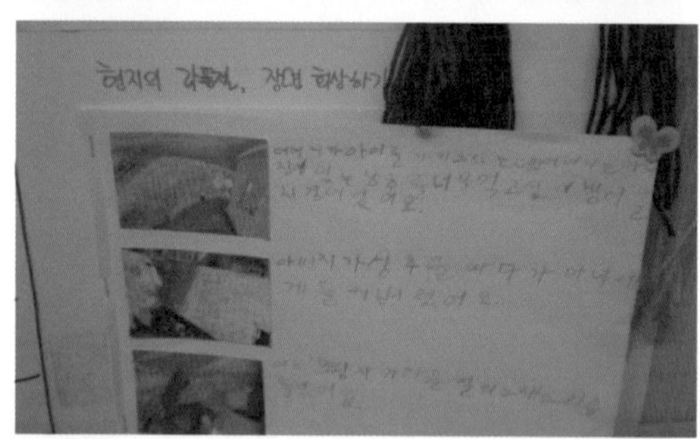

◀ 〈라푼첼〉을 읽고 책 속에 있는 그림을 몇 장 축소 복사하여 A4용지에 붙였다. 그러고 나서 그림을 참고하여 〈라푼첼〉의 줄거리 써보는 활동을 했다.

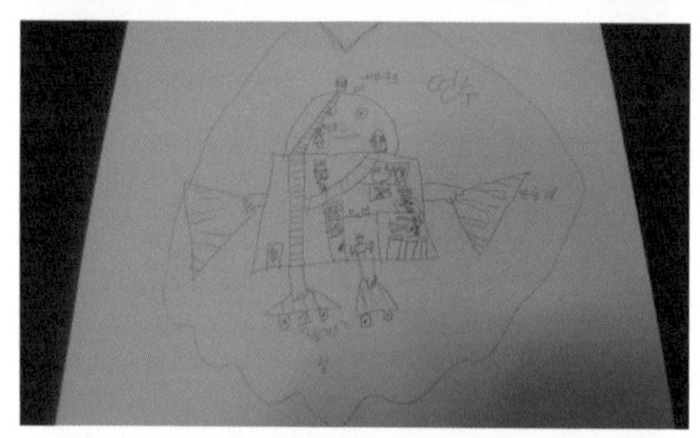

◀ 《하울의 움직이는 성》을 읽고 아이가 생각하는 '움직이는 성'의 내부를 상상하여 그려보라고 했다.

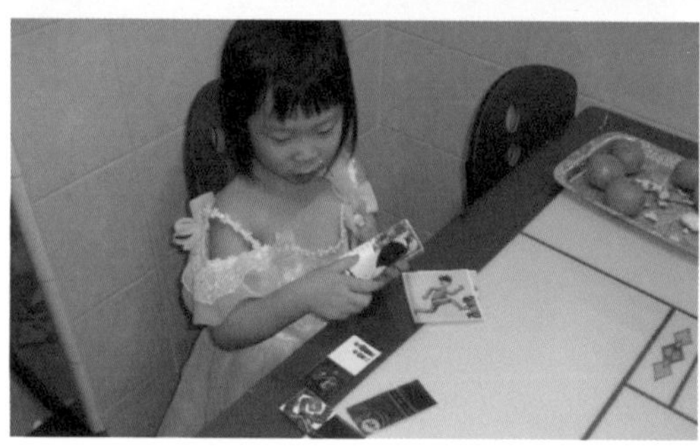

◀ 〈피노키오〉를 읽고 책 속의 그림을 축소 복사한 뒤 줄거리 순서대로 배열하여 아이 혼자서도 내용을 이야기할 수 있도록 했다.

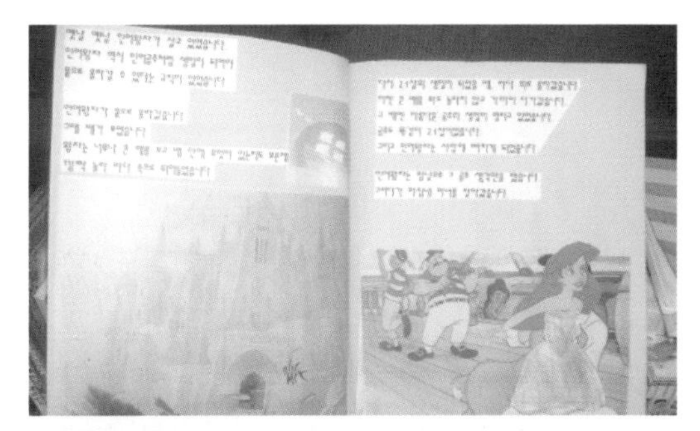

◀ 〈인어공주〉를 읽고 '인어왕자는 없을까'란 상상력을 펼치다가 만든 '인어왕자' 책이다. 책을 만들기 위해 아이가 직접 컴퓨터 키보드 자판을 치고, 콜라주 기법으로 〈인어공주〉 책의 이미지를 활용하며 부족한 부분은 직접 그림을 그려 채워 넣었다.

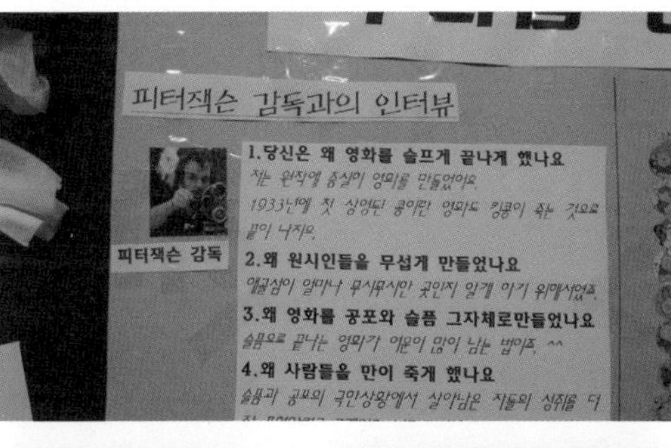

◀ 〈킹콩〉이란 책과 영화를 본 뒤 영화감독 피터 잭슨을 인터뷰하며 주고받은 질문과 답변을 신문 형태로 만들어보았다. 내가 인터뷰어가 되기도 하고, 아이가 인터뷰어 역할을 하기도 하면서 재미있는 시간을 보냈다.

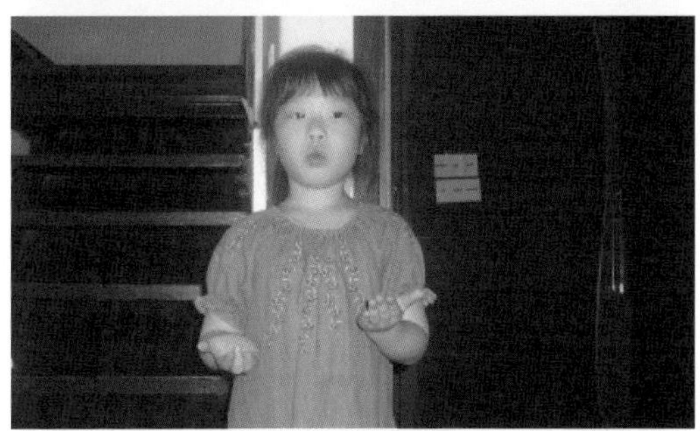

◀ 《자연보호 운동의 선구자 존 뮤어》는 영화 〈헷지〉를 아이들과 먼저 본 다음 찾아서 읽어본 책이다. 아이들에게 존 뮤어가 되어 '환경을 보호하자'는 주제로 연설을 해달라고 했더니 마치 연설가처럼 사뭇 진지하게 연설하는 모습이 참 예뻤다.

◀ 《퍼시잭슨과 번개도둑》 역시 영화를 먼저 본 후 읽은 책이다. '책-영화-대화' 혹은 '영화-책-대화'는 아이의 초등 시기에 우리 집 단골 독후활동 소재였다(둘째와 셋째 아이는 책을 제외한 활동에 주로 참여했지만 대화에는 꼭 참여했고, 그 시간 또한 뜻깊게 생각했다).

'다중지능이론'을 바탕으로 한 독후활동

중기 독후활동에 '책을 읽고 아이와 어떻게 놀아볼까'를 고민하면서 여러 가지 놀이 육아서와 요리책, 과학 실험책 등을 참고했다. 세상에는 정말 많은 놀이 방법이 있었고, 책과 그 놀이를 연결시키는 작업을 반복하면서 새하얀 도화지처럼 깨끗하던 내 머릿속에서도 창의적인 아이디어들이 떠오르기 시작했다. 창의력은 타고나는 것이 아니라 기본 지식과 훈련으로 만들어질 수 있음을 깨달았다. 그러는 동안 아이는 계속 성장해갔고, 새로운 시기에 맞는 또 다른 방법이 필요함을 알게 되었다. 또 한 차례 기댈 수 있는 무엇이 필요했다. 그때 눈에 들어온 것이 바로 '다중지능이론'이다.

하워드 가드너 박사는 우리의 지능이 학교 교육에서 많이 요구되는 논리력, 언어력 외에도 더 다양한 영역으로 구성되어 있다고 보고 이를 크게 8가지 영역으로 나누었다. 언어지능, 논리수학지능, 음악지능, 신체운동지능, 공간지능, 대인관계지능, 자기성찰지능, 자연친화지능이 그것이다.

각각의 분류는 한 사람이 한 가지 지능만 가지고 있는 것이 아니라 그중 몇 가지를 동시에 가지고 있는 경우도 있는데, 중요한 것은 모든 사람이 자신만의 특수한 지능 영역이 있다는 것이다. 물론 타인과 견주어 더 우세하고, 덜 우세하고를 비교할 수도 있지만 그보다 더 의미가 있는 것은 한 사람 안에 내재된 여러 지능의 영역 중 더 우수한 쪽을 계발하면 개인의 성장에 큰 도움이 된다는 것이다. 즉 타인을 보는 것이 아니라 자기 자신을 보는 것이 결국에는 성공적인 인생을 살아간다는 개념이다.

이 이론은 세 아이를 키우면서 '모든 아이가 다르다'는 말을 머리가 아닌 가슴으로 받아들이기 시작했던 즈음이라 무척 공감이 갔다. 어려서부터 못하는 것이 없었던 큰아이에 비해 둘째 아이는 지극히 평범하다 못해 또래에 비해서도 많이 뒤처진 아이였다. 그럼에도 불구하고 책 읽기보다 놀기를 더 좋아했다. 하루 종일 놀고도 놀 시간이 부족하다며 속상해했고, 한마디로 공부와는 거리가 먼 아이였다.

셋째 아이 역시 타고난 머리는 보통 이상인 것 같았지만 고만고만한 세 아이를 키우느라 지친 엄마가 큰아이를 키우는 것처럼 살뜰히 챙겨주지 못했다. 그 와중에 내 몸은 계속 아팠고, 아빠의 사업은 실패를 거듭했다. 그러다 보니 이 책에서 내가 써내려가고 있는 많은 이야기를 어쩌면 둘째와 셋째 아이에게는 제대로 실천해보지 못하고 키웠는지도 모른다. 그런 상황 속에서 두 아이를 보며 때로는 절망했고 좌절했으며, 또 때로는 엄청난 죄책감과 야속함에 혼자 속상해하고 마음 아파한 적도 많았다. 하지만 그 심리적인 갈등을 반복하고만 있을 수는 없었다.

나에게는 어리석은 나의 앎과 다짐보다는 훨씬 더 믿음직한 어떤 권위자의 이론이나 설명이 필요했다. 그때 만난 것이 바로 가드너 박사의 '다중지능이론'이었다. 개인적으로 이 이론을 잘 풀어서 설명한 아동교육학자 리브스의 우화인 〈동물학교〉를 본 후 내 마음의 소리에 확신을 가지고 앞으로 나아갈 수 있었다. 모든 아이는 다르며, 아이가 세상을 배우는 방식 또한 모두 다르다는 것을 말이다.

> 동물학교가 있었다.
>
> 이곳은 새로운 시대의 변화에 대비하기 위하여 모든 학생에게 '수영, 달리기, 오르기, 날기'를 필수과목으로 지정하고 이수하게 했다.
>
> 오리는 수영에서 1등을 했지만 달리기에선 낙제 점수를 받았다. 낙제를 보충하라는 선생님의 말씀에 달리기에 몰두하던 오리는 물갈퀴가 닳아졌고, 그 바람에 수영 점수도 평균으로 떨어지게 되었다.
>
> 토끼는 달리기를 참 잘했다. 하지만 수영에서 과락 점수를 받았고 강도 높은 보충수업을 받아야 했다. 결국 물에서 오랜 시간을 보내다가 다리가 퉁퉁 부어 달리기조차 할 수 없게 되었고, 신경쇠약에 걸리고 말았다.
>
> 다람쥐는 오르기 과목에서 탁월한 성적을 받았지만 날기 수업이 문제였다. 무리하게 날아보려다가 다리를 다쳐서 오르기 과목 역시 낮은 점수를 받았고, 엄청난 좌절감에 빠졌다.
>
> 독수리는 타의 추종을 불허하는 비행솜씨를 가졌지만 다른 수업 역시 자기만의 방식을 고집하다가 문제아로 찍히게 되었다.
>
> 결국 최우수 졸업생은 뱀장어가 되었다.
>
> '수영, 달리기, 오르기, 날기' 과목에서 고만고만한 평균 점수를 받았고, 수업시간에 선생님의 말씀을 잘 들었기 때문에 유급이 없었던 것이 그 이유였다.
>
> - 리브스의 우화 〈동물학교〉에서 발췌

〈동물학교〉를 보며 깊은 울림을 느꼈다. 그리고 그날부터 아이의 약점이 아닌 강점에 집중하기로 마음먹었다. 독후활동 역시 8가지 다중지능 분야를 모두 챙기는 것이 아니라 내 아이가 좋아하고 잘하는 활동을 더 자주할 수 있게 신경을 썼다. 그런데 막상 실천을 해보니 다중지능이론 역시 아이를 하나의 기준과 잣대 안에 넣어버리는 오류를 범할 수도 있겠다는 생각이 들었다. 그렇다면 그 도구는 나와 아이에게 유용한 것이 아님이 분명하다. 중요한 것은 '모든 아이가 다르다'는 딱 한 가지 개념이었다. 이것이 내 육아의 거대한 지축이었고, 그것을 따르다 보니 세 아이들이 각자의 향기와 빛깔로 자랄 수 있었다. 방법은 어디까지나 도구일 뿐이며 대전제가 우선이다.

하지만 그럼에도 불구하고 모든 일에는 방법 역시 의미가 있는 경우가 많다. 다음은 여러 책을 읽고 강연을 들으면서 내가 정리한 내용이다. 아이가 어떤 활동을 좋아하는지 그리고 잘하는지 찾기 어려울 때 다음의 내용을 참고하면 도움이 될 것이다.

그렇게 책에서 본 다양한 방법들을 일상에 녹여내며 실천했다. 그러다 보니 나와 아이들의 루틴이 만들어지기 시작했는데 책을 읽고, 아이와 놀고, 대화를 하고, 나들이를 가고(영화도 보고), 확장을 하는 것이다. 이 책의 부록에 '만화책《베이블레이드 버스트》를 예시로 지적·정서적 활용하기의 노하우'라는 제목으로 이러한 루틴을 적용해본 방법을 소개하니 참고하기 바란다.

다중지능이론을 바탕으로 한 독후활동 방법

다중지능 분야	지능의 특성	독후활동 방법
언어지능	말의 뉘앙스를 이해하고 표현하기, 말하기, 읽기, 쓰기.	글자 없는 그림책 보며 이야기하기, 박물관 그림엽서를 넘기며 이야기 꾸미기, 유물(인물, 사물)에 자기만 부르는 이름(별명)짓기, 수수께끼 놀이, 다양한 낱말 연상하기, 어휘를 통해 생각하기, 마인드맵 그리기, 이야기 이어가기.
논리수학지능	수학적 계산, 논리적 분석, 추론.	사진을 흩어놓고 모양 · 재료 · 시대 등 다양한 기준으로 분류하기, 패턴 찾기, 스무고개 놀이하기, 삼단논법 만들기, 수(숫자의 관계) 가지고 놀기, 놀이 규칙 만들기.
음악지능	노래, 소리에 반응, 음악 감상.	노래 · 소리 알아맞히기, 노래 부르기, 악기 다루기, 다양한 음악 듣기, 여러 도구로 소리내기, 기분을 음악으로 표현하기.
신체운동지능	운동, 몸 움직이기, 손으로 만들기.	공연 관람이나 체험 후 연극으로 표현하기, 운동 또는 춤추기, 손으로 다양한 물건 만들기, 신체 동작 따라 하기.
공간지능	그림 그리기, 만들기, 시각적으로 기억하기.	지도 도표 보기, 그리기, 사진 촬영하기, 미로 그리기, 디자인하기, 영상으로 학습하기, 시각화 교육하기, 사물의 형태 반만 보여주고 채워 그리기.
대인관계지능	타인의 욕구와 의도 알기.	협동학습(축구, 야구 같은 운동)하기, 물건 팔기, 인터뷰하기, 분쟁 해결하기.
자아성찰지능	자신의 욕구 알기, 목표를 세우고 성취하기.	개별학습(수영, 골프 같은 운동)하기, 아이의 속도를 존중해주기, 자신감 북돋기.
자연친화지능	자연과 환경에 관심, 동식물 관찰하기.	관찰일기 쓰기, 현장학습 가기, 실험과정 기록하기, 동식물 기르기나 채집하기.

Q　7살, 11살 두 아이를 키우고 있습니다. 저희 아이들은 정독하는 습관이 없습니다. 소리 내어 읽는 속도 정도로 읽었으면 하는데 그렇지 않습니다. 독서의 효과 혹은 독서교육의 목적은 정독하는 습관에서 비롯되는 것일까요? 아니면 책 읽기 자체를 즐겨하는 것만으로도 충분할까요?(엄마가 읽어주는 책을 좋아합니다.)

A　우리가 책을 읽는 목적을 어디에 두느냐에 따라 답이 달라질 것 같습니다. 크게 보자면 독서의 목적을 효용성에 두느냐, 아니면 재미 추구에 두느냐에 따라서 말입니다. 독서의 의미를 비판적 사고와 자아 성찰, 학습효과와 같은 효율성에 둔다면 정독을 고려해야 하지만 단순히 여가 시간을 보내는 오락과 기분전환 등의 힐링에 둔다면 굳이 정독을 하지 않아도 그 자체로 의미가 있다고 할 수 있습니다.
하지만 많은 사람들이 독서의 중요성을 이야기할 때 후자의 경우만을 염두에 두고 말하지는 않을 거라 생각합니다. 그렇다면 질문처럼 '정독을 해야 제대로 된 독서일까?' 하는 물음을 던져볼 수 있을 것입니다.
여기에 대한 답으로 저는 '아니요'라고 답하고 싶습니다. 비판적 사고를 하고 자아 성찰을 하며 학습적인 효과도 거두면서 종국에 더 발전하는 내가 되는 방법은 소크라테스의 우려처럼 정독이든 속독이든 책 읽기에 있는 것이 아니라 생각하는 힘, 진리를 찾아낼 수 있는 힘 즉 사고력에 있다고 여기니까요.

여기서 생각해볼 것이 '과연 생각하지 않고 책을 읽을 수 있을까?' 하는 부분입니다. 눈 돌리면 재미있는 것이 가득한 요즘 세상에 굳이 아이가 생각도 하지 않고 책을 읽는 경우는 엄마가 '독서를 해야 한다고 강요'하지 않고서는 어렵습니다. 그래서 지금의 아이 모습 그대로 지켜봐도 된다고 생각합니다. 엄마가 읽어주는 책을 좋아한다니 더 자주, 많이, 열심히 읽어주세요.

그럼에도 불구하고 조금 걱정이 되신다면 책을 매개로 아이와 대화를 나눠보세요. 정답을 묻는 질문 말고, 아이의 사고력을 일깨울 수 있는 질문(열린 질문)을 통해 행복한 시간을 가진다면 독서의 효율성 측면에서도 성과가 있으리라 생각합니다. 혹시나 책을 빨리 대충 읽어서 시험 문제조차 대강대강 보는 습관을 가질까봐 걱정되신다면 이 역시 아이에게 맡겨주세요. 스스로 부족한 존재, 노력에 비해 성과가 덜 나오길 바라는 사람은 아무도 없습니다. 숱한 시행착오 끝에 아이 스스로 자신의 습관을 바로잡아갈 것입니다.

엄마는 늘 아이의 편이 되어주세요. 만약 아이의 모습이 걱정된다면 안타까운 마음을 그저 표현하고 아이의 생각을 들어주면 됩니다. 존중받은 아이는 엄마의 고민 또한 존중하며 자신의 습관을 바로잡아갈 것입니다.

#속독과 정독 #정독하지 않는 아이

#정독하는 습관 길러주기 #독서의 목적

독후활동을 통해 넓고 깊은 그리고 단단한 아이로 자란다

❶ 독후활동을 하면 책으로만 접하는 것과는 또 다른 감각을 사용하므로 그만큼 느끼고 경험하고 배울 가능성이 커진다. 게다가 책 자체에 대한 소화력은 물론 활동하는 내내 사고를 하기 때문에 사고력과 이해력, 표현력과 공감력 등 정말 놀라운 능력들을 키울 수 있다. 그런 순간들이 쌓여서 더 넓고 깊어진 나 자신과 세상을 만나게 된다.

❷ 독후활동 초기에는 거창하고 많은 준비물이 필요 없는 단순한 활동이 좋다. 특히 유아기의 독후활동은 아이가 몸을 많이 사용하는 신체놀이가 1순위여야 한다.

❸ 아이의 연령에 상관없이 독후활동은 '아이가 좋아하는 책'으로 시작하는 것이 좋다.

❹ 책 속 주인공이 파티를 하면 우리도 파티를 하면 되고, 책 속 누군가의 생일이라면 우리도 케이크를 사거나 만들어 먹으면 된다. 파티를 하자고 한 후 파티 준비를 어떻게 해야 할지 모르겠다면 아이에게 물어보자. "파티 준비를 어떻게 해야 할까?" "파티에 필요한 것이 뭐가 있을까?" "어떤 파티를 하면 좋을까?" 그러면 아이가 답을 알려줄 것이다. 마음의 짐만 내려놓으면 독후활동은 참 쉽고 재미있다.

❺ 독후활동 중기에는 책을 매개로 최대한 많이, 다양하게, 다채로운 도구와 방법으로 놀면 된다. 다양한 놀이방법이 제시되어 있는 놀이 육아서, 요리책, 과학 실험책 등은 독후활동의 아이디어와 방법을 구하고 싶은 엄마들에게 많은 도움이 된다.

❻ 양이 채워지면 질이 변하게 되는데 자연스럽게 고급 과정, 독후활동의 마지막 단계로 나아가게 된다. 그때가 되면 아이의 성장은 봇물이 터지듯 이루어지며 아이와 함께하는 모든 순간에 즐거움과 감사, 행복감이 샘솟는다. 하나라도 더 보여주고 싶고, 한 가지라도 더 들려주고 싶고, 한 번이라도 더 경험하게 해주고 싶고, 조금이라도 더 배워서 아이와 다양한 이야기를 나누고 싶은 마음이 든다. 거기까지 가면 이제 엄마가 아이에게 해줄 것은 아이의 선택을 믿고 지켜보며 아이를 지지하고 응원해주는 것이다.

❼ 대화는 아무리 강조해도 지나침이 없는 아이의 성장을 도와줄 강력한 치트키이다.

❽ 아이에게 질문하고 답을 주고받는 것은 전혀 어렵지 않다. 알고 보면 그냥 '수다 떨기'와 갈기 때문이다. 대부분의 엄마들은 이야기하는 것을 좋아하니 그 능력을 십분 발휘하면 된다.

❾ 엄마가 아이에게 건네는 질문은 무조건 정답이 없는, 그래서 아이가 하는 모든 말이 정답이 되는 그런 질문을 던져야 한다.

⑩ 독후활동 중기에 소개한 책을 매개로 다양한 방법으로 놀아보거나 이야기를 나누는 시간들은 초등학생이 된 아이들에게도 무척 권하고 싶은 방법이다. 유아들에게 그 활동이 그저 만지고, 보고, 듣고, 느끼고, 맛보는 것만으로도 오감을 일깨우며 두뇌발달에 도움이 되었다면, 초등 시기에는 각각의 활동을 통해 나누는 대화 속에서 훨씬 더 깊은 사고력과 문제해결력, 자아 성찰과 표현력을 키우게 되기 때문이다.

⑪ 책을 매개로 웃고, 울고, 이야기하고, 미소 짓고, 오리고, 그리고, 쓰고, 보면서 무엇과도 비교할 수 없는 행복한 시간을 보냈다. 그 모든 순간이 그저 즐거웠는데 아이들은 학교에서 창의적이란 말을 들었고, 공부만 잘하는 것이 아니라 못하는 게 없다는 말을 들었으며, 엄마 숙제로 일컬어지는 수행평가를 모두 자신의 힘으로 해내며 성장했다.

책 읽기가 즐겁지 않은 아이들

책을 싫어하는 아이에게 책을 선물하는 방법 | ①실물 경험과 체험을 먼저 한다 | ②책을 놀이의 도구로 이용한다 | ③누리과정 주간교육계획안에 따른 독서를 한다 | ④아이의 관심사에서부터 출발한다 | ⑤책 대신 다른 방법으로 어휘력과 이해력를 키운다 | ⑥책을 놓는다

+ 책육아의 모든 것 Q&A 13 #독서 시간과 학습 시간의 비율
+ 책육아가 기적이 되는 법 8 불가능한 아이는 없으며, 언제 시작해도 결코 늦지 않다

"인생은 너 자신을 찾는 것이 아니라 너 자신을 만들어내는 것이다"라는 말이 있다. 최근 우리 사회에 심리와 관련된 책들이 회자되면서 '나를 찾는 것'에 대한 관심이 이어지고 있다. 이런 상황에서 '나'라는 존재는 '찾는 것이 아니라' '되고 싶은 나를 만들어가는 것이다'는 말이 신선한 울림을 준다. 하지만 곰곰 생각해 보면 그 둘은 같은 말이다. 내가 만들고 싶은 나는 대부분 나의 결핍 위에 세워진 꿈이고, 그 소망을 따라가다 보면 어느 순간 내가 바라던 모습에 가까워지기 때문이다.

아이들의 책 읽기도 마찬가지다. 여차저차한 이유로 독서에서 거리가 멀어지게 되었지만 아이 안에는 여전히 책과 가까워질 수 있는 씨앗이 존재하고 있다. 그 씨앗을 찾아 물을 주고, 볕을 주며 정성을 들이다 보면 책을 즐기지 않던 아이들도 책을 좋아하게 된다.

이번 장에서는 아이 안에 이미 존재하고 있는 가능성의 씨앗이 발아할 수 있도록 도와줄 방법들을 제시해본다. 나의 안내로 싹을 틔우고, 그 씨앗이 아름다운 열매로 거듭나길 희망한다.

책을 싫어하는 아이에게
책을 선물하는 방법

아이를 잘 키우고 싶었던 내가 수없이 많은 책을 읽으면서 알게 되었던 책의 중요성, 아무리 시대가 바뀌어도 변하지 않을 책의 힘, 사람을 성장시키는 아주 중요한 도구인 책을 세 아이에게 주고 싶었다.

어려서부터 이것저것 아이의 의사와 상관없이 학원에 보내며 아이를 지치게 하고 싶지 않았고, 공부하라는 말을 하고 싶지 않았다. 그저 책을 많이 읽고, 학습의 기본 이해력을 장착하면 자신이 원하는 어느 순간 저절로 이루어지는 공부를 해나가길 바랐다.

책을 통해 놀랍게 자라고 있는 큰아이를 보았기에 더욱더 다른 무엇보다 책을 우선순위에 두고 아이들을 키우고 싶었다. 남편의 사업이 반복적으로 실패하면서 내가 줄 수 있는 것이 집에 있는 책뿐이었기에 더 간절하게 책이라는 열쇠를 주고 싶었다. 다른 것은 바라지 않았다. 그저 책을 좋아하고, 많이 읽는 아이로 자라길 간절히 원했다.

그런데 둘째 아이와 막내는 책보다 노는 것을 더 좋아했다. 거의 연년생이었기 때문에 큰아이 위주로 책을 읽어주었고, 둘째 아이에게 집중하려 할 때 막내가 태어났다. 그러다가 겨우 세 아이에 익숙해져 무언가를 해보려 할 때 급성 허리디스크 파열로 큰아이와 막내를 친정에 보냈다. 100일 뒤 집으로 돌아왔을 때 막내는 그렇게도 읽어달라며 지치지도 않고 가져오던 책을 더 이상 찾지 않았다. 몸이 힘들었던 나는 고만한 세 아이를 먹이고, 입히고, 재우는 것만 해도 벅차 내 다짐만큼 살뜰히 아이들을 챙기지 못했다.

그나마 잠자리 독서는 꾸준히 해주려고 노력했지만 생각만큼 많은 책을 읽어주지는 못했다. 자연관찰 책을 좋아하지 않는다는 것을 알고, 다양한 생물을 키워가며 중간 중간 책을 노출해주었지만 집에서 키울 수 있는 동식물의 종류는 얼마 되지 않았다. 둘째 아이와 막내는 나날이 쌍둥이처럼 붙어 다니며 점점 더 놀이에 열중했다. 아이의 말이 딱 맞았다.
"엄마, 난 책을 좋아하지만 놀기에도 바빠서 책 읽을 시간이 없어."

그런 둘째 아이를 6살에 어린이집에 보냈더니 또래 아이들을 많이 맡아보셨다는 선생님으로부터 "이렇게 부족한 6살 아이는 처음 본다"는 말을 들었다. 또 막내를 5살에 유치원에 보냈더니 몇 달 뒤 선생님이 전화를 걸어와 하시는 말씀이 "어머니께서 그동안 아이에게 가르친 것이 너무 없는 것 같아요. 신경 좀 써주세요"라는 말을 들었다. 그때마다 울며 얼마나 자책했는지 모른다.

어떻게 해야 아이를 잘 키우는지 이미 알고 있었고, 아무리 모든 아이가 다 다르다고 해도 수많은 책을 통해 확률적으로 알아온 것들이 있었기에 더욱 속이 상했다. 솔직히 말해 그때 이미 나는 '푸름이닷컴'이란 인터넷 공간에서 꽤 유명했다. 아이를 잘 키운다고 말이다. 수많은 학부모들이 나에게 아이 키우는 방법을 물었고, 내가 알려준 방식으로 참 많은 아이들이 잘 자라고 있었다. 하지만 그 많은 방법을 알고 있었지만 그 스킬을 내가 써볼 수 있는 상황이 아니었다. 내게 필요한 것은 당시 내 상황에 맞는, 둘째 아이와 막내에게 맞는 또 다른 방법을 찾는 것이었다. 때로는 정말 기운이 빠졌지만 지칠지언정 포기하지 않았다.

이런 과정 속에 터득한 '책을 즐기지 않는 아이에게 책을 선물하는 멋진 방법'들을 다음과 같이 소개한다.

① 실물 경험과 체험을 먼저 한다

동식물 실사 책을 좋아하지 않던 아이에게 달팽이를 먼저 키우고, 개미를 키우고, 장수풍뎅이를 키우면서 관련 책을 보여줬던 것처럼 책보다 실물 경험과 체험을 먼저 안겨주면 된다. 수산시장에 가서 커다란 대게를 보여준 다음 집으로 돌아와 '게'와 관련된 책을 읽어주고, 할머니 집에서 고구마 캐기를 먼저 경험하게 한 후 '고구마'와 '감자'에 관한 책을 보여주면

▲ 고구마를 캐면서 고구마가 뿌리채소라는 것을 눈으로 확인할 수 있었다. 그날 밤 읽어준 '고구마' 책을 아이들이 눈을 빛내며 들은 것은 말할 나위가 없다.

아이는 자신의 경험이 투영된 책을 관심 있게 바라본다.

한번은 대구교육청에서 4주에 걸쳐 심화수업을 진행한 적이 있다. 나의 조언대로 매일 도로 앞에 서서 지나가는 자동차를 보여준 뒤 '자동차' 관련 책을 읽어주었더니 아이가 정말 좋아하더라는 얘기를 들었다. 뿐만 아니라 아이와 함께 바닷가에서 놀고 돌아와 '바다'와 관련된 책을 읽어주니 무척 좋아하더라며, 책을 좋아하지 않는 아이인 줄 알았는데 요즘은 책을 많이 읽는다는 이야기를 전해주었다.

책을 많이 읽지 않으면 어떠랴. 아예 보지 않는 것보다 한 권이라도 보여주는 것이 백 배 낫다고 생각하고 조금은 수고스럽더라도 아이에게 책보다 경험을 먼저 안겨 주자.

② 책을 놀이의 도구로 이용한다

책을 읽고 독후활동을 하는 것이 아니라 놀이를 먼저 한 후 관련된 책을 읽어주면 좋다.

《로봇 친구, 삐루찌루》를 읽어주기 전에 상자 몇 개를 모아두었다가 아이의 몸에 맞게 구멍을 뚫어 씌워주면 아이가 먼저 "내가 로봇이 된 거 같아"라고 말을 한다. 아이 쪽에서 이야기하지 않으면 엄마가 로봇 같다며 추임새를 넣고, 엄마를 도와 심부름을 해달라고 요청해보자. 아마 신나게 뒤뚱뒤뚱 걸으면서 엄마의 요청을 들어줄 것이다. 마치 실제 로봇처럼 말이다. 그렇게 한참 동안 청소기를 밀어 달라 하고, 물건을 옮겨 달라고 하는 등 집안일을 돕게 한 다음, 그날 밤 이렇게 이야기해보자.

"너는 오늘 엄마의 로봇이 되어 엄마의 요청을 다 들어주었잖아. 이 책

▲《로봇 친구, 삐루찌루》와 연결된 놀이 활동.

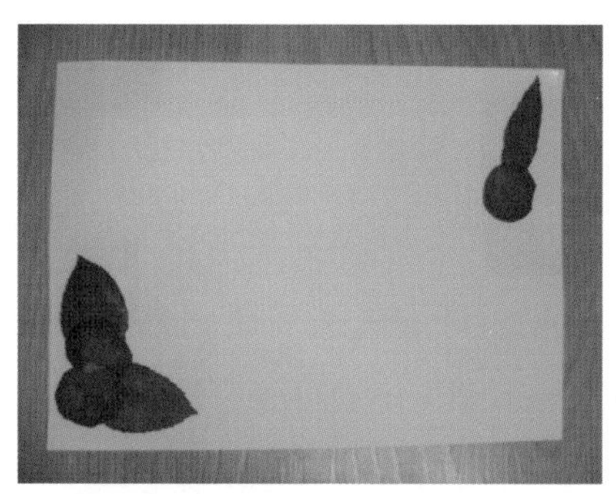

▲《우와, 정말 꽃이 많네》와 연결된 놀이 활동.

▶ 꽃이 눈에 띄지 않는 겨울에는 동네 꽃가게에 들러 꽃을 사와 관찰해도 좋다.

에 나오는 로봇 친구 삐루찌루는 아이에게 어떤 도움을 주었을까? 우리 한번 읽어볼까?" 그러면 아이가 오케이 할 가능성이 상당히 높다.

《우와, 정말 꽃이 많네》를 읽어주기 전에 낮 시간 동안 동네 한 바퀴를 산책하면서 우리 동네에 피어 있는 여러 가지 꽃을 먼저 보여준다. 그날 밤, "오늘 엄마랑 동네 산책을 하다가 장미꽃도 보고, 등나무 꽃도 보고, 엉겅퀴 꽃도 보았잖아.《우와, 정말 꽃이 많네》에는 어떤 꽃이 등장할까? 한번 볼까?" 하고 책에 대한 동기부여를 해보자. 아이에게 읽어줄 책 권수에 예민하게 반응하지 않는다면 한두 권은 이런 방식이 꽤 효과가 있다.

③ 누리과정 주간교육계획안에 따른 독서를 한다

5살이 된 막내를 유치원에 보낸 뒤 아이에게 신경 좀 써달라는 선생님 말씀에 내가 실천했던 방법이다. 막내뿐 아니라 강연활동을 하면서 만난 책을 즐기지 않는 아이를 키우는 많은 부모들에게 알려드린 방법으로 그 효과 또한 검증되었다.

아이가 원에서 일주일에 한 번, 혹은 한 달에 한 번 가지고 오는 '주간교육계획안'에 맞춰 잠자리 독서를 하면 되는 것이다. 최소 하루에 한 권부터 아이의 소화량이 그보다 많다면 최대 5권까지, 즉 하나의 주제로 아이는 일주일에 7권에서 35권의 책을 읽는 셈이다.

유치원에서 '우리 동네'란 주제로 일주일간 수업을 하고 집에서도 같은 주제의 책을 읽으면서 아이는 원에서의 수업에도 집중하고, 엄마와 함께하는 잠자리 독서시간에도 열정과 관심을 보이며 상승효과를 거둔다. 이 책의 '부록'에서 누리과정 주간교육계획안을 바탕으로 한 추천도서들을 소개하니 참고하길 바란다.

주제별 책 읽기를 하다 보면 아이의 스키마가 확장된다. 예를 들어, '집짓기'란 주제의 책을 검색하여 읽어주다 보면《별난 아빠의 이상한 집짓기》,《집짓기》,《난쟁이 할아버지의 집짓기》,《감기벌레는 집짓기를 좋아해》 등의 책을 만날 수 있다. 책을 통해 우리가 일반적으로 아는 건축으로써의 집짓기에 필요한 순서와 내용도 알게 되지만 별난 아빠의 집짓기를 통해 '다르다'가 '나쁘다'가 아님을 배우고, 감기벌레가 사람의 몸속에 집을 지으려고 하지만 올바른 위생습관을 가지면 문제 없다는 사실도 알게 된다. 정말 강력하게 추천하고 싶은 책 읽기 방법이다.

④ 아이의 관심사에서부터 출발한다

진심으로 그것이 무엇이든 아이의 관심사에서 출발하면 아이는 책 속으로 들어갈 수 있다. 뇌과학자들의 말에 따르면, 즐겁고 재미있게 배울 때 더 빨리 더 많이 알게 되고, 많이 알게 될수록 더 빨리 더 많이 배운다고 한다. 이처럼 아이를 성장시키는 놀라운 마법은 아이가 좋아하는 것에서부터 시작된다.

책보다 노는 것을 더 좋아했던 둘째 아이가 아주 많이 좋아한 것은 '공주'였다. 백설공주, 신데렐라, 인어공주, 잠자는 숲속의 공주…. 모두 하나같이 의존적이고 지성과는 거리가 멀어 보였다. 그런 이유로 공주를 좋아하는 아이가 나는 탐탁지 않았다. 하지만 늘 아이를 따라가는 것에 답이 있음을 경험으로 배웠기에 공주를 밀어내려던 내 마음을 접고 공주를 매개로 실컷 아이와 놀아보기로 했다.

수없이 반복해서 읽었던 명작동화 속의 공주들 외에도 검색을 통해 무려 48권의 '공주 그림책'을 찾아 읽어주었다. 《권투 장갑을 낀 기사와 공주》, 《내가 진짜 공주님》, 《에스파냐 공주의 생일》, 《공주님과 드레스》, 《투란도트》 등 의외로 공주 그림책에는 배우고 즐길 점이 많았다. 그 많은 책을 아이는 정말 수없이 읽기를 반복했다.

게임에 빠져 하교 후 대부분의 시간을 컴퓨터 게임에 매달리는 남자아이가 있었다. 고민하는 아이의 엄마에게 아들이 어떤 종류의 게임을 하고 있는지 살펴보라고 했더니 모두 '총 쏘기'가 나오는 게임이라고 했다. 그래서 아이 곁에 《총기백과사전》을 펼쳐두라고 했더니 아이가 관심을 보이며 조금씩 살펴보기 시작했다고 한다. 아이는 차츰 책을 보며 시대별 총기의 발달사를 알게 되었고, 총의 성능과 특성에 대해서도 알게 되었다. 하지만 아쉽게도 그 책 외에 다른 책에는 관심이 없다고 했다.

다음 단계로 총과 무기가 등장하는 한국 영화 〈신기전〉, 〈최종병기 활〉, 〈암살〉, 〈밀정〉, 〈명량〉 등을 보며 함께 대화를 나눠보라고 했다. 영상매체가 더 익숙한 아이에게는 게임이란 미디어에서 바로 인쇄매체인 책으로 가는 데 시간이 좀 더 필요하기 때문이다. 그렇게 영화를 통해 엄마와 대화를 나누면서 아이는 자연스럽게 '세종대왕'과 '장영실'에 대해 알게 되었다. 그것이 두 명의 위인이야기 책에 다가가게 했고, 아이는 차츰 게임에서 눈을 돌려 책을 읽게 되었다고 한다.

"교육은 머릿속에 지식의 보고를 주는 것이 아니라 배우는 사람의 가슴에 불을 당기는 것"이란 말이 있다. 아이의 관심사로 이미 불이 당겨져 있는 그 마음을 놓치지 말자.

⑤ 책 대신 다른 방법으로 어휘력과 이해력를 키운다

우리가 아이에게 책을 읽히려는 목적이 책을 통해 꿈을 꾸게 하려는 것이 아니라 다양한 어휘력과 이해력을 키우는 데 있다면 꼭 책을 통하지 않아도 된다는 말을 하고 싶다. 놀이를 통해서도 충분히 어휘력과 이해력을 키워줄 수 있기 때문이다.

예를 들어, 물감 섞기 놀이를 한다면 이렇게 말해보자.

"와, 여기 색깔별로 알록달록한 물감이 많이 있어. 이 물감을 서로 섞어서 또 다른 색깔들을 만들어볼까? 넌 첫 번째로 어떤 물감을 짜보고 싶어? 노란색? 파란색? 빨간색? 좋아. 파란색 물감을 팔레트 위에 짜보자.

물감 튜브를 잡고 꾸욱 힘을 줘봐. 우와, 파란색 물감이 똥처럼 뿌직 나오네. 여기에 또 어떤 색깔의 물감을 섞어볼까? 빨간색? 좋아. 우와! 파란색과 빨간색이 만나니 보라색이 되었어! 정말 신기하다! 넌 보라색 물감을 보니 뭐가 생각나?"

이런 놀이가 번거롭다면 입을 이용한 말놀이도 아주 좋다. 우리가 일반적으로 아는 끝말잇기 놀이, 첫말 잇기 놀이, 스무고개, 이야기 이어가기, 다섯 글자 대화, 두세 단어로 문장 만들기, 시장에 가면 놀이, 삼행시나 오행시 짓기 등으로 온 가족이 함께 모여 수다를 떨다 보면 서로의 어휘가 섞이고, 사랑과 소통도 배합되어 멋진 시간을 보낼 수 있다.

⑥ 책을 놓는다

이 방법 저 방법 내가 할 수 있는 모든 방법을 다 사용하고도 아이가 책 읽기를 즐기지 않는다면 이제는 최후의 방법을 써야 할 때다. 바로 아이에게 책을 주고자 하는 엄마의 마음을 놓아버리는 것이다. 좋은 의도에서 출발해도 나쁜 결과가 빚어질 수 있다. 집착은 그것이 무엇이든 좋은 결과를 맺기 어렵다.

놀고, 놀고 또 노는 둘째 아이를 지켜보면서 책 좀 읽었으면 좋겠다는 말을 수없이 하고 싶었지만 삼키고 또 삼켰다. 자칫 나의 잔소리가 책에 대한 아이의 마음을 더 멀어지게 할 수도 있을 것 같아 그저 인내하며, 내가 할 수 있는 만큼만 하며 아이를 기다렸다.

그러던 어느 날 초등학생이 된 아이가 자기도 언니처럼 100점을 받고 싶다고 말해왔다. 기회는 이때다 싶어 "언니는 책을 많이 읽어서 그래. 너도 책을 좀 읽어볼래?"라고 말했다. 그 즉시 아이는 몇 권의 책을 읽는 듯하더니 다시 놀고 싶은 마음을 이기지 못하고 계속 놀기를 반복했다.

6개월 뒤, 1년 뒤, 2년 뒤 아이가 언니를 부러워할 때마다 언니는 책을 많이 읽어서 그렇다고 대답해주었는데 뜻밖에도 아이가 좀 더 자라 이런 말을 했다.

"나는 언니처럼 책을 안 읽었으니까 지금도 그렇고, 앞으로도 공부를 못할 거야. 나는 놀아도 놀아도 더 놀고 싶으니까. 엄마, 속상해!"

내가 던진 책에 대한 메시지는 아이에게 역효과가 되어 돌아왔다. 내 마음 속에 책을 더 붙잡고 있으면 어차피 못하는 공부에서 그치는 것이 아니라 자신에 대한 부정적인 감정까지 키울 것 같았다. 그래서 책을 놓았고, 아이는 그때부터 날아오르기 시작했다.

Q 독서교육이 공부를 잘하는 기초가 된다고 믿고 책 읽는 시간을 많이 주고 있습니다. 그런데 다른 친구들에 비해 학습을 너무 안 하는 건 아닌지 걱정이 됩니다. 몇 학년까지 독서 시간을 학습 시간보다 많이 두면 좋을까요? 또 '독서록' 쓰기가 중요하지만 아이들이 어려워하고 귀찮아합니다. 흥미를 유발할 수 있는 방법이 있을까요?

A 우선, 첫 번째 질문은 아이마다 다릅니다. 어떤 아이는 일찍부터 스스로 의지를 가지고 공부를 시작하는 아이가 있고, 또 어떤 아이는 초등학교 고학년, 어떤 아이는 중학교, 또 어떤 아이는 고등학교 입학 후, 또 어떤 아이는 고3이 되어서야 공부를 하겠다고 마음을 먹을 수도 있습니다. 중요한 건 공부를 못하고 싶어 하는 아이는 아무도 없다는 사실입니다.

엄마가 공부에 대한 눈치를 주지 않고, 아이가 즐겁게 많은 책을 읽으면서 자라다 보면 그것이 언제일지 몰라도 아이는 분명 공부를 하고 싶다고 말해올 것입니다. 그때 시작하면 된다고 생각합니다. 왜냐하면 책의 힘을 믿기 때문입니다. 다만 한 가지 저 역시 고민했던 것은 '시기'에 관한 것이었습니다.

세 아이를 키우면서 저는 초등 성적은 아무런 의미가 없다고 생각했고, 중학교 성적 역시 잘해주면 고맙고 기특하겠지만 진검승부는 고등학교 때라고 생각했습니다. 그래서 아이가 책만 즐겁게 많이 읽는다면 중학교 성적까지는 전혀 개의치 않으려 했습니다. 그런데 어쩐 일로 책을 가장 많이 읽은 큰아이가 초등학교·중학교 때 이미 두각을 나타냈고, 고등학교 때는 전혀 공부에 관심이 없어 자기가 관심 있던 심리 쪽으로 동아리를 만들고, 모임에 참석하며 정작 학습에는 손을 놓기 시작했습니다.

당시 저의 가장 큰 고민은 삶에는 '때(시간)'라는 것이 있다는 믿음이었습니다. 다 때가 있는 법인데 이렇게 공부를 놓다가 대충 대학에 가게 되고, 그렇게 세월의 힘에 등 떠밀려 시간이 흐르면 빛나던 아이의 모습은 사라지고 그냥저냥 살아갈 것이라는 걱정과 안타까움이 있었습니다. 그 근심과 안타까움 아래에는 뒤늦게 공부하고 싶다는 열정이 생기더라도 더 이상 내가 경제적으로 뒷받침해줄 능력이 되지 않아 결국 아이는 살던 대로 살아갈 것이라는 두려움이 있었습니다.

아이가 공부를 잘하길 바라는 이유가 무엇인지 한번 생각해보시기 바랍니다. 그 끝에 나의 두려움이 있다면 그 또한 극복해보시길 바랍니다. 그렇게 엄마 공부가 끝나면 신기하게도 아이의 공부가 시작됩니다.

몇 학년까지 독서 시간을 학습 시간보다 더 줄 것인가는 아이의 선택이라고 생각합니다. 다만 아이가 스스로 잘하지 못한다고 생각하는 과목으로 '스트레스를 받는다면' 그 부분은 학원이든 인강이든 엄마와 함께하는 학습 등으로 아이의 생각을 고쳐주시기 바랍니다.

두 번째 질문인 독서록 쓰기를 아이가 좋아하지 않는다면 굳이 강요하지 않으셨으면 합니다. 제 경우 어린 시절 학급문고에 있던 책을 통해 독서의 즐거움을 알았지만 학년이 바뀌고 나서는 책 읽을 기회가 없었습니다. 부모님께 겨우 조르고 졸라 위인 전집을 선물 받았는데 깨알 같은 글씨로 가득한 재미없던 책도 문제였지만 제가 그 후로 책 읽기를 접은 가장 큰 이유가 책을 읽고 반드시 독후감을 쓰라고 했던 부모님의 강압 때문이었습니다. 억지로 무언가를 오래 할 수는 없습니다.

그렇다고 손을 놓고 있을 필요도 없습니다. 약간의 아이디어를 더해 독서록 쓰기에 재미를 불어넣어주면 좋을 것 같습니다. 색종이 한 장에 하나씩 완기 독후활동 방법에서 소개한 '마인드맵 그리기, 편지 쓰기, 말풍선 채우기, 별명 지어주기, 삼행시 짓기, 스무고개로 책 제목 표현하기' 등을 써서 접은 뒤 작은 상자에 모두 넣고 뽑기를 해보세요. 그렇게 해서 나온 내용으로 그날의 독서록을 쓴다면 게임처럼 재미있게 독서록을 쓸 수 있을 것입니다.

#언제까지 독서를 중심에 둬야 할까 #독서 시간과 학습 시간의 비율

#독서록 쓰기를 좋아하지 않는 아이

#즐겁게 독서록 쓰는 방법 #게임처럼 재미있는 독서록 쓰기

불가능한 아이는 없으며 언제 시작해도 결코 늦지 않다

❶ 책을 즐기지 않는 아이들에게는 책보다 실물 경험과 체험을 먼저 안겨주면 된다. 수산시장에 가서 커다란 대게를 보여준 뒤 집으로 돌아와 '게'와 관련된 책을 읽어주고, 할머니 집에서 고구마 캐기를 경험하게 한 뒤 '고구마'에 관한 책을 보여주면 아이는 자신의 경험이 투영된 책을 관심 있게 보게 된다.

❷ 아이가 좋아하는 책으로 독후활동을 하면 책 읽기 그 이상의 것을 얻을 수 있고, 반대로 아이가 좋아할 만한 활동을 한 뒤 관련된 책을 읽으면 책에 대한 아이의 마음을 열 수 있다.

❸ 상자 몇 개를 모아두었다가 아이의 몸에 맞게 구멍을 뚫어 씌워주면 아이가 먼저 "내가 로봇이 된 거 같아"라고 말을 한다. 아이 쪽에서 이야기하지 않으면 엄마가 로봇 같다며 추임새를 넣고, 심부름을 해달라고 요청해보자. 그날 밤에 "너는 오늘 엄마의 로봇이 되어 엄마의 요청을 다 들어주었잖아. 이 책에 나오는 로봇 친구 삐루찌루는 아이에게 어떤 도움을 주었을까? 우리 한번 읽어볼까?" 하고 이야기하면 아이가 오케이 할 가능성이 상당히 높다.

❹ 유치원 주간교육계획안에 따른 독서방법은 막내를 유치원에 보낸 뒤 아이에게 신경 좀 써달라는 선생님의 말씀을 듣고 내가 실천했던 방법이다. 막내뿐 아니라 강연활동을 하면서 만난 책을 즐기지 않는 아이를 키우는 많은 부모들에게 전해드린 방법으로 그 효과 또한 검증되었기에 정말 강력하게 추천한다.

❺ 진심으로 그것이 무엇이든 아이의 관심사에서 출발하면 아이는 책 속으로 들어갈 수 있다. 뇌과학자들의 말에 따르면, 즐겁고 재미있게 배울 때 더 빨리 더 많이 알게 되고, 많이 알게 될수록 더 빨리 더 많이 배운다고 한다.

❻ 게임에 빠져 하교 후 대부분의 시간을 컴퓨터 게임에 매달려 있는 아이도 책 속으로 들어오게 할 수 있다. 우선 아이가 어떤 종류의 게임을 즐겨 하는지 지켜보고 그 특성을 파악해보자. 만약 '총 쏘기'가 나오는 게임이라면 아이 곁에 《총기백과사전》을 펼쳐두면 된다. 아이는 책의 모든 페이지를 읽지 않더라도 책을 통해 시대별 총기의 발달사를 알게 되고, 차츰 게임에서 눈을 돌려 책을 읽게 될 것이다.

❼ 아이에게 책을 읽히려는 목적이 어휘력과 이해력을 키우는 데 있다면 꼭 책만 고집할 필요는 없다.

❽ 색종이 한 장에 하나씩 '마인드맵 그리기, 편지 쓰기, 말풍선 채우기, 별명 지어주기, 삼행시 짓기, 스무고개로 책 제목 표현하기' 등을 써서 접은 뒤 작은 상자에 모두 넣고 뽑기를 해보자. 그렇게 뽑은 내용으로 그날의 독서록을 쓴다면 게임처럼 재미있게 독서록을 쓸 수 있을 것이다.

20년 책육아로 자라난 나

그때는 몰랐고, 지금은 알겠어

엄마가 책육아로 열심히 키워낸 첫째 딸은 어느새 성인이 되었어. 엄마가 어릴 적 해주던 책 읽기, 놀이, 독후활동들을 보니 '지금의 내가 이러한 과정을 통해 자라난 거구나, 그때는 이런 활동들을 했었지' 하고 새록새록 기억이 떠올라.

내 기억의 처음부터, 그러니까 내가 아주 어릴 때부터 우리 집에는 책이 아주 많았어. 서점에서 산 책, 도서관에서 빌려온 책, 도서 사이트에서 대여한 책……. 벽은 책장들로 가득했고, 책장마다 책이 빼곡히 꽂혀 있었어. 바닥에도 언제나 책들이 널려 있었잖아. 친구들도 우리 집에 놀러 올 때마다 "너희 집에는 책이 왜 이렇게 많아" 하고 말했던 것 같아. 그때 엄마가 그랬지. 책을 읽는 건 아주 좋은 일이니까 우리 집에 책을 많이 가져다 놓았다고, 지금은 모르겠지만 나중에 자라고 보면 내가 성장하는 데 독서가 큰 밑거름이 되었다는 것을 알 수 있을 거라고. 맞아, 그때는 몰랐어. 그리고 정말로 지금은 알겠어.

엄마는 지금도 가끔씩 말하지. 나를 키우는 데 있어서 독서가 팔 할이었다고. 나도 이제는 그 말에 동의해. 하지만 독서가 내 모든 능력을 0에서부터 만들어준 거라고는 생각하지 않아. 나는 모든 사람이 무한한 잠재력을 가지고 있다고 생각하거든. 사람들이 발휘하는 능력은 원래부터 그 사람들이 가지고 있던 능력인 거야. 하지만 그 잠재력은 영영 잠들어 있을 수도 있어. 능력을 발휘하고 싶다면 잠재력이 나올 수 있도록 세상으로 통하는 문을 열어줘야 해. 나는 독서가 내 안에 있는 그 문을 열어줬다고 생각해.

독서로 다양한 영역의 문들이 활짝 열린 것 같아

여러 가지 독후활동들을 하면서 나는 내 안에 잠들어 있던 창의력과 상상력의 문을 열었어. 책 한 권을 읽고 나서 "그러면 주인공은 이제 어떤 삶을 살게 될까?" 하는 엄마의 질문에 놀이처럼 즐겁게 말하다 보면 저절로 그런 능력들을 사용할 수밖에 없잖아. 내가 이어서 하는 뒷이야기가 말이 되게 하려면 사고력도 발휘해야 했지. 엄마의 단순한 질문 하나에도 내 잠재력을 깨우는 많은 문들이 열렸어. 또한 집중력과 끈기의 문도 독서를 통해 열렸지. 짧은 책들을 읽다가 짧게 끝나는 이야기들이 아쉬워서 긴 책을 찾아보게 되고, 그러다 보니 몇 시간이고 가만히 앉아서 다양한 이야기들을 읽게 되었거든. 몇 번 그러고 나니까 굳이 독서가 아니더라도 한 가지 일을 몇 시간 동안 계속 하는 것에 익숙해진 것 같아. 몇 시간이 그렇게 길게 느껴지지 않고, 무슨 일을 하든 당연히 이 정도의 시간은 견딜 수 있다는 생각이 들더라.

뿐만 아니라 독서와 독후활동을 통해 아주 다양한 영역의 문들이 많이 열린 것 같아. 색채에 대한 감각을 키울 수 있었고, 나 자신에 집중해서 내가 무엇을 좋아하고 또 무엇을 중요시하는지 깨닫는 연습도 자연스럽게 할 수 있었어. 취향과 욕구가 서로 다른 동생과 함께 독후활동을 하면서 타인과 협력하는 방법도 배울 수 있었고 말이야.

생각해보면 그런 잠재능력들을 계발하는 것 말고도 실제 공부를 하는데 있어서 독서의 도움을 많이 받았어. 일단 독서를 통해 얻은 집중력으로 수업시간에 선생님 말씀을 놓치지 않고 잘 들을 수 있었지. 초등학교나 중학교 때를 생각하면 그렇게 수업시간에 집중해서 듣는 것만으로도 성적이 잘 나왔던 것 같아. 아무래도 집중하면서 들으면 더 많은 것을 기억할 수 있게 되잖아. 학교에서 공부하는 시간 외에 학원을 다니거나 문제집 풀기 등을 하지 않아도 시험공부를 많이 할 필요가 없었어. 시험 기간이면 1~2주 동안 교과서를 다시 정독하는 게 내 시험공부의 전부였지. 그런데도 시험을 볼 때마다 전교 1등을 했다는 것이 지금 와서 생각해봐도 정말로 신기해.

읽으면 정보가 보이고, 문제가 풀리더라

초등학교나 중학교 공부에서만 독서를 통해 길러진 능력이 빛을 본 건 아니야. 고등학교 때 공부에서도 독서는 나를 많이 도와줬어. 심지어는 수능에서까지! 국어에서 문학 파트를 공부할 때 나는 자연스럽게 등장인물의 감정, 생각을 파악하고 등장인물끼리의 관계와 작품 속에서 일어나는 상황을 파악할 수 있었어. 속독을 하면서도 그 모든 정보를 빠르고 정확하게 읽어낼 수 있었지. 그래서 현대 문학은 물론이고, 수능 국어 영역 지문에서 많은 사람들이 읽기 어려워하고, 여러 번 읽느라 시간을 많이 빼앗긴다는 고전문학 파트에서도 당황하지 않은 것 같아. 따로 공부를 한 게 아닌데도 말이야. 고전문학 특성상 오늘날의 일상생활에서 잘 쓰이지 않는 단어들이 나와도 문맥을 통해 그 의미가 저절로 유추되니까. 읽는 것만으로도 내가 알아야 할 정보들이 보이고, 그러다 보니 크게 노력하지 않아도 문제가 풀리더라고.

영어 공부를 할 때도 독서를 통해 얻은 능력은 큰 힘이 됐어. 독서를 하면 앞뒤 문맥을 통해 잘 모르는 내용을 유추하는 능력이 길러지고, 현재 읽고 있는 내용을 앞뒤 내용과 연결시키며 읽어야 하니까 논리력도 길러지잖아. 영어 빈칸 추론 문제를 풀 때 그런 능력들이 많은 도움이 됐어. 물론 특정 문제 유형을 풀 때에만 도움이 된 건 아니야. 기본적으로 영어 지문 자체를 읽을 때도 굉장히 많은 도움을 받았지. 지문에 있는 몇몇 단어들을 모르더라도 전체적인 내용을 파악할 수 있었거든. 그래서 모르는 단어가 나와도 당황하지 않고 편하게 문제를 풀 수 있었어. 또 수능 영어 영역에서는 수능특강과 수능완성에서 나온 지문을 그대로 출제하는 '연계지문'이 있기 때문에 수능특강과 수능완성에 실린 지문들을 외우는 게 중요한데, 그 양이 굉장히 많아서 사람들이 많이 힘들어해. 하지만 나는 비교적 수월하게 그 지문들을 다 외울 수 있었어. 문학 책을 읽는 느낌으로 큰 흐름을 따라가면서 이야기를 외운다고 생각하니까 편하더라고. 지문을 기억하는 일은 내가 지금까지 읽었던 책 내용들을 기억하는 것처럼 자연스럽고 편안한 일이었어.

엄마의 사랑으로 가득 채워져, 원하는 무엇이든 해낼 수 있는 사람이 되었어

독서를 통해 얻은 능력들도 소중하지만 나에게는 독서 뒤에 따라오는 독후활동 자체가 아주 귀하고 행복한 기억으로 남아 있어. 엄마와 함께한 시간이었잖아. 엄마와 이야기 나누고, 엄마는 내 이야기를 들어주고, 어떤 때는 책에 나온 음식도 같이 만들어보고, 파티도 열어보고……. 다양한 경험들이 내 어린 시절의 기억들을 풍요롭게 해주었어. 무엇보다 중요한 건 그 다양한 경험들을 엄마와 함께했다는 사실이야. 무엇을 하든 엄마와 함께여서 나는 더 행복했어. 엄마와 함께하면서 나는 세상이 재미있고 안정적이고 따뜻하다는 사실을 배웠어.

결국 정말로 중요한 건 사랑이라고 생각해. 똑같은 내용의 책으로 독후활동을 했더라도 엄마가 나를 혼내며 평가하려 했다면 나는 일찍이 독후활동에 싫증을 냈을 거야. 내가 어렸을 적에 했던 독후활동들을 행복한 순간들로 기억하는 이유는 엄마가 항상 내 이야기를 잘 들어주었기 때문이야. 내가 좋아하는 것, 내가 관심을 가지는 것, 내가 하는 생각들에 언제나 엄마는 귀 기울여 주었잖아. 동생들에게는 동생들이 좋아하는 방식으로 접근하고, 나에게는 내가 좋아하는 방식으로 함께해주었어. 그 과정에서 나는 엄마의 사랑을 느끼고, 독후활동에 더 재미를 붙여갔던 것 같아. 그때의 시간들은 정말 행복한 기억으로 지금도 여전히 마음속에 남아있어.

엄마! 인생에 한 번뿐인 나의 유년 시절을 아름답고 행복한 시간들로 채워줘서 고마워. 나의 모든 가능성의 문을 열어준 '엄마의 책육아'가 다른 가정에서도 분명 좋은 결과들로 나타나게 될 거라고 믿어.

이 드넓은 우주에서 엄마의 딸로 엄마를 만나게 된 것에
무한히 감사하며,
첫째 딸 드림.

봄 여름 가을 겨울 어떤 책을 볼까

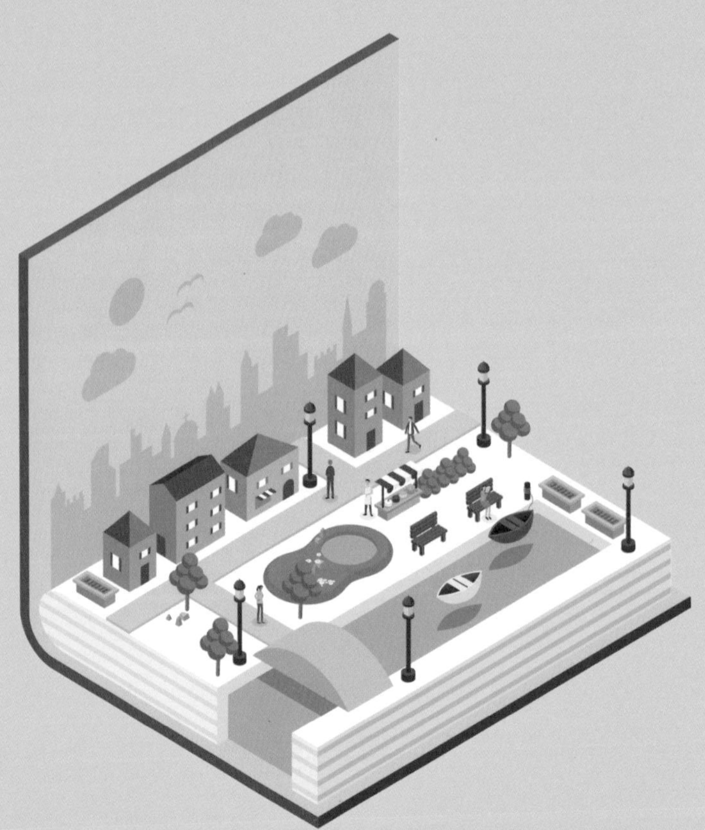

• 부록 1 •

누리과정 주간교육계획안을 바탕으로 한 1년 365일 독서 가이드

3월 새로운 반과 선생님 / 친구들 / 규칙과 약속 / 새 학기 다짐

1

도토리 마을의 유치원
나카야 미와 | 웅진주니어

2

당근 유치원
안녕달 | 창비

3

구룬파 유치원
니시우치 미나미 | 한림출판사

4

유치원 가기 싫어
스테파니 블레이크 | 한울림어린이

5

야호! 오늘은 유치원 가는 날
염혜원 | 비룡소

6

유치원에 처음 가는 날
코린 드레퓌스 | 키다리

7

유치원에 가기 싫어요!
안나 카살리스 | 키득키득

8

보리의 시끌벅적 유치원
김세실 | 뜨인돌어린이

9

콩닥콩닥 처음 유치원
마부다왕 | 책과콩나무

10

유치원 갈 걸 그랬어
문서영 | 책읽는달

11

유치원 버스 타러 가요!
김영주 | 키움북스

12

봄·여름·가을·겨울 숲 유치원
한영식 | 진선아이

13

유치원 가지 마, 벤노!
마레 제프 | 소원나무

14

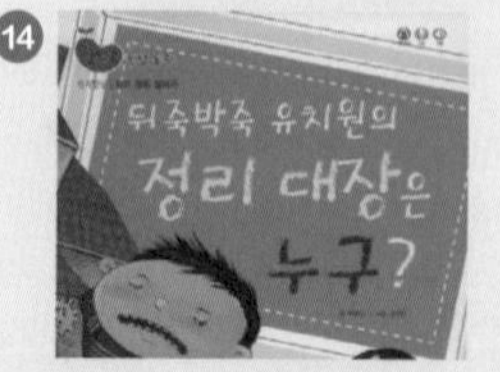

뒤죽박죽 유치원의 정리 대장은 누구?
유명선 | 키움북스

15

나도 유치원 간다
카트린 르블랑, 다니 오베르 | 아라미

16

유치원 생활습관
김성은 | 웅진주니어

17

유치원생활 에이스
서은 | 미래엔아이세움

18

유치원에 가면
김선영 | 애플비

19

마법의 유치원 버스
고정욱 | 크래들

20

이만큼 저만큼 유치원 꼭꼭 찾기
로르 뒤 파이 | 보림

21

약속은 즐거워!
박윤경 | 웅진주니어

22

유치원에 심술쟁이가 있어요!
클레어 알렉산더 | 중앙출판사(JDM)

23

마법사 유치원 선생님
고정욱 | 크래들

24

우리 유치원에는 꿀벌이 살아요
웃는돌고래 | 웃는돌고래

25

유치원에서 나 찾아 봐!
슈테파니 샤른베르크 | 키득키득

26

유치원 버스 아저씨의 비밀
가와노우에 에이코, 가와노우에 켄 | 키다리

27

엄마, 유치원에 또 갈래요!
줄리엣 불라르 | 주니어김영사

28

콩이네 유치원 텃밭
노정임 | 웃는돌고래

29

고양이 스플랫은 유치원이 좋아!
롭 스코튼 | 살림어린이

30

부릉부릉 유치원 버스
글콩깍지 | 지혜의정원

4월 봄 / 봄의 동식물 / 봄과 우리 생활

1 **이제 곧 이제 곧**
오카다 고 | 천개의바람

2 **페넬로페의 봄 여름 가을 겨울**
안느 구트망 | 카멜레온북스

3 **다람쥐 무이의 봄**
오주영 | 창비

4 **봄봄 딸기**
김지안 | 재능교육

5 **안녕, 봄**
케나드 박 | 국민서관

6 **구름주스**
문채빈 | 미래엔아이세움

7 **봄 숲 놀이터**
이영득 | 보림

8 **와, 달콤한 봄 꿀!**
마리 왑스 | 파랑새어린이

9 **봄 여름 가을 겨울의 춤**
리바 무어 그레이 | 보물창고

10 **우리 순이 어디 가니**
윤구병 | 보리

11 **봄을 기다려요**
이와사키 교코 | 키위북스(어린이)

12 **봄이 오면**
박경진 | 길벗어린이

13 **비무장지대에 봄이 오면**
이억배 | 사계절

14 **봄이 좋다**
웨인 덕워스, 로위나 브라이스 | 키즈엠

15 **봄은 어디에서 왔을까?**
브레멘+창작연구소 | 브레멘플러스

16

햇살 가득 새싹이 피어요
구닐라 잉베스 | 자유로운상상

17

나야, 제비야
이상대 | 봄나무

18

꽃 피는 봄이 오면
이진 | 키즈엠

19

신기한 곤충 이야기
이수영 | 글송이

20

톡 씨앗이 터졌다
곤도 구미코 | 한울림어린이

21

봄의 원피스
이시이 무쓰미 | 주니어김영사

22

봄을 찾은 할아버지
한태희 | 한림출판사

23

아주 작은 씨앗이 자라서
황보연 | 웅진주니어

24

봄은 어디쯤 오고 있을까
어린이 통합교과 연구회 | 상상의집

25

살랑살랑 봄바람이 인사해요
김은경(김도아) | 시공주니어

26

애호랑나비
다테노 히로시 | 베틀북

27

봄의 여신 수로부인
이상희 | 웅진주니어

28

구리와 구라의 대청소
나카가와 리에코 | 한림출판사

29

붕붕 꿀약방 간질 간질 봄이 왔어요
심보영 | 웅진주니어

30

땅 위 땅속
추청쭝 | 현암주니어

5월 나와 가족 / 소중한 나 / 다양한 가족

1

요리조리 열어 보는 우리 몸
루이 스토웰 | 어스본코리아

2

까불까불 내 몸!
최지혜 | 고래가숨쉬는도서관

3

새로운 가족
전이수 | 엘리

4

안녕, 놀라운 나의 몸
맥밀란 편집부 | 시공주니어

5

우리 몸의 구멍
허은미 | 길벗어린이

6

알사탕
백희나 | 책읽는곰

7

오늘 내 기분은…
메리앤 코카-레플러 | 키즈엠

8

할아버지와 나의 정원
비르기트 운터홀츠너 | 뜨인돌어린이

9

엄마는 회사에서 내 생각해?
김영진 | 길벗어린이

10

오늘도 고마워
윤여림 | 을파소

11

탄생
미란다 폴 | 봄의정원

12

으랏차차 탄생 이야기
허은실 | 웅진주니어

13

근사한 우리가족
로랑 모로 | 로그프레스

14

네가 태어났을 때
구성애, 조선학 | 올리브M&B

15

아름다운 탄생 아이와 사랑
아녜스 로젠스티엘 | 걸음동무

16

아기는 어디서 와요?
케이티 데이니스 | 어스본코리아

17

사람 백과사전
메리 호프만 | 밝은미래

18

나는 나의 주인
채인선 | 토토북

19

나는 기다립니다…
다비드 칼리 | 문학동네

20

세상에서 가장 소중한 나!
이영숙 | 좋은나무성품학교

21

가족의 탄생
허은미 | 웅진주니어

22

가족
김태희, 류연우, 이보경 | 작가의탄생

23

화가 나서 그랬어!
레베카 패터슨 | 현암주니어

24

아빠, 나한테 물어봐
버나드 와버 | 비룡소

25

엄마 아빠 결혼 이야기
윤지회 | 사계절

26

아빠의 발 위에서
이모토 요코 | 북극곰

27

할머니의 여름휴가
안녕달 | 창비

28

슬픔을 멀리 던져요
김성은 | 시공주니어

29

할머니 엄마
이지은 | 웅진주니어

30

기억의 풍선
제시 올리베로스 | 도서출판 나린글

6월 우리 동네 / 우리 동네 사람들의 직업

1

하나뿐인 우리 동네
마크 하쉬먼, 바바라 개리슨 | JCR KIDS

2

북적북적 우리 동네가 좋아
리처드 스캐리 | 보물창고

3

나만 아는 우리 동네
소영 | 키즈엠

4

어슬렁 어슬렁 동네 관찰기
이해정 | 웅진주니어

5

우리 동네 한 바퀴
정지윤 | 웅진주니어

6

한이네 동네 이야기
강전희 | 진선아이

7
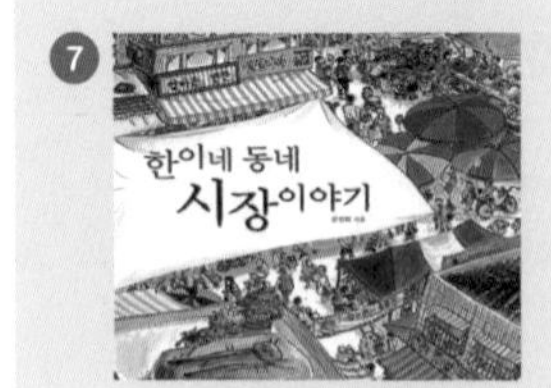

한이네 동네 시장 이야기
강전희 | 진선아이

8

하늘에서 본 우리 동네
마이컨 콜린 | 진선아이

9
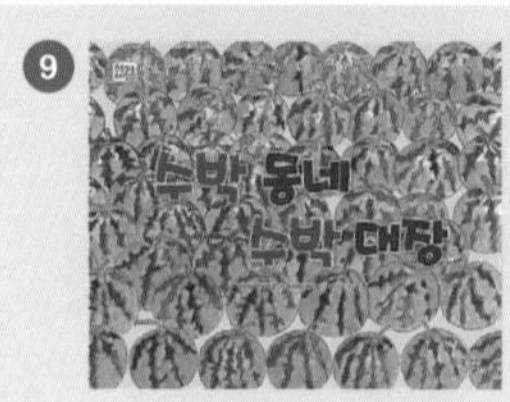

수박 동네 수박 대장
히라타 마사히로 | 북스토리아이

10

오른쪽이와 동네 한 바퀴
백미숙 | 느림보

11

고슴도치 X
노인경 | 문학동네

12

우리 동네 달걀왕
오하나 | 파란자전거

13

나의 동네
이미나 | 보림

14

새 동네 새 친구들
마르타 알테스 | 사파리

15

동네에서 제일 못된 아이
단지 아키코 | 위즈덤하우스

16

동네 사진관의 비밀
정혜경 | 느림보

17

아름다운 우리 동네를 찾아 주세요
로라 자페 | 교학사

18

동네에서 생긴 일
오진목 | 걸음동무

19

샌지와 빵집 주인
로빈 자네스 | 비룡소

20

요리조리 열어 보는 직업
라라 브라이언 | 어스본코리아

21

호기심 직업 여행
다이나모 | 애플트리태일즈

22

수상한 아저씨의 뚝딱 목공소
윤희정 | 키즈엠

23

경찰관이 될 거야!
베이비버스 편집부 | 시나몬컴퍼니

24

소방관이 될 거야!
베이비버스 편집부 | 시나몬컴퍼니

25

치과 의사 드소토 선생님
윌리엄 스타이그 | 비룡소

26

선생님, 바보 의사 선생님
이상희 | 웅진주니어

27

고민 해결사 펭귄 선생님
강경수 | 시공주니어

28

나뭇잎 손님과 애벌레 미용사
이수애 | 한울림어린이

29

우리 선생님이 최고야!
케빈 헹크스 | 비룡소

30

행복을 나르는 버스
맷 데 라 페냐 | 비룡소

7월 여름 / 건강한 여름 나기

1

안녕, 여름아!
왕수연 | 브레멘플러스

2

여름 이야기
질 바클렘 | 마루벌

3

어느 여름날
고혜진 | 국민서관

4

파란 집에 여름이 왔어요
케이트 뱅크스 | 보림

5

촉촉한 여름 숲길을 걸어요
김슬기 | 시공주니어

6

나의 여름
신혜원 | 보림

7

여름 가을 겨울 봄 그리고… 다시 여름
아르기로 피피니 | 옐로스톤

8

여름이 좋아 물이 좋아!
김용란 | 문학동네

9

심심해서 그랬어
윤구병 | 보리

10

여름,
이소영 | 글로연

11

금붕어의 여름방학
샐리 로이드 존스 | 보림

12

봄 · 여름 · 가을 · 겨울 바닷가생물도감
한영식 | 진선아이

13

뒤바뀐 여름 방학
어린이 통합교과 연구회 | 상상의집

14

흰곰 가족의 신나는 여름휴가
오오데 유카코 | 북스토리아이

15

여름날, 바다에서
파울라 카르보넬 | 달리

16

여름휴가 전날 밤
미야코시 아키코 | 북뱅크

17

여름휴가
장영복 | 국민서관

18

조심조심 여름!
로이비쥬얼 | 로이북스

19

1964년 여름
데버러 와일즈 | 느림보

20

여름이 좋다
웨인 덕워스, 로위나 브라이스 | 키즈엠

21

여름이 왔어요
윤구병 | 휴먼어린이

22

여름의 방문
가가쿠이 히로시 | 키즈엠

23

페르디의 여름밤
줄리아 롤린슨 | 느림보

24

한여름 밤 이야기
아이린 하스 | 비룡소

25

한여름 밤 나들이
이와무라 카즈오 | 웅진주니어

26

고래빙수
문채빈 | 미래엔아이세움

27

마법의 여름
후지와라 카즈에 외 | 미래엔아이세움

28
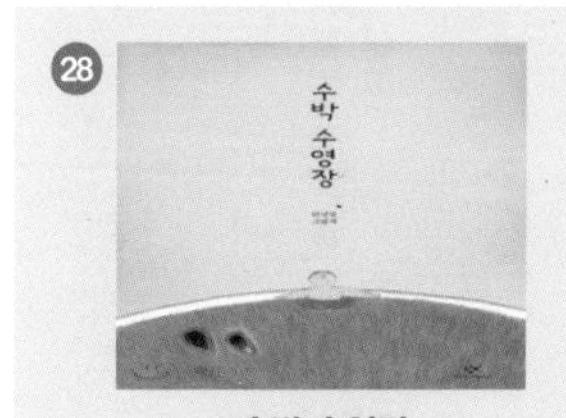

수박 수영장
안녕달 | 창비

29

수박씨를 삼켰어!
그렉 피졸리 | 토토북

30

매미, 여름 내내 무슨 일이 있었을까?
박성호 | 사계절

8월 여러 가지 교통기관 / 안전한 교통생활

1

트럭이 쿵!
샐리 울프 | 키즈엠

2

고양이와 개의 자동차 경주
마이크 야마다 | 키즈엠

3

난 자동차가 참 좋아
마가렛 와이즈 브라운 | 비룡소

4

꿈의 자동차
허아성 | 책읽는곰

5

자동차 박물관
양승현 | 초록아이

6

비행기 박물관
이은서 | 초록아이

7

로봇 기차 치포의 기차 박물관
김혜준 | 초록아이

8

궁금해요 비행기 여행
감 | 시공주니어

9

비행기를 만들자!
줄리아 벨로니 | 키즈엠

10

세상 모든 자동차, 어떻게 갈까?
탈것발전소 | 주니어골든벨

11

진짜 진짜 재밌는 자동차 그림책
리처드 드렛지 | 라이카미

12

아빠! 나 자동차 잘 그리지?
앙꼬와 찐빵 | 꿈터

13

자동차 기차 배 비행기 대백과
탈것공작소 | 주니어골든벨

14

마일즈의 씽씽 자동차
존 버닝햄 | 비룡소

15

왱왱 꼬마 불자동차
로이스 렌스키 | 비룡소

16

공룡알과 자동차
장준영 | 계수나무

17

한밤의 자동차 경주
인그리·에드거 파린 돌레르 | 시공주니어

18

지브릴의 자동차
이치카와 사토미 | 파랑새어린이

19

악셀은 자동차를 좋아해
마리아네 이벤 한센 | 현북스

20

윌리엄 비의 굉장한 정비소 트럭
윌리엄 비 | 보림

21
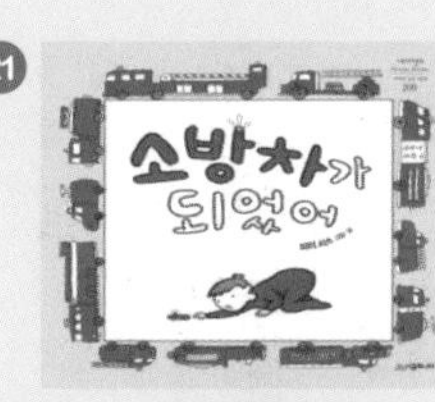

소방차가 되었어
피터 시스 | 시공주니어

22

자전거 타는 날
질 바움 | 소원나무

23

아기 돼지와 자전거와 달님
피에레뜨 듀베 | 북극곰

24

이럴 땐 어떻게? 통학 안전 편
최미란 | 키즈엠

25

꿈틀꿈틀 애벌레 기차
니시하라 미노리 | 북스토리아이

26

밤 기차 여행
로버트 버레이 | 키위북스(어린이)

27

기차 여행은 즐거워요
엘리자베스 드 랑빌리 | 시공주니어

28

교통안전 동화
오수연 | 마들

29

꿈의 배 매기호
아이린 하스 | 비룡소

30

교통사고가 났을 때
피에르 윈터스 | 사파리

9월 우리나라 / 우리 전통과 문화 / 추석 / 우리나라 역사

1

삼신할미
서정오 | 봄봄출판사

2

설문대할망
송재찬 | 봄봄출판사

3

우리 땅 기차 여행
조지욱 | 책읽는곰

4

하늘 높이 태극기
어린이 통합교과 연구회 | 상상의집

5

비밀스러운 한복나라
무돌 | 노란돼지

6

단군 할아버지
송언 | 봄봄출판사

7

즐겁게 춤을 추다가 그대로 멈춰라!
남강한 | 책속물고기

8

우리 집 막걸리
양재홍 | 보림

9

땅속 나라 도둑 괴물
정해왕 | 시공주니어

10

무궁화꽃이 피었습니다
천미진 | 키즈엠

11

날아라 태권 소녀
허은실 | 책읽는곰

12

태극기 다는 날
김용란 | 한솔수북

13

모두의 태극기
박수현 | 책읽는곰

14

솔이의 추석 이야기
이억배 | 길벗어린이

15

분홍 토끼의 추석
김미혜 | 비룡소

16 **씨름 도깨비의 추석**
김효숙 | 키즈엠

17 **추석 전날 달밤에**
천미진 | 키즈엠

18 **추석에도 세배할래요**
김홍신, 임영주 | 노란우산

19 **꿈꾸는 도자기**
김평 | 책읽는곰

20 **새봄이의 연등회**
김평 | 불광출판사

21 **떡이 최고야**
김난지 | 천개의바람

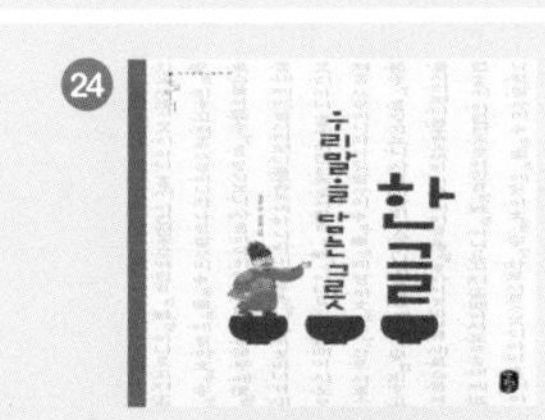

22 **에헤야데야 떡 타령**
이미애 | 보림

23 **한국을 빛낸 위인**
이미애 | 미래엔아이세움

24 **한글 우리 말을 담는 그릇**
박동화 | 책읽는곰

25 **글자가 사라진다면**
윤아해, 육길나, 김재숙 | 뜨인돌어린이

26 **사시사철 우리 살림 우리 문화**
빛그림 김향수 | 한솔수북

27 **김치 특공대**
최재숙 | 책읽는곰

28 **리더십을 키워주는 우리 공주 박물관**
서안정 | 초록아이

29 **가을이네 장 담그기**
이규희 | 책읽는곰

30 **집**
재미난책보 | 어린이아현

10월 가을 / 세계 여러 나라

1

바빠요 바빠
윤구병 | 보리

2

가을이 좋아
한미숙 | 대교출판

3

아기곰의 가을 나들이
데지마 게이자부로 | 보림

4

알밤 소풍
김지안 | 재능교육

5

가을 나무
유하 | 키즈엠

6

가을을 만났어요
이미애 | 보림

7

가을 나뭇잎
이숙재 | 대교출판

8

안녕, 가을
케나드 박 | 국민서관

9

가을이 계속되면 좋겠어
캐스린 화이트 | 키즈엠

10

가을 운동회
임광희 | 사계절

11

가을의 스웨터
이시이 무쓰미 | 주니어김영사

12

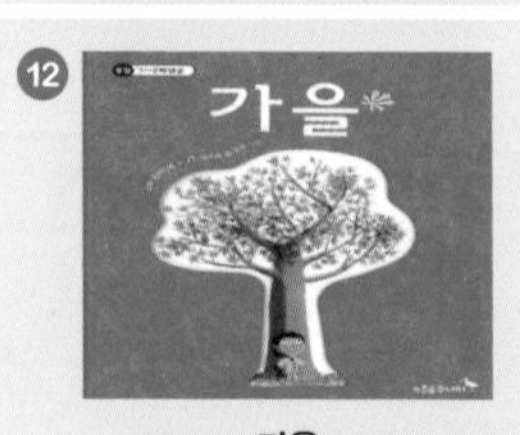

가을
소피 쿠샤리에 | 푸른숲주니어

13

가을이 오지 않는 나무
왕수연 | 브레멘플러스

14

살색은 다 달라요
캐런 카츠 | 보물창고

15

이가 빠지면 지붕 위로 던져요
셀비 빌러 | 북뱅크

16

내가 세계 최고!
양재찬 | 웅진주니어

17

헬리콥터 타고 세계 여행
클레망틴 보베 | 국민서관

18

세계 여행 다른 그림 찾기
제니 에스피노사 | 한빛에듀

19

세계의 문화
레이나 올리비에 | 사파리

20

알고 싶니? 유럽 여행
베아트리스 베이용 | 베틀북

21

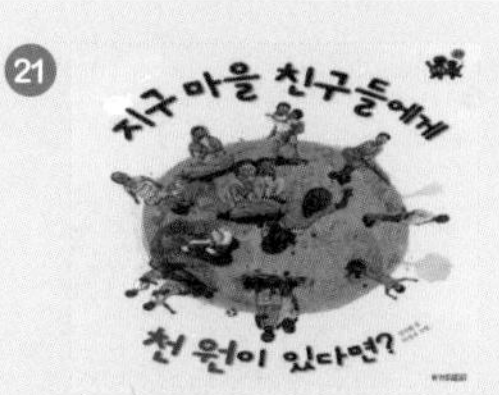

지구마을 친구들에게 천 원이 있다면?
정인환 | 웅진주니어

22

요리조리 맛있는 세계 여행
최향랑 | 창비

23

코끼리 똥으로 종이를 만든 나라는?
마르티나 바트슈투버 | 시공주니어

24

세계와 만나는 그림책
무라타 히로코 | 사계절

25

세계 음식 지도책
주영하, 최설희 | 상상의집

26

지구가 100명의 마을이라면
데이비드 J. 스미스 | 푸른숲주니어

27

서로 달라 재미있어!
조지욱 | 토토북

28

코끼리 탐험대와 지구 한 바퀴
기욤 코네 | 웅진주니어

29

함께 사는 지구니까!
전대원 | 토토북

30

온 세상 국기가 펄럭펄럭
서정훈 | 웅진주니어

11월 환경과 생활 / 물, 흙, 돌, 바람, 공기

1

안녕, 물!
앙트아네트 포티스 | 행복한그림책

2

맑은 하늘, 이제 그만
이욱재 | 노란돼지

3

물
수잔 보스하워슈 | 사파리

4

물
재미난책보 | 어린이아현

5

장수되는 물
박영만 | 사파리

6

으랏차차 흙
박주연 | 길벗어린이

7

지렁이가 흙똥을 누었어
이성실 | 다섯수레

8

꿈틀꿈틀 흙이 있어요
곽영직, 김은하 | 웅진주니어

9

흙은 지구 지킴이
박지선 | 스푼북

10

돌
재미난책보 | 어린이아현

11

하늘에서 온 작은 돌
시오타니 마미코 | 책읽는곰

12

돌 씹어 먹는 아이
송미경 | 문학동네

13

바닷가에는 돌들이 가득
레오 리오니 | 보림

14

돌로 지은 절 석굴암
김미혜 | 웅진주니어

15

고인돌
이미애 | 웅진주니어

16

바람 부는 날
정순희 | 비룡소

17

바람이 불지 않으면
서한얼 | 보림

18

호랑이 바람
김지연 | 다림

19

바람과 해님
라 퐁테느 | 보림

20

올리와 바람
로노조이 고시 | 키다리

21

바람이 그랬어
정창훈 | 웅진주니어

22

깨끗한 에너지 태양 바람 물
박기영 | 웅진주니어

23

바람 도둑
안영현 | 꿈터

24

우리가 함께 쓰는 물, 흙, 공기
몰리 뱅 | 도토리나무

25

숲을 그냥 내버려 둬!
다비드 모리송 | 크레용하우스

26

공기는 안 괜찮아
고여주 | 상상의집

27

나야 나, 공기!
이현숙 | 창비

28

우리가 사는 지구, 왜 특별할까요?
로버트 E. 웰스 | 시공주니어

29

내가 지구를 사랑하는 방법
토드 파 | 고래이야기

30

어디 갔을까, 쓰레기
이욱재 | 노란돼지

12월 겨울 / 겨울 날씨와 풍경 / 동식물의 겨울 나기

1

꼬마 여우의 따뜻한 겨울
티머시 냅맨 | 사파리

2

안녕, 겨울아
어린이 통합교과 연구회 | 상상의집

3

겨울 숲 친구들을 만나요
이은선 | 시공주니어

4

숲 속의 겨울 준비
다루이시 마코 | 시공주니어

5

안녕, 겨울
케나드 박 | 국민서관

6

겨울
소피 쿠샤리에 | 푸른숲주니어

7

겨울눈아 봄꽃들아
이제호 | 한림출판사

8

겨울이 왔어요
찰스 기냐 | 키즈엠

9

야호! 겨울이다
레인 판 뒤르머 | 키즈엠

10

겨울 아이
안젤라 맥엘리스터 | 노란상상

11

겨울에도 괜찮아!
모니카 랑에 | 시공주니어

12

겨울이 궁금한 곰
옥사나 불라 | 봄볕

13

겨울 이야기
질 바클렘 | 마루벌

14

마녀 위니의 겨울
밸러리 토머스 | 비룡소

15

겨울을 만났어요
이미애 | 보림

16

무민과 겨울의 비밀
토베 얀손 | 어린이작가정신

17

겨울 저녁
유리 슐레비츠 | 비룡소

18

흰곰과 겨울나무
스티븐 마이클 킹 | 같이보는책

19

아늑한 마법
숀 테일러, 알렉스 모스 | 다림

20

겨울을 싫어하는 북극곰
세브린 비달 | 키즈엠

21

겨울을 기다리는 개구리
완두콩 | 키즈엠

22

겨울철 벌레를 찾아서
미야타케 요리오 | 한림출판사

23

겨울의 마법
매튜 J. 백 | 키즈엠

24

겨울 숲 큰 나무
토레 렌베르그 | 봄봄스쿨

25

겨울잠
호세 라몬 알론소 | 씨드북

26

겨울잠 자니?
도토리 기획 | 보리

27

메리 크리스마스, 늑대 아저씨!
미야니시 타츠야 | 시공주니어

28

눈 오는 날
이와무라 카즈오 | 웅진주니어

29

반짝반짝 행복한 크리스마스
샘 태플린 | 어스본코리아

30

커다란 크리스마스트리가 있었는데
로버트 배리 | 길벗어린이

1월 새해 / 생활 도구 / 생활 도구의 종류와 편리성 / 생활 속 미디어

1

앗싸! 이제 내가 형이야
김홍신, 임영주 | 노란우산

2

우리 우리 설날은
임정진 | 푸른숲주니어

3

까치 까치 설날은 어저께고요
왕수연 | 브레멘플러스

4

새해는 언제 시작될까?
두이센 케네스 오라즈베쿨리 | 비룡소

5

신발 귀신 앙괭이의 설날
김미혜 | 비룡소

6

설빔 남자아이 멋진 옷
배현주 | 사계절

7

설빔 여자아이 고운 옷
배현주 | 사계절

8

까치설날은 보물 찾는 날
임병희 | 웅진주니어

9

빨래하는 날
홍진숙 | 시공주니어

10

도와줘, 빨래맨!
강승연 | 그레이트키즈

11

텔레비전 더 볼래
김세실 | 시공주니어

12

텔레비전책
천미진 | 키즈엠

13

텔레비전보다 훨~씬?
장 르루아 | 책과콩나무

14

텔레비전 보여 주세요
노명우 | 웅진주니어

15

텔레비전이 고장났어요!
이수영 | 책읽는곰

16

텅 빈 냉장고
가에탕 도레뮈스 | 한솔수북

17

냠냠 맛있는 우리 집 냉장고
다케요이 가코 | 비룡소

18

부엌칼의 최대 위기
미야니시 타츠야 | 미래아이

19

일과 도구
권윤덕 | 길벗어린이

20

맷돌, 어이가 없네!
김홍신, 임영주 | 노란우산

21

청소기에 갇히 파리 한 마리
멜라니 와트 | 여유당

22

부엌 할머니
이규희 | 보림

23

냉장고 먹는 괴물
이현욱 | 밝은미래

24

최강 청결 히어로 비누맨
우에타니 부부 | 미래엔아이세움

25

핸드폰을 찾습니다!
사란 | 브레멘플리스

26
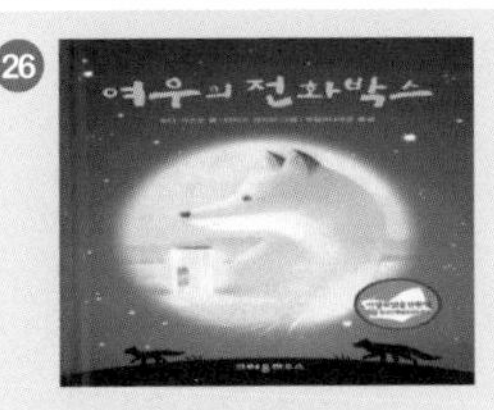

여우의 전화박스
도다 가즈요 | 크레용하우스

27

아무 때나 전화하지 마세요
크레시다 코웰 | 키즈엠

28

엘리베이터
경혜원 | 시공주니어

29

로봇 팔을 찾아주세요
이상교 | 미래엔아이세움

30

우리 집 전기 도둑
임덕연 | 미래엔아이세움

2월 즐거웠던 1년 / 다정했던 우리 반 / 성장한 내 모습 / 졸업

1

우리는 언제나 다시 만나
윤여림 | 위즈덤하우스

2

나는 자라요
김희경 | 창비

3

나 혼자 쉬해요!
캐런 카츠 | 보물창고

4

세상에 하나뿐인 특별한 나
모리 에토 | 주니어김영사

5

너와 나
사이다 | 다림

6

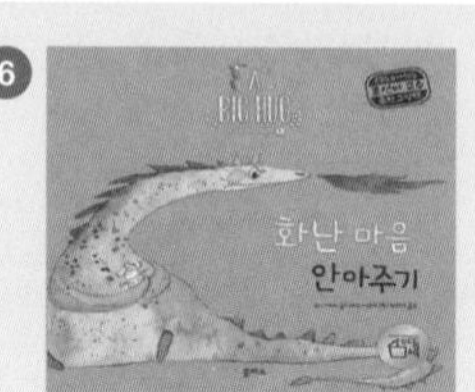

화난 마음 안아주기
쇼나 이니스 | 을파소

7

바늘 아이
윤여림 | 나는별

8

나 좀 멋져
정재경 | 한솔수북

9

나, 화가가 되고 싶어!
윤여림 | 웅진주니어

10

나, 진짜 사람이야!
엘렌 두티에 | 마루벌

11

꿈에서 맛본 똥파리
백희나 | 책읽는곰

12

마음이 아플까봐
올리버 제퍼스 | 아름다운사람들

13

아버지의 꿈
그레이엄 베이커 스미스 | 노란상상

14

매튜의 꿈
레오 리오니 | 시공주니어

15

깜깜한 어둠, 빛나는 꿈
크리스 해드필드, 케이트 필리언 | 다림

16

42가지 마음의 색깔
크리스티나 누녜스 페레이라 외 | 레드스톤

17

마음아 안녕
최숙희 | 책읽는곰

18

마음여행
김유강 | 오올

19

내 마음이 말할 때
마크 패롯 | 웅진주니어

20

우리 반 애들은 안 잡아먹어
라이언 T. 히긴스 | 보물창고

21

친구를 모두 잃어버리는 방법
낸시 칼슨 | 보물창고

22

완두의 여행 이야기
다비드 칼리 | 진선아이

23

거울 속의 나
안 말러 | 키즈엠

24

인성 발달을 돕는 마음 성장 동화
편집부 | 애플비북스

25

마음대로가 자유는 아니야
빅현희 | 웅진주니어

26
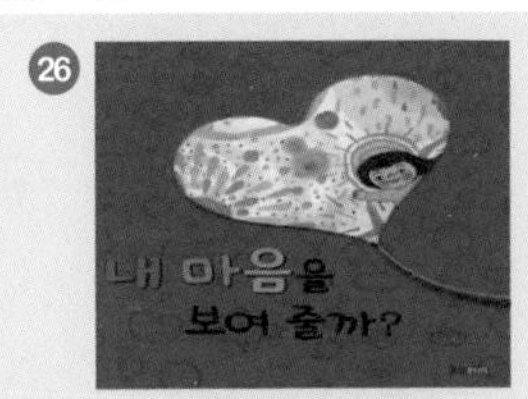

내 마음을 보여 줄까?
윤진현 | 웅진주니어

27

네 마음을 알고 싶어!
피오나 로버튼 | 사파리

28

내 친구들을 소개할게
엘레나 아그넬로 | 머스트비

29
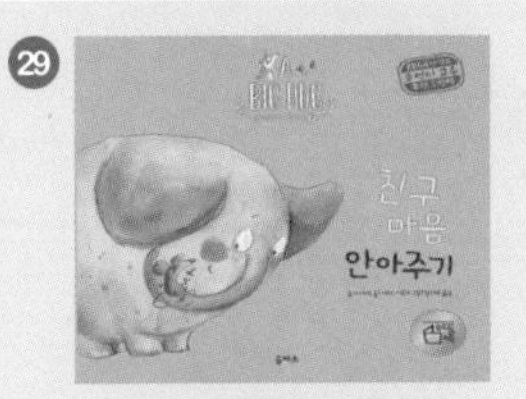

친구 마음 안아주기
쇼나 이니스 | 을파소(21세기북스)

30

마음 수영
하수정 | 웅진주니어

넓고 깊게 독후활동 확장해볼까

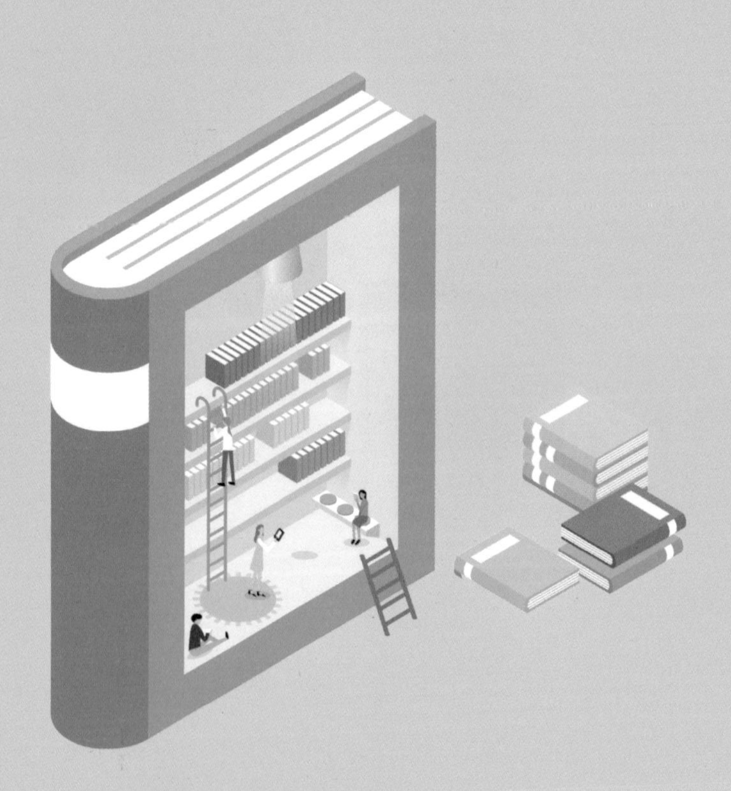

• 부록 2 •

만화책《베이블레이드 버스트》를 예시로 지적·정서적 활용하기의 노하우

1. 《베이블레이드 버스트》 읽기

《베이블레이드 버스트》, 학산문화사 편집부, 학산문화사

2. 어떤 놀이들이 있을까

① 책 한 권을 두고 서로 역할을 정해서 구연동화처럼 실감나게 읽기

② 색칠놀이(등장인물 캐릭터 색칠북 활용)

③ 블레이드 수련놀이

(예시) "강산 엄마가 산이한테 블레이드 수련을 시키잖아. 너도 수련해볼래?"

"어떤 수련을 해볼까? 일단 블레이드를 하려면 어떤 요소가 필요할 것 같아?

"집중력? 체력? 그럼 집중력을 키우기 위해 책 읽기를 10분 정도 해볼까?

④ 나만의 베이 디자인하기(그림을 그리고, "이 부분은 이런 파츠가 끼어 있어서 이런 능력을 낼 수 있다" 등으로 설명하기)

⑤ 집에서 인형극 하기(인형 만들기 + 인형극 하기)

→ '무엇으로 만들까?'부터 시작해서 '인형극 내용을 어떻게 할까?' 등의 다양한 창의적 사고를 이끌어내는 것이 가능하다.

⑥ 집에서 요리하기(강산 엄마는 파티쉐, 강산 친구 슈의 취미는 요리다.)

→ 책에 나오는 홈베이킹, 크림 스파게티 외에 다른 요리를 만들어도 좋다.

3. 어떤 대화들을 나눠볼까(열린 질문)

① 제일 좋아하는 인물에 대해 이야기하기

② 명장면 고르기 + 이유

③ 명대사 고르기 + 이유

④ (엄마가 먼저 한 장면을 골라놓고) 만약 너라면 어떻게 할래?

(예시) 산이가 져서 슬퍼할 때 위로하는 방법.

3판 2선승제에서 한 번 졌을 때의 마음가짐.

⑤ 장면 사이사이에 무슨 일이 있었을까 추측하기

(예시) 첫 번째 경기가 끝난 밤에 강산은 뭘 하고 있었을까? 무슨 꿈을 꿨을까?

⑥ 책 설정 예측하기

(예시) 도대체 베이는 어디서 얻는 걸까?

베이를 할 때마다 뒤에서 나오는 파란색 영혼 같은 건 뭘까?

베이 안에 어떻게 들어가 있는 걸까? 천재과학자가 발명했을까?

⑦ 강산은 베이를 정말 좋아하잖아. 너는 뭐가 제일 소중해?

⑧ '잘하는 사람보다 열심히 하는 사람, 열심히 하는 사람보다 즐기는 사람이 강하다'는 말이 있거든. 너는 이 말을 어떻게 생각해? 블레이드 캐릭터들은 어떤 사람인 것 같아?

⑨ 넌 무슨 동아리에 들어가고 싶어? 어떤 방과후 활동을 하고 싶어?(책에는 베이블레이드 동아리를 만들겠다는 내용이 나온다.)

⑩ 무슨 팽이가 제일 좋아?(어택형/밸런스형/스태미너형/디펜스형) + 이유

⑪ 넌 베이하는 사람이 좋아? 베이를 만드는 사람이 좋아?

4. 어디로 가족 나들이를 갈까

① 인형극(1권에서 산이한테 동생들이 인형극을 보여주고, 베이블레이드 등장인물들 중 하나가 인형극하는 가족의 아들이다.)

→ 각 지역마다 백화점 문화홀 등에서 인형극 행사가 종종 열린다.

② 가족 베이킹(2권에서 엄마가 아이들에게 빵을 만들어서 먹인다.)

"너도먹고 싶지 않아?" 하며 베이킹 원데이클래스나 가족 베이킹으로 유도할 수 있다. 또는 같이 과자집 만들기도 가능하다.

③ 베이블레이드 대회 참여

유소년의 '인싸' 제1회 부산 북구 베이블레이드 대회 개최

입력 : 2019-09-02 06:27:54 수정 : 2019-09-02 06:28:05 게재 : 2019-09-02 15:28:05

부산 북구 평생학습관에서 오는 21일 '제1회 부산 북구 베이블레이드 대회'가 열린다.

이번 대회는 베이블레이드 공식 제조 운영사인 ㈜영실업이 후원하여 지자체에서 열리는 어린이 팽이대회로, '제9회 북구 평생학습 주간 & 페스티벌' 행사의 일환으로 마련됐다.

④ 과학관 나들이

"베이는 과학자들이 만드는 거겠지? 우리 한번 과학자들이 어떤 것들을 만들었는지 구경하러 가볼까?" 하며 과학관 나들이로 유도(활동적인 체험부스가 많은 곳으로 가기)할 수 있다.

5. 스키마 확장하기

① 등장인물들의 '이름의 의미' 찾아보기

→ 빅토리 발키리: 빅토리(영어: '승리'라는 의미) + 발키리(북유럽 신화: 오딘의 사자이자 프레이야의 전사. 어원은 '전사자를 선택하는 자'라는 의미를 가지고 있다. 전쟁터에서 용맹하게 싸우다 죽은 전사를 북유럽 신화 나름의 천국이자 후에 일어날 전쟁 라그나로크를 대비하는 장소인 발할라로 데리고 가는 역할과 동시에 여전사의 역할도 수행한다).

→ 스톰 스프리건: 스톰(영어: '폭풍'이라는 의미) + 스프리건(영국 콘월 지방에 사는 요정의 일종. 노인의 모습을 하고서 지하에 묻혀 있는 보물을 지켰다고 한다. 요정의 아이와 인간의 아이를 바꾸는 체인질링을 하는 경우도 있다. 스프리건의 아이는 굉장히 못생겼다고 한다. 하지만 키우다가 스프리건에게 아이를 내어주면 제 아이만 데려가고 그 아이와 바꿔서 데려간 인간의 아이는 내어주지 않는다).

→ 라이징 라그나로크: 라이징(영어: '떠오르는, 신예'라는 의미) + 라그나로크(북유럽 신화에서 종말을 의미하는 세상에서의 마지막 전쟁).

→ 카이저 케르베로스: 카이저(독일 황제의 칭호, 로마의 장군 카이사르에서 유래) + 케르베로스(〈그리스 로마 신화〉에 나오는 머리 세 개 달린 개로 저승의 입구를 지킨다).

→ 다크 데스사이저: 다크(영어: '어두운'이라는 의미) + 데스(영어: '죽음'이라는 의미) + 사이저(영어: scythe '큰 낫-키 큰 풀 등을 벨 때 쓰는, 자루가 길고 날이 약간 휘어진 것'이라는 의미 + '~하는 사람'이라는 의미의 접미사 –er을 덧붙였다고 추측. '사신의 낫을 든 사람'이라는 의미).

→ 와일드 와이번: 와일드(영어: '사나운, 거친'이라는 의미) + 와이번(드래곤과 비슷하지만 드래곤은 아닌 친척 정도로 능력은 드래곤 이하).

② 책에 등장하는 이름을 통해 다양한 분야로 가지 뻗기

발키리, 라그나로크

→ 북유럽 신화를 접하기에 알맞다. 북유럽 신화에 관한 만화책과 기타 도서들이 도서관에 매우 많다.

→ 영화 〈어벤져스〉 시리즈에 몰입하며 영어를 접하기에도 좋다. 가령 〈어벤져스〉에 등장하는 '토르'는 북유럽 신화에 등장하는 천둥의 신이다.

케르베로스

→ 〈그리스 로마 신화〉를 접하기에 알맞다. 다만 〈그리스 로마 신화〉가 남성 중심적인 세계관이라는 이야기가 있으므로 양성평등 관점에서 이야기를 나눠보는 것도 좋다. 〈그리스 로마 신화〉는 서양 문화를 이해하는 데 보편적인 지식이기 때문에 읽어두면 좋다.

카이저: '카이사르'라는 의미

→ 로마의 장군이자 정치가였던 카이사르에 대해 알아봐도 좋고, 카이사르의 이름에서 나온 다른 말들을 찾아보는 활동도 좋다.

(예시) 카이사르=시저=카이저.

→ 카이사르는 일화도 많고, 파생된 단어도 많아 같이 찾아보거나 소개시켜주면 재미있을 것이다. 명대사 같은 것도 매우 많다.

(예시) "주사위는 던져졌다" "브루투스, 너마저!"

→ 카이사르와 클레오파트라의 이야기도 흥미진진하다.

와이번, 스프리건

→ 아이가 판타지나 신화 혹은 전설을 좋아한다면 세계 신화나 민간 전설을 찾아서 읽어줘도 좋을 것이다. 어린이 동화책으로도 세계 곳곳의 전설 이야기는 많다.

③ 산이 아빠의 직업이 파일럿이라는 사실을 통해 '다양한 직업 탐구' 하기

도서관에서 직업 탐구에 관한 책들을 찾아 읽어보거나 직업에 대한 질문을 주고받는다.

아이 안에는 여전히 책과
가까워질 수 있는 씨앗이 존재하고 있다
그 씨앗을 찾아 물을 주고, 볕을 주며
정성을 들이다 보면 책을 즐기지 않던
아이들도 책을 좋아하게 된다

몸마음머리 독서법

결과가 증명하는 20년 책육아의 기적

제1판 1쇄 발행 | 2021년 3월 30일
제1판 10쇄 발행 | 2024년 6월 5일

지은이 | 서안정
펴낸이 | 김수언
펴낸곳 | 한국경제신문 한경BP
책임편집 | 나현숙
저작권 | 박정현
홍보 | 서은실 · 이여진 · 박도현
마케팅 | 김규형 · 정우연
디자인 | 장주원 · 권석중
본문디자인 | 디자인 현

주소 | 서울특별시 중구 청파로 463
기획출판팀 | 02-3604-590, 584
영업마케팅팀 | 02-3604-595, 562 FAX | 02-3604-599
H | http://bp.hankyung.com E | bp@hankyung.com
F | www.facebook.com/hankyungbp
등록 | 제 2-315(1967. 5. 15)

ISBN 978-89-475-4659-1 03590

책값은 뒤표지에 있습니다.
잘못 만들어진 책은 구입처에서 바꿔드립니다.